2020년 제1회 식품의약품안전처 주관 국가공인자격증

한권으로 합격하기

맞춤형화장품조제관리사
실전대비 예상문제 999

임영석·조동하·박철호

강원대학교 의생명과학대학
생명건강공학과·바이오제약공학과

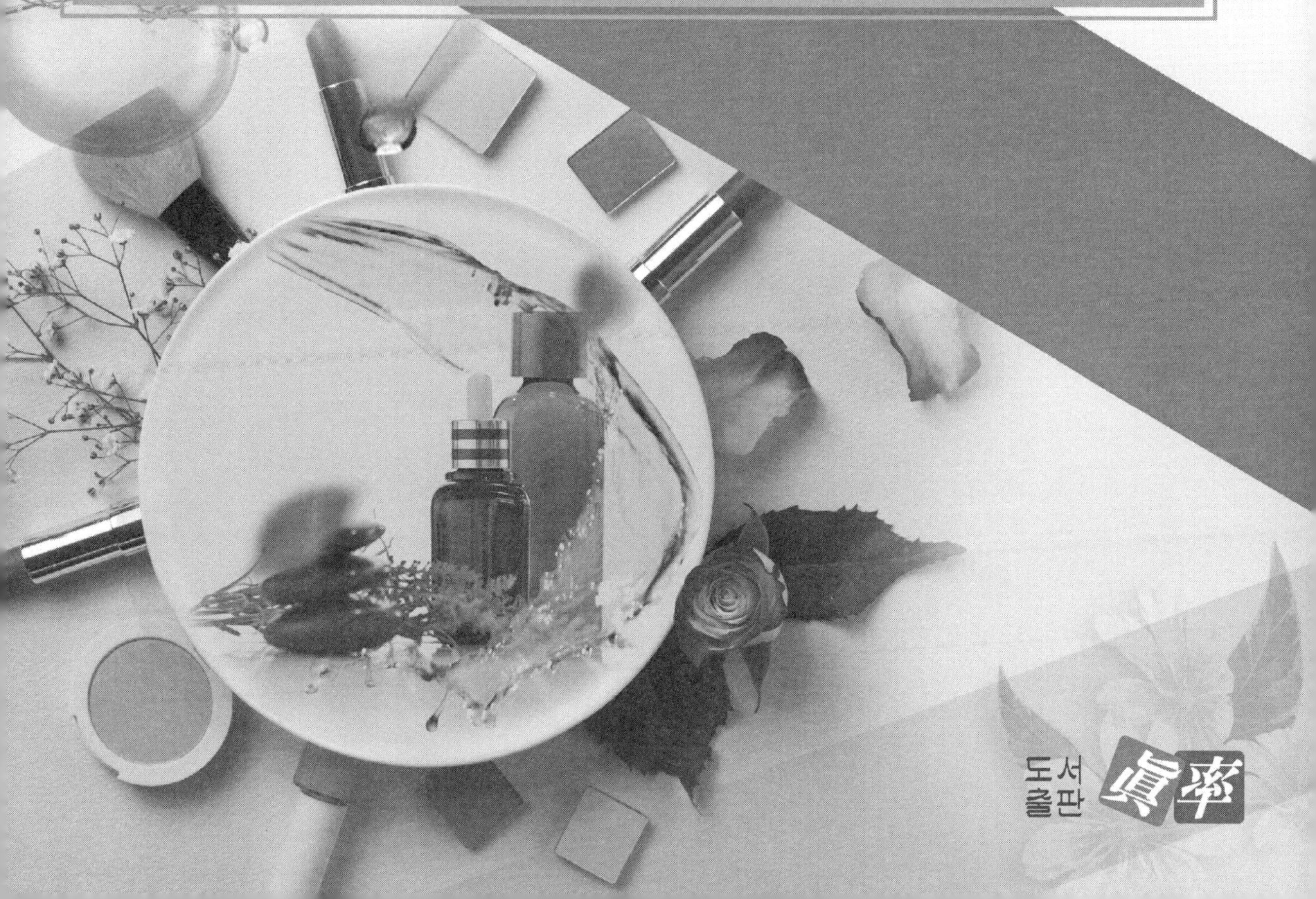

도서출판 眞率

머리말

오랫동안 기다려 온 화장품 분야 국가자격증제도가 2020년 첫 시행을 합니다. '2020 제1회 대한민국 식품의약품안전처 주관 맞춤형화장품 조제관리사 자격시험' 이 바로 그것입니다. 국내·외 화장품 수요의 증가와 이에 따른 화장품 시장 및 유통 규모의 확대는 화장품 품질의 고급화는 물론 유통질서의 체계화 등 소비자의 새로운 기대와 요구에 직면 했습니다. 무분별한 민간분야 자격증의 남발에 대한 피해와 우려에 대한 대책도 시급한 국가적 과제였습니다. 따라서 학계 및 산업계의 관련 분야 전문가와 정책 담당자들의 노력에 힘입어 우수한 맞춤형화장품 전문가에 대한 국가의 인증과 이를 바탕으로 한 화장품 산업의 발전을 도모하게 된 것은 매우 뜻 깊은 일이 아닐 수 없습니다.

이러한 정부 시책에 발맞추어 화장품 조제 및 유통 전문가 양성을 위한 대학의 관련 학과에서도 교육과정의 정비와 이론 및 실무 지식을 통해서 전문가의 자질 향상에 꾸준한 노력을 기울여 나가야 할 것입니다. 그와 같은 당위성과 산업적 여망에 부응하고 관련 분야 종사를 희망하는 자격증 준비생들에게 다소라도 도움이 되고자 '맞춤형화장품 조제관리사 한권으로 합격하기' 실전대비 예상문제집을 준비하게 되었습니다. 짧은 기간에 서둘러 준비하게 되어 미흡한 점이 많을 줄 압니다. 추후 최신 내용의 업그레이드 및 기출문제 해설을 포함한 지속적인 보완을 통해 문제집의 완성도와 적중률 및 독자들의 만족도를 높여 나갈 계획입니다. 궁극적으로 맞춤형화장품 조제관리사 국가자격증 제도가 우수 전문인력 양성과 화장품 산업의 획기적 발전에 기여하는 선순환적 시스템으로 자리 매김 하는데 기여하고자 합니다.

어려운 출판 경기 속에서 출판을 맡아준 도서출판 진솔의 조진성 대표님과 자료 준비와 문제 출제, 구성 및 원고 정리 와 교정에 도움을 준 제자와 지인, 특히 강원대학교 생명건강공학과 향장조향공학 수강 제자들과 양희은 조교 선생님, 이구연 교수 (유기화학박사), 홍채은 교수 (피부미용학박사), 최담선 연구소장 (향장공학박사) 등 여러 분 들께 심심한 감사를 드립니다.

2020년 1월 30일
저자 올림

차례

◈ 화장품법의 이해 ……………………………… 7

◈ 화장품 제조 및 품질관리 …………………… 53

◈ 유통화장품의 안전관리 ……………………… 143

◈ 맞춤형화장품의 이해 ………………………… 197

제 1 과목

[화장품법의 이해]

[화장품법의 이해]

1. 맞춤형화장품의 정의로 옳은 것은?( )

① 유기농 원료, 동식물 및 그 유래 원료 등을 함유한 화장품
② 화장품법 및 시행규칙에서 지정한 효능·효과를 표방하는 화장품
③ 제조 또는 수입된 화장품의 내용물에 다른 화장품의 내용물이나 허가된 원료를 추가해 혼합 또는 소분한 화장품
④ 동식물 및 그 유래 원료 등을 함유한 화장품
⑤ 생약 또는 한약재를 기준 이상 함유한 화장품

→해설 1번은 유기농 화장품, 2번은 기능성 화장품, 4번은 천연 화장품, 5번은 한방화장품에 대한 정의임.

2. 전체 제품 중 천연화장품과 유기농화장품의 중량 기준으로 옳은 것은?( )

① 천연 함량 - 80% 유기농 함량 - 20%
② 천연 함량 - 90% 유기농 함량 - 10%
③ 천연 함량 - 90% 유기농 함량 - 20%
④ 천연 함량 - 95% 유기농 함량 - 10%
⑤ 천연 함량 - 95% 유기농 함량 - 20%

3. 다음 중 인체세정용 제품류에 해당하지 않은 것은?( )

① 외음부 세정제
② 폼 클렌저
③ 바디 클렌저
④ 액체비누
⑤ 버블 배스

→해설 버블배스는 목욕용 제품류임.

4. 한방화장품의 기준에 맞는 내용량(중량 100g 또는 용량 100ml) 중 한방성분 원재료의 합산 중량 기준은?( )

① 0.5mg 이상
② 1mg 이상

Answer 1. ③ 2. ② 3. ⑤ 4. ②

③ 3mg 이상
④ 5mg 이상
⑤ 10mg 이상

5. 다음 화장품의 유형에 관한 설명으로 옳은 것은?( )

① 의약외품을 포함해 13개의 유형이 있다.
② 식품접객업소에서 손을 닦는 용도의 포장된 물티슈는 인체세정용 제품에 해당한다.
③ 헤어 틴트는 색조화장용 제품류다.
④ 흑채는 두발용 제품류에 해당한다.
⑤ 데오드란트는 체모제거용 제품이다.

→해설 1번 화장품 유형에 의약외품은 제외하며 2번 물티슈는 시체를 닦는 물휴지와 더불어 인체세정용 제품류에서 제외함. 3번 헤어 틴트는 두발염색용이며 5번 데오드란트는 체취방지용 제품류임.

6. 다음 중 인체세정용 화장품 특성을 바르게 설명한 것은?( )

① 샤워, 목욕 시에 전신에 사용되는 사용 후 바로 씻어내는 제품
② 손, 얼굴에 주로 사용되는 사용 후 바로 씻어내는 제품
③ 얼굴과 신체에 매력을 더하기 위해 사용하는 메이크업 제품
④ 향을 몸에 지니거나 뿌리는 제품
⑤ 피부의 보습, 수렴, 유연, 영양공급, 세정 등에 사용하는 스킨케어 제품

→해설 1번은 목욕용, 3번은 색조화장용, 4번은 방향용, 5번은 기초화장용임.

7. 다음 중 화장품책임판매업의 영업범위가 아닌 것은?( )

① 제조업자가 화장품을 직접 제조하여 유통·판매하는 영업
② 화장품업자에게 위탁해 제조된 화장품을 유통·판매하는 영업
③ 수입된 화장품을 유통·판매하는 영업
④ 수입대행형 거래를 목적으로 화장품을 알선·수여하는 영업
⑤ 화장품의 1차포장만 하는 영업

→해설 5번은 화장품제조업의 영업범위임.

8. 다음 중 맞춤형화장품판매업을 위한 신고 서류가 아닌 것은?( )

① 맞춤형화장품판매업자 신고서
② 맞춤형화장품조제관리사의 자격증 원본

Answer
5. ④ 6. ② 7. ⑤ 8. ④

③ 소비자피해 보상을 위한 보험계약서 사본
④ 화장품제조업 등록신청서
⑤ 맞춤형화장품의 혼합 또는 소분에 사용되는 내용물 및 원료를 제공하는 맞춤형화장품 판매업을 체결한 계약서 사본

→해설 4번은 화장품제조업 등록 서류임.

9. 다음 중 시설기준에 대한 설명으로 옳지 않은 것은?( )

① 제조업자는 화장품 제조시설을 이용해 제품 상호간의 오염 우려가 없으면 화장품 외의 물품을 제조할 수 있다.
② 맞춤형화장품판매업자는 화장품간 혼입이나 미생물 오염을 방지할 수 있는 시설을 반드시 해야 한다.
③ 품질검사 위탁 시 원료 자재 및 제품의 품질검사에 필요한 시설 및 기구를 갖추어야 한다.
④ 화장품제조를 위한 시설기준은 화장품제조업자에게만 있다.
⑤ 일부 공정만 제조하는 경우에 해당 공정에 필요한 시설 및 기구 외의 시설 및 기구는 갖추지 않아도 된다.

→해설 3번은 시설의 일부를 갖추지 않아도 되는 경우임.

10. 다음 중 맞춤형화장품판매업자에게 권장되는 시설이 아닌 것은?( )

① 판매장소와 구분·구획된 조제실
② 원료 및 내용물 보관소
③ 적절한 환기시설
④ 품질검사에 필요한 시설 및 기구
⑤ 작업자의 손 및 조제·설비 기구 세척실

→해설 4번은 화장품 제조업을 등록하려는 자가 갖추어야 하는 시설임.

11. 다음은 등록 또는 신고 결격사유에 대한 설명이다. 옳지 않은 것은?( )

① 피성년후견인 또는 파산선고를 받고 복권되지 않은 자는 화장품제조업을 등록할 수 없다.
② 마약류 중독자는 화장품제조업을 등록할 수 없다.
③ 등록이 취소되거나 영업소가 폐쇄된 날부터 1년이 지나지 않은 자라도 맞춤형화장품판매업은 신고할 수 있다.
④ 전문의가 화장품제조업자로서 적합하다고 인정한 정신질환자는 화장품제조업을 등록할 수 있다.

⑤ 화장품법을 위반하여 금고 이상의 형을 받고 그 집행이 끝나지 않은 자는 맞춤형화장 판매업을 신고할 수 없다.

→해설 등록이 취소되거나 영업소가 폐쇄된 날부터 1년이 지나지 않은 자는 결격사유에 해당함.

12. 화장품 사용기한에 대한 설명이다. ( )안에 알맞은 말을 바르게 나타낸 것은?

> 사용기한은 화장품이 (A)된 날부터 적절한 보관 상태에서 제품이 고유의 특성을 간직한 채 소비자가 (B)으로 사용할 수 있는 (C)의 기한을 의미한다.

① A: 출시, B: 안정적, C: 최대한
② A: 제조, B: 안정적, C: 최대한
③ A: 출시, B: 안전적, C: 최대한
④ A: 제조, B: 안전적, C: 최소한
⑤ A: 제조, B: 안정적, C: 최소한

13. 다음 중 기초화장품 제품류에 해당하지 않는 것은?( )

① 수렴·유연·영양 화장수
② 베이스 코트
③ 마사지 크림
④ 팩, 마스크
⑤ 로션, 크림

→해설 2번 베이스코트는 손발톱용 제품류임.

14. 다음 중 화장품의 품질요소를 바르게 설명한 것은?( )

① 안정성- 보관 시에 변질, 변색, 변취, 미생물 오염이 없어야 함.
② 유효성- 피부에 대한 자극, 알레르기, 독성이 없어야 함.
③ 편의성- 피부에 잘 펴발리며 사용하기 쉽고 흡수가 잘 되어야 힘.
④ 안전성- 세정, 메이크업, 기능성 효과 등을 부여해야 함.
⑤ 경제성- 가격, on/off line구입 등 마케팅에 유리해야 함.

→해설 2번은 안전성, 3번은 사용성, 4번은 유효성에 대한 설명이며 5번은 품질요소와 상관없음.

15. 다음 중 중대한 유해사례(AE)에 해당하지 않는 경우는?( )

① 사망을 초래하거나 생명을 위협하는 경우
② 입원 또는 입원기간의 연장이 필요한 경우

Answer 12. ⑤ 13. ② 14. ① 15. ③

③ 일시적 불구나 기능저하를 초래하는 경우
④ 선천적 기형 또는 이상을 초래하는 경우
⑤ 중대한 불구를 초래한 경우

→해설 지속적 또는 중대한 불구나 기능저하 초래 시 중대한 유해사례에 해당함.

16. 화장품판매업자 A씨는 크리스마스 시즌에 판매중인 B제품에 대해 제조국가에서 회수(recall)조치가 되어 식품의약안전처장이 보고를 지시할 것을 통보받았다. A씨가 취한 조치로서 가장 옳은 것은?( )

① 이듬해 1월 말까지 보고한다.
② 이듬해 7월말까지 보고한다.
③ 30일 이내에 신속보고 한다.
④ 15일 이내에 신속보고 한다.
⑤ "안전성 정보보고 사항 없음"을 기재해 보고한다.

→해설 사례가 회수조치 사항이므로 신속보고 해야 하는 경우임.

17. 영·유아 또는 어린이 사용 화장품의 안전성 자료에 대해 잘못 설명한 것은? ( )

① 만 13세 이하의 어린이를 대상으로 생산된 제품은 화장품의 안전성 자료를 작성·보관해야 한다.
② 제품 및 제조방법에 대한 설명 자료를 작성·보관해야 한다.
③ 화장품의 안전성 평가 자료를 작성·보관해야 한다.
④ 제품의 효능·효과에 대한 증명 자료를 작성·보관해야 한다.
⑤ 제품의 안전성 자료는 최종 제조·수입된 제품의 사용기한 만료일로부터 2년간 보관해야 한다.

→해설 제품의 안전성 자료는 최종 제조·수입된 제품의 사용기한 만료일로부터 1년간 보관해야 함.

18. 화장품 위해평가 가이드라인에서 설명하는 안전의 일반사항으로 옳지 않은 것은?( )

① 소비자와 전문가에게 안전해야 한다.
② 화장품의 위험성은 각 원료성분의 독성자료에 기초한다.
③ 위해평가 시 화장품 위해평가 가이드라인을 체크리스트로 간주할 수 있다.
④ 독성자료는 국제적으로 인정된 프로토콜에 따른 시험을 우선 고려할 수 있다.

Answer 16. ④ 17. ⑤ 18. ③

⑤ 화장품 안전의 확인은 화장품의 전주기(원료선정부터 사용기한까지)에 대한 접근이 필요하다.

→해설 위해평가 시 화장품 위해평가 가이드라인을 체크리스트로 간주할 수 없음.

19. 화장품 성분의 안전에 대한 고려사항으로 옳지 않은 것은?( )

① 화학물질, 천연물 등 원료성분의 안전성
② 식품의약품안전처장의 화장품 제조 사용 불가 원료의 지정고시 여부
③ 제조공정이나 보관 중 비의도적 오염물질을 줄이기 위한 조치
④ 불순물간의 상호작용 및 생물학적 유해 인자 함유 가능성
⑤ 극도로 제한된 노출조건에서만 위해평가

→해설 위해평가는 예측 가능한 다양한 노출조건과 고농도, 고용량의 최악의 조건까지 고려할 필요가 있음.

20. 다음 (   )안에 알맞은 말은?(   )

> 최종제품의 안전성 평가는 (A)가 원칙이지만 제품의 제조, 유통 및 사용 시 발생할 수 있는 (B)에 대해 고려할 필요가 있다.

① A: 성분 평가, B: 미생물 오염
② A: 효능 평가, B: 불순물
③ A: 위해 평가, B: 독성물질
④ A: 생리활성 평가, B: 생물학적 반응
⑤ A: 감작성 평가, B: 물리·화학적 반응

21. 다음 중 화장품의 안전성 시험으로 볼 수 없는 것은?( )

① 가속시험
② 제품 보존력시험
③ 가혹시험
④ 장기보존시험
⑤ 개봉 후 안정성 시험

22. 다음 중 실온보관제품의 가속시험 조건을 바르게 나타낸 것은?( )

① 온도 30+2℃/상대습도 66+5%
② 온도 25+2℃/상대습도 60+5%

Answer 19. ⑤ 20. ① 21. ② 22. ④

③ 온도 25+2℃/상대습도 75+5%
④ 온도 40+2℃/상대습도 75+5%
⑤ 온도 40+2℃/상대습도 60+5%

→해설 1번은 실온보관제품의 장기보존시험, 2번은 냉동보관제품의 가속시험 조건임.

23. 개봉 후 안전성 시험의 측정주기를 바르게 설명한 것은?( )

① 시험 개시 때 포함 최소 3회
② 2주~3개월
③ 1개월/첫 6개월, 6개월/1년까지, 1년/1년 이후
④ 3개월/첫 1년, 6개월/2년까지, 1년/2년 이후
⑤ 1개월/첫 1년, 3개월/2년까지, 1년/2년 이후

→해설 1번은 가속시험, 2번은 가혹시험 측정주기임. 장기보존시험 측정주기는 4번과 같음.

24. 다음 중 가혹시험의 조건으로 옳지 않은 것은?( )

① 계절별 연평균 온도 및 습도
② 온도사이클링(-15℃ ⇔ 25℃ ⇔ 45℃)
③ 자연광 노출(일광) 및 인공광 노출(형광등)
④ 동결/해동
⑤ 진동시험과 원심분리

→해설 1번은 개봉 후 안정성 시험의 시험조건임.

25. 일반화장품 가혹시험의 시험항목이 아닌 것은?( )

① 현탁 발생 여부
② 유제와 크림제의 안정성 결여
③ 알루미늄 튜브 내부 래커 생성 유무
④ 용기 구겨짐 또는 파손
⑤ 향취변화

→해설 5번은 기능성 화장품의 시험항목임.

26. 다음은 안전성 시험항목에 대한 설명이다. 옳지 않은 것은?( )

① 기능성화장품은 기준 및 시험방법에 설정한 전항목에 대한 시험을 실시한다.
② 일반화장품 개봉 후 안전성 시험에는 용기적합성시험이 포함된다.

Answer 23. ④ 24. ① 25. ⑤ 26. ②

③ 일반화장품 가혹시험 항목에는 분해산물의 생성유무가 포함된다.
④ 기능성화장품에 대해 전항목 시험을 실시하지 않는 경우 과학적 근거를 제시해야 한다.
⑤ 개봉 불가한 용기 제품은 개봉 후 안전성시험을 수행할 필요가 없다.

→해설 용기적합성시험은 장기보존시험과 가속시험의 시험항목임.

27. 다음 중 일반(기초)화장품의 기능으로 볼 수 없는 것은?( )

① 피부보호
② 유·수분 공급
③ 피부색 보정
④ 자외선으로부터 피부 보호
⑤ 모공수축

→해설 4번은 기능성 화장품의 기능임.

28. 기능성화장품의 올바른 효능·효과를 모두 고른 것은?( )

ㄱ. 미백제품 - 멜라닌 색소 침착 방지
ㄴ. 자외선 차단제품 - 강한 햇볕을 방지 피부를 태워줌
ㄷ. 염모제 - 모발의 색상 변화(탈염, 탈색)
ㄹ. 욕용제(인체세정용) - 여드름성 피부 완화
ㅁ. 제모제 - 탈모증상의 완화
ㅂ. 탈모방지제 - 물리적으로 모발을 굵게 보이게 함

① ㄱ, ㄷ, ㅂ
② ㄴ, ㄷ, ㅁ, ㅂ
③ ㄱ, ㄴ, ㄹ, ㅁ, ㅂ
④ ㄱ, ㄷ, ㄹ
⑤ ㄹ, ㅁ

→해설 ㄴ은 썬탠기능, ㅁ은 탈모방지제의 기능임.

29. 다음 중 기능성화장품의 기능이 아닌 것은?( )

① 보습
② 미백
③ 주름개선
④ 자외선 보호
⑤ 모발색상 변화

Answer 27. ④ 28. ④ 29. ①

→해설 1번은 기초화장품의 기능임.

30. 다음 중 식품의약품안전처에서 화장품영업자를 대상으로 고발, 진정, 제보 등으로 제기된 위법사항에 대한 점검을 하는 경우는?( )

① 정기감시
② 수시감시
③ 기획감시
④ 품질감시
⑤ 수거감시

→해설 1번은 정기적인 지도 점검, 3번은 사전예방적 안전관리, 4번은 특별한 이슈나 문제제기가 있을 경우에 실시함. 5번은 4번과 같은 내용임.

31. 화장품제조업자가 작성·보관해야 할 문서에 해당하지 않는 것은?( )

① 제조관리기준서
② 제품표준서
③ 수입관리기록서
④ 제조관리기록서
⑤ 품질관리기록서

→해설 3번은 화장품책임판매업자의 준수사항임.

32. 다음 중 화장품책임판매업자가 식품의약품안전처장에게 보고할 준수사항이 아닌 것은?( )

① 화장품의 생산실적
② 화장품의 수입실적
③ 제조과정에 사용된 원료의 목록
④ 제조소, 시설 및 기구의 위생적 관리와 오염방지
⑤ 화장품 사용 중 발생 또는 인지하게 된 안전성 정보

→해설 4번은 화장품제조업자의 준수사항임.

33. 다음 중 수입화장품에 대한 수입관리기록서에 포함할 필요가 없는 것은?( )

① 제품명 또는 국내에서 판매하려는 명칭
② 원료성분의 규격 및 함량
③ 현지실사 평가방법
④ 기능성화장품심사결과 통지서 사본

Answer 30. ② 31. ③ 30. ② 31. ③ 32. ④ 33. ③

⑤ 최초 수입 연월일

34. 다음 중 성분 함량 0.5% 이상을 함유하여 안전성시험 자료를 최종 제품 사용기한 만료일로부터 1년간 보존해야 하는 품목이 아닌 것은?(   )

① 레티놀(비타민A) 및 유도체
② 리보플라빈(비타민B)
③ 아스코빅애시드(비타민C) 및 그 유도체
④ 토코페롤(비타민E)
⑤ 과산화화합물

35. 맞춤형화장품 판매업자의 준수사항으로 옳지 않은 것은?(   )

① 판매업소마다 맞춤형화장품 조제관리사를 두고 판매내역을 작성·보관할 것
② 판매 시 혼합소분에 사용되는 내용물 및 원료, 사용 시 주의사항을 소비자에게 설명할 것
③ 혼합·소분에 필요한 장소, 시설 및 기구를 정기적으로 점검하고 위생적으로 관리·유지할 것
④ 맞춤형화장품과 관련한 안전성 정보에 대해 신속히 책임판매업자에게 보고할 것
⑤ 회수대상화장품에 해당함을 알게 된 경우 구입한 소비자에게만 회수조치를 취할 것

해설 회수대상화장품에 해당함을 알게 된 경우 신속히 책임판매업자에게 보고하고 구입한 소비자에게 적극적으로 회수조치를 취해야 함.

36. 책임판매관리자 및 맞춤형화장품조제관리사가 화장품의 안전성 확보와 품질관리에 관해 매년 받아야 하는 교육시간은?(   )

① 2시간 이상 4시간 이하
② 3시간 이상 6시간 이하
③ 4시간 이상 8시간 이하
④ 5시간 이상 10시간 이하
⑤ 6시간 이상 12시간 이하

37. 영업자가 폐업 또는 휴업을 할 경우 제출해야 할 서류가 아닌 것은?(   )

① 신고서(제11호 서식)
② 화장품책임판매업 등록필증
③ 화장품제조업 등록필증
④ 맞춤형화장품판매업 신고필증
⑤ 책임판매관리자 자격증 사본

Answer
34. ② 35. ⑤ 36. ③ 37. ⑤

→해설 5번은 책임판매관리자 변경의 경우에 필요한 서류임.

38. 1차 포장 영업의 화장품 제조 유형으로 등록했다가 같은 호 가목 또는 나목의 화장품제조 유형으로 변경하거나 제조유형을 추가하는 경우에 반드시 제출해야 하는 서류는?( )

① 가족관계증명서
② 시설 명세서
③ 책임판매관리자 자격증 사본
④ 의사진단서
⑤ 품질성적서

39. 과징금 부과대상의 세부기준으로 옳지 않은 것은?( )

① 기능성화장품에서 기능성 주원료의 함량이 기준치에 대해 10%미만으로 부족한 경우
② 제조판매업자가 안전성 및 유효성에 관한 심사를 받지 않거나 관련 보고서를 제출하고 기능성화장품을 제조 또는 수입했으나 유통·판매를 하지 않은 경우
③ 식품의약품안전처장이 고시한 사용기준 및 유통화장품 안전관리 기준을 위반한 화장품 중 부적합 정도 등이 미흡한 경우
④ 제조업자 또는 제조판매업자가 변경등록(제조업자의 소재지 변경 제외)을 하지 아니한 경우
⑤ 이물질이 혼합 또는 부착된 화장품을 판매하거나 판매의 목적으로 제조·수입·보관 또는 진열했으나 인체에 유해성이 없다고 인정되는 경우

→해설 기능성화장품에서 기능성 주원료의 함량이 기준치에 대해 5%미만으로 부족한 경우 과징금 부과대상임.

40. 맞춤형화장품판매업자 A씨가 혼합·소분 안전관리기준 준수의 의무와 혼합·소분되는 내용에 대한 설명 의무에 관해 총리령으로 정하는 사항을 준수하지 않았다. A씨가 받게 되는 벌칙 또는 과태료는?( )

① 3년 이하의 징역 또는 3천만원 이하의 벌금
② 1년 이하의 징역 또는 1천만원 이하의 벌금
③ 200만원 이하의 벌금
④ 과태료 100만원
⑤ 과태료 50만원

Answer 38. ② 39. ① 40. ③

41. 맞춤형화장품조제관리사가 교육이수의무에 따른 명령을 위반했을 때 받게 되는 벌칙 또는 과태료는?(　)

① 200만원 이하의 벌금
② 과태료 150만원
③ 과태료 100만원
④ 과태료 50만원
⑤ 행정처분(판매업무중지)

42. 국민보건에 위해를 끼쳤거나 끼칠 우려가 있는 화장품을 제조·수입한 경우 4차 이상 위반했을 때의 처분기준은?(　)

① 시정명령
② 제조 또는 판매업무정지 1개월
③ 제조 또는 판매업무정지 3개월
④ 제조 또는 판매업무정지 6개월
⑤ 등록취소

43. 맞춤형화장품판매업소를 운영하는 B씨는 맞춤형화장품조제관리사의 변경을 4차 이상 위반했다. B씨가 받게 되는 행정처분은?(　)

① 시정명령
② 판매업무정지 7일
③ 판매업무정지 15일
④ 판매업무정지 1개월
⑤ 영업소 폐쇄

44. 맞춤형화장품판매업소의 소재지 변경신고를 하지 아니한 경우(2차 이상 위반) 받게 되는 행정처분은?(　)

① 시정명령
② 판매업무정지 1개월
③ 판매업무정지 3개월
④ 판매업무정지 6개월
⑤ 영업소 폐쇄

Answer　41. ④　42. ⑤　43. ④　44. ③

45. 맞춤형화장품판매업자 화장품의 안전용기·포장에 관한 기준을 3차 위반한 경우 받게 되는 행정처분은?( )

① 시정명령
② 전품목 판매업무정지 1개월
③ 해당품목 판매업무정지 3개월
④ 해당품목 판매업무정지 6개월
⑤ 해당품목 판매업무중지 12개월

46. 맞춤형화장품판매업자가 화장품의 2차 포장에 기재사항(가격 제외)을 거짓으로 기재한 경우(3차 위반) 받게 되는 행정처분은?( )

① 시정명령
② 해당품목 판매업무정지 1개월
③ 해당품목 판매업무정지 3개월
④ 해당품목 판매업무정지 6개월
⑤ 해당품목 판매업무중지 12개월

47. 기능성화장품에서 기능성을 나타나게 하는 주원료의 함량이 기준치보다 10퍼센트 이상 부족한 경우(1차 위반) 받게 되는 행정처분은?( )

① 시정명령
② 해당품목 제조 또는 판매업무정지 1개월
③ 해당품목 제조 또는 판매업무정지 3개월
④ 해당품목 제조 또는 판매업무정지 6개월
⑤ 해당품목 제조 또는 판매업무중지 12개월

48. 다음 고객관리 프로그램 운영에 관한 설명 중 옳지 않은 것은?( )

① 소프트웨어는 정기적으로 업데이트를 실시한다.
② 데이터 손상에 대비해 물리적·전자적 수단을 이용, 보호한다.
③ 데이터 폐기 시는 필요에 따라 복구·재생되도록 한다.
④ 백업 데이터의 완전성, 정확성 및 데이터 복구능력을 확인하고 정기적으로 점검한다.
⑤ 접근권한을 가진 자가 프로그램에 ID와 비밀번호를 입력하고 로그인하도록 한다.

→해설 데이터 폐기 시는 필요에 따라 복구·재생되지 않도록 해야 함.

Answer 45. ⑤ 46. ④ 47. ② 48. ③

49. 다음 중 개인정보보호원칙으로 옳지 않은 것은?( )

① 처리목적의 명확화, 목적 내에서 적법하고 정당하게 최대 수집
② 처리목적 내에서 처리, 목적 외 활용금지
③ 개인정보처리사항 공개, 정보주체의 권리 보장
④ 개인정보처리자의 책임준수, 정보주체의 신뢰성 확보
⑤ 정보주체의 권리침해 위험성을 고려하여 안전하게 관리

→해설 처리목적의 명확화, 목적 내에서 적법하고 정당하게 최소로 수집함.

50. 정보주체의 권리를 잘못 설명한 것은?( )

① 개인정보의 처리에 관한 정보를 제공받을 수 있다.
② 개인정보의 처리에 관한 동의여부, 동의범위 등을 선택, 결정할 수 있다.
③ 개인정보의 처리정지, 정정·삭제 및 파기를 요구할 수 있다.
④ 처리 개인정보 열람을 요구할 수 있으나 사본은 발급되지 아니한다.
⑤ 개인정보의 처리 피해를 신속, 공정하게 구제받을 수 있다.

→해설 처리 개인정보 열람을 요구할 수 있으며 사본 발급을 포함함.

51. 개인정보 수집 목적 범위 내에서 제3자에게 제공할 목적으로 정보주체의 동의를 받을 때 고지의무사항이 아닌 것은?( )

① 개인정보를 제공 받는 자
② 제공받는 자의 개인정보이용 목적
③ 제공하는 개인정보의 항목
④ 제공받는 자의 개인정보 보유·이용기간
⑤ 동의 거부 시 제공받는 자의 불이익 내용

52. 다음 ( )안에 알맞은 말은?( )

> 1건이라도 개인정보 유출 시 정보주체에게 유출관련 사실을 (A) 이내에 개별통지 해야 하며 1천명 이상의 정보주체에 관한 개인정보 유출 시는 전문기관에 신고해야 한다. 이 때 인터넷 홈페이지에 (B)이상 게재해야 한다.

① A: 5일, B: 5일
② A: 5일, B: 7일
③ A: 5일, B: 10일
④ A: 7일, B: 10일

Answer 49. ① 50. ④ 51. ⑤ 52. ②

⑤ A: 7일, B: 15일

53. 다음 중 용어의 정의가 옳지 않은 것은?(　)

① 개인정보처리자 - 개인정보 처리에 관한 업무처리를 최종적으로 결정하는 자
② 개인정보취급자 - 개인정보처리자의 지휘감독을 받아 개인정보를 처리하는 임직원, 파견근로자, 시간제근로자 등
③ 개인정보보호책임자 - 개인정보의 처리에 관한 업무를 총괄하는 자
④ 민감정보 - 정보주체의 사생활을 현저히 침해할 우려가 있는 개인정보
⑤ 고유식별번호 - 개인을 고유하게 구별하기 위해 부여된 식별정보

→해설　1번은 개인정보보호책임자에 대한 정의임.

54. 다음 중 화장품법이 규정한 사항이 아닌 것은?(　)

① 제조
② 수입
③ 판매
④ 수출
⑤ 포장

→해설　화장품법은 화장품의 제조, 수입, 판매 및 수출 등에 관한 사항을 규정함으로써 국민보건향상과 화장품 산업의 발전에 기여함을 목적으로 하고 있음.

55. 유기농 화장품 중 천연 화장품은 중량 기준으로 천연 함량이 전체 제품에서 몇 % 이상으로 구성되어야 하는가?(　)

① 92%
② 93%
③ 94%
④ 95%
⑤ 96%

→해설　천연화장품은 중량 기준으로 천연 함량이 전체 제품에서 95% 이상으로 구성되어야 함.

56. 화장품 유형별 특성으로 잘못 설명된 것은?(　)

① 목욕용: 샤워, 목욕 시 전신에 사용되는 사용 후 바로 씻어내는 제품
② 색조 화장용: 얼굴과 신체에 매력을 더하기 위해 사용하는 메이크업 제품
③ 체취 방지용: 몸에 나는 냄새를 제거하거나 줄여주는 제품

Answer　53. ①　54. ⑤　55. ④　56. ④

④ 면도용: 몸에 난 털을 제거하는 제모에 사용하는 제품
⑤ 손발톱용: 손톱과 발톱의 관리 및 메이크업에 사용하는 제품

→해설 면도용은 면도 할 때와 면도 후에 피부보호 및 피부진정 등에 사용하는 제품이며, 체모 제거용이 몸에 난 털을 제거하는 제모에 사용하는 제품임.

57. 다음의 ( )에 들어갈 말로 옳은 것은?( )

> 화장품제조업자, 화장품책임판매업자는 (㉠)에 (㉡)하고 맞춤형화장품판매업자는 (㉠)에 (㉢)한다.

① ㉠ 식품의약품안전처, ㉡ 신고, ㉢ 등록
② ㉠ 보건복지부, ㉡ 신고, ㉢ 등록
③ ㉠ 식품의약품안전처, ㉡ 신고, ㉢ 체결
④ ㉠ 보건복지부, ㉡ 등록, ㉢ 신고
⑤ ㉠ 식품의약품안전처, ㉡ 등록, ㉢ 신고

→해설 화장품제조업자, 화장품책임판매자는 식품의약품안전처에 등록하고, 맞춤형화장품판매업자는 식품의약품안전처에 신고함.

58. 다음 중에서 화장품 품질요소 안전성에 관한 설명으로 옳은 것을 모두 고른 것은?( )

> ㄱ. 위해성은 유해성이 있는 물질에 사람이나 환경이 노출되었을 때 실제로 피해를 입는 정도이다.
> ㄴ. 유해성은 물질이 가진 고유의 성질로 사람의 건강이나 환경에 좋지 않은 영향을 미치는 화학물질 고유의 성질이다.
> ㄷ. 해당 물질의 적정한 사용에 따라 인체에 끼치는 영향 즉 위해성이 결정된다.
> ㄹ. 유해성이 큰 물질은 위해성이 낮다.

① ㄱ, ㄹ
② ㄱ, ㄴ, ㄷ
③ ㄱ, ㄴ, ㄷ, ㄹ
④ ㄴ, ㄷ
⑤ ㄴㄷ, ㄹ

→해설 모든 물질은 물질 자체에 독성을 지닐 수 있으나, 해당 물질의 적정한 사용에 따라 인체에 끼치는 영향(위해성)이 결정되는 것으로 유해성이 큰 물질이라도 노출되지 않으면 위해성이 낮으며, 유해성이 작은 물질이라도 노출량이 많으면 큰 위해성을 갖는다고 볼 수 있음.

Answer 57. ⑤ 58. ②

59. 책임판매관리자의 자격기준이 아닌 것은? ( )

> 예진: 저는 약사입니다.
> 우영: 저는 향장학 전공 학사 이상의 학위를 취득하였습니다.
> 재희: 저는 전문대학 생물학 전공 졸업자입니다.
> 미영: 저는 화장품 제조 또는 품질관리 업무에 2년 이상 종사한 경력이 있습니다.
> 세하: 저는 식품의약품안전처장이 정하여 고시하는 전문 교육과정을 이수한 사람입니다.

① 예진
② 우영
③ 재희
④ 미영
⑤ 세하

→해설 전문대학 졸업자로서 화학, 생물학, 화학공학, 생물공학, 미생물학, 생화학, 생명과학, 생명공학, 유전공학, 향장학, 화장품과학, 한의학과, 한약학과 등 화장품 관련 분야를 전공한 후 화장품 제조 또는 품질관리 업무에 1년 이상 종사한 경력이 있는 사람 혹은 전문대학을 졸업한 사람으로서 간호학과, 간호과학과, 건강간호학과를 전공하고 화학, 생물학, 생명과학, 유전학, 유전공학, 향장학, 화장품과학, 의학, 약학 등 관련 과목을 20학점 이상 이수한 후 화장품 제조나 품질관리 업무에 1년 이상 종사한 경력이 있는 사람이어야 함. 재희는 생물공학 전공 졸업자이지만 화장품 제조 또는 품질관리 업무에 1년 이상 종사한 경력이 없으므로 책임판매관리자의 자격기준에 어긋남.

60. 고객관리 데이터에 대한 설명으로 옳지 않은 것은? ( )

① 데이터는 손상에 대비하여 물리적 및 전자적 수단을 이용하여 보호되어야 한다.
② 저장된 데이터에는 접근성, 가독성, 정확성이 요구된다.
③ 백업데이터의 완전성, 정확성 및 데이터 복구 능력을 확인하고 점검은 복구시에만 반드시 해야 한다.
④ 데이터의 폐기 시는 혹시 모를 상황에 대비해 복구·재생될 수 있어야 한다.
⑤ 데이터의 유출방지를 방지하고 데이터 손실을 막기 위해 해킹방어 프로그램과 백신프로그램이 있어야 한다.

→해설 데이터의 폐기 시는 개인정보 보호법에 따라 복구·재생되지 않도록 해야 함.

61. 다음 ( )에 적합한 용어를 작성하시오. ( )

> ( )는(은) 개인정보 처리에 관한 업무를 총괄해서 책임지거나 업무처리를 최종적으로 결정하는 자로 개인정보의 처리에 관한 업무를 총괄하는 책임자이다.

Answer 59. ③ 60. ④ 61. 개인정보보호책임자

62. 다음은 무엇에 대한 설명인가? (   )

1. 개인정보의 처리에 관한 정보를 제공받을 권리
2. 개인정보의 처리에 관한 동의여부, 동의 범위 등을 선택, 결정할 권리
3. 처리 개인정보의 처리여부확인, 개인정보 열람을 요구할 권리(사본의 발급 포함)
4. 개인정보의 처리정지, 정정·삭제 및 파기를 요구할 권리
5. 개인정보의 처리 피해를 신속, 공정하게 구제받을 권리

63. 다음 〈보기〉는 개인정보 유출 통지에 관한 내용이다. (   )에 들어갈 통지방법에 대해 작성하시오. (   )

1. 1건이라도 개인정보 유출 시, 정보주체에게 유출관련 사실을 개별통지(5일 이내) : 통지방법 → 서면, 전자우편, 전화, 팩스, 문자전송 등
2. 1천명 이상의 정보주체에 관한 개인정보가 유출된 경우에는 전문기관(행정안전부, 한국인터넷진흥원)에 신고 등 조치(5일 이내) : 통지방법 → 서면, 전자우편, 전화, 팩스, 문자전송, (   )

64. 다음 (   )에 들어갈 적합한 용어를 쓰시오. (   )

(   )에서 화장품이 분리되어 1999년 9월 7일에 화장품법이 제정되었다. 화장품법은 화장품의 제조, 수입, 판매 및 수출 등에 관한 사항을 규정함으로써 국민보건향상과 화장품 산업의 발전에 기여함을 목적으로 하고 있다.

65. 다음은 무엇에 대한 정의인가? (   )

제조 또는 수입된 화장품의 내용물에 다른 화장품의 내용물이나 식품의약품안전처장이 정하는 원료를 추가하여 혼합한 화장품.

66. 다음 중 화장품법 개정 이유에 대하여 옳지 않은 것은? (   )

① 위해 화장품에 대한 위해 등급 설정 근거 마련을 하기 위해서
② 회수 폐기 명령 공표 범위 확대를 위해서
③ 과징금 상한액 조정을 위해서
④ 천연 화장품 기준에 관한 규정 마련을 위해서
⑤ 행정제재 처분 승계에 대한 규정 마련을 위해서

Answer
62. 정보주체의 권리 63. 인터넷홈페이지 7일 이상 게재 64. 약사법 65. 맞춤형화장품
66. ④

67. 다음 중 2019년 12월 31일부로 화장품으로 전환되는 품목을 모두 고르시오. ( )

ㄱ. 흑채
ㄴ. 헤어 오일
ㄷ. 데오드란트
ㄹ. 제모 왁스
ㅁ. 액체 비누 및 화장비누

68. 다음은 화장품의 유형별 특성에 대한 설명이다. 이에 해당하는 화장품의 유형을 고르시오.( )

얼굴과 신체에 매력을 더하기 위해 사용하는 메이크업 제품

① 두발용
② 색조 화장용
③ 기초 화장용
④ 두발 염색용
⑤ 방향용

69. 다음 중 (㉠), (㉡) 에 적합한 용어를 쓰시오.( )

화장품의 영업 형태는 2020년 3월 13일까지는 화장품제조업자, (㉠)로 분류되며 2020년 3월 14일부터는 화장품제조업자, (㉠), (㉡)로 분류된다.
화장품법에서 영업자는 화장품 제조업자, (㉠), (㉡)를 모두를 의미한다.

70. 다음 중 화장품의 품질요소로 올바르게 짝지어진 것은?( )

① 안전성-편리성
② 안정성-유효성
③ 실효성-사용성
④ 편리성-정확성
⑤ 안정성-실효성

Answer 67. ㄱ, ㄹ, ㅁ 68. ② 69. ㉠: 화장품책임판매업자, ㉡: 맞춤화장품판매업자 70. ②

제1과목 화장품법의 이해

71. 다음 중 화장품책임판매업자 준수사항으로 옳지 않은 것은?(　)

① 화장품의 생산실적 또는 수입실적 식품의약품안전처장에게 보고한다.
② 원료의 목록에 관한 보고는 화장품의 유통, 판매 전에 한다.
③ 화장품의 사용 중 발생한 유해사례 등 안전 정보에 대해 매 반기 종료 후 1개월 이내에 보고해야 한다.
④ 책임판매관리자는 화장품의 안전성 확보 및 품질관리에 관한 교육을 매년 받아야 한다.
⑤ 화장품책임판매업자는 별도로 지정된 책임판매관리자를 두지 않아도 된다.

72. 다음 (　)에 들어갈 용어를 모두 고르시오.(　)

> 데이터는 손상에 대비하여 물리적 및 전자적 수단을 이용하여 보호되어야 한다.
> 저장된 고객관리 데이터에는 (　㉠　),(　㉡　),(　㉢　)이 요구된다.
> ㉠ 사용성　㉡ 접근성　㉢ 가독성　㉣ 안정성　㉤ 정확성

73. 다음은 무엇에 대한 설명인가?(　)

> 사상, 신념, 노동, 조합, 정당의 가입, 탈퇴, 정치적 견해, 건강, 성생활에 대한 정보, 그 밖에 정보주체의 사생활을 현저히 침해할 우려가 있는 개인정보

① 민감정보
② 유전 정보
③ 개인정보
④ 고유식별정보
⑤ 개인정보취급자

74. 다음은 무엇에 대한 설명인가?(　)

> 동식물 및 그 유래 원료 등을 함유한 화장품으로서 식품의약품안전처장이 정하는 기준에 맞는 화장품

75. 다음 화장품 유형 중 방향용 제품류가 아닌 것은?(　)

① 향수
② 분말향
③ 향낭
④ 코롱(cologne)
⑤ 에센스, 오일

Answer　71. ⑤　72. ㉡, ㉢, ㉤　73. ①　74. 천연화장품　75. ⑤

→해설 에센스와 오일은 기초화장용 제품류로 분류되는 품목임.

76. 다음 중 화장품의 유형과 특성이 잘못 짝지어진 것은?( )

① 인체 세정용–샤워, 목욕 시에 전신에 사용되고 사용 후에 바로 씻어내는 제품
② 기초 화장용– 피부의 보습, 수렴, 유연, 영양공급, 세정 등에 사용하는 스킨케어 제품
③ 방향용– 향을 몸에 지니거나 뿌리는 제품
④ 영유아용 – 만 3세이하 어린이가 사용하는 인체 세정제 제품, 목욕용 제품
⑤ 두발 염색용– 모발의 색을 변화시키거나 탈색시키는 제품

→해설 샤워, 목욕 시에 전신에 사용되고 사용 후에 바로 씻어내는 제품은 목욕용임.

77. 다음 중 화장품책임판매업등록 혹은 맞춤화장품판매업 신고를 할 수 있는 자는? ( )

① 보건범죄 단속에 관한 특별조치법을 위반하여 금고 이상의 형을 선고받은 자
② 화장품 법을 위반하여 금고 이상의 형을 선고 받은 자
③ 파산 선고를 받고 복권되지 아니한 자
④ 등록이 취소되거나 영업소가 폐쇄된 날부터 1년이 지난 자
⑤ 마약류의 중독자

→해설 등록이 취소되거나 영업소가 폐쇄된 날부터 1년이 지나지 아니한 자는 결격사유임.

78. 다음 중 ( )에 들어갈 올바른 용어를 쓰시오.

> 화장품제조업자, 화장품책임판매업자는 식품의약품안전처에 (㉠)하고 맞춤형화장품판매업자는 식품의약품안전처에 (㉡)한다.

79. 다음 중 식품의약품안전처에서 화장품 영업자를 대상으로 실시하는 감시가 아닌 것은?( )

① 정기감시
② 원격감시
③ 수시감시
④ 기획감시
⑤ 품질감시

→해설 식품의약품안전처에서 화장품 영업자를 대상으로 실시하는 감시는 정기감시, 수시감시, 기획감시, 품질감시임.

Answer 76. ① 77. ④ 78. (㉠) – 등록, (㉡) – 신고 79. ②

80. 다음 중 화장품책임판매업자의 준수사항으로 잘못된 것은?(　)

① 화장품책임판매업을 등록한 자는 식품의약품안전처장이 고시하는 우수화장품 제조관리기준과 같은 수준 이상이라고 인정되는 경우에도 국내에서의 품질검사를 하지 아니할 수 없다.
② 수입화장품에 대한 품질검사를 하지 않는 경우에는 수입화장품의 제조업자에 대한 현지실사를 신청해야 한다.
③ 효소 성분을 0.5퍼센트 이상 함유하는 제품의 경우에는 해당 품목의 안정성시험 자료를 최종 제조된 제품의 사용기한이 만료되는 날부터 1년 간 보존하여야 한다.
④ 수입된 화장품을 유통 판매하는 영업으로 화장품책임판매업을 등록한 자의 경우 대외무역법에 따른 수출수입 요령을 준수하여야 한다.

81. 다음 중 행정처분의 기준으로서 옳지 않은 것은?(　)

① 위반행위 횟수가 3차 이상인 경우에도 과징금 부과대상에 해당된다.
② 업무정치처분의 기간 중 정지된 업무를 한 경우에는 화장품제조업자 또는 화장품책임판매업자의 등록을 취소한다.
③ 화장품제조업자가 등록한 소재지에 그 시설이 전혀 없는 경우에는 등록을 취소한다.
④ 책임판매업을 등록한 자에 대하여 제2호의 개별기준을 적용하는 경우 "판매금지"는 "수입대행금지"로, "판매업무정지"는 "수입대행업무정지"로 본다.
⑤ 행정처분 절차가 진행되는 기간 중에 같은 위반행위를 한 경우에는 행정처분을 하기 위하여 진행 중인 사항의 행정처분기준의 2분의 1씩을 더하여 처분한다.

→해설 위반행위 횟수가 3차 이상인 경우에는 과징금 부과대상에 제외됨.

82. 다음 중 개인정보 유출된 경우 통지 방법으로 옳지 않은 것은?(　)

① 서면
② 전화
③ 팩스
④ 문자전송
⑤ 직접방문

→해설 통지 방법에는 서면, 전화, 팩스, 문자전송, 전자우편, 인터넷홈페이지(7일 이상 게재)가 존재한다. 직접 방문은 해당되지 않는 통지 방법임.

Answer 80. ① 81. ① 82. ⑤

83. 다음 ( )에 들어갈 용어를 쓰시오(순서 상관없이 쓰시오)

> 약사법에서 화장품이 분리되어 1999년 9월 7일에 화장품법이 제정되었다.
> 화장품법은 화장품의 (㉠),(㉡),(㉢) 및 (㉣) 등에 관한 사항을 규정함으로써 국민보건향상과 화장품 산업의 발전에 기여함을 목적으로 하고 있다.

84. 다음 중 화장품법의 역사에 대한 설명으로 옳지 않은 것은?( )

① 1999년 9월 7일에 제정되었다.
② 2005년 안전용기, 포장 의무화가 되었다.
③ 2007년 전성분표시제가 시행되었다.
④ 2011년 광고실증제 화장품 원료 사용 제한이 강화되었다.
⑤ 2019년에 영유아 어린이용 화장품 관련조항이 신설되었다.

→해설 2011년 광고실증제 화장품 원료 사용 제한 완화되었음.
※ 위해 요소에 대한 위해 평가 국가 수행 의무화

85. 다음 중 천연 화장품과 유기농 화장품의 기준에 대한 규정이다. ( )에 들어갈 숫자를 쓰시오.

> 천연 화장품 : 중량 기준으로 천연 함량이 (㉠)% 이상으로 구성되어야 한다.
> 유기농 화장품 : 유기농 함량이 전체 제품에서 (㉡)% 이상 되어야 하며, 유기농 함량을 포함한 천연 함량이 전체 제품에서 (㉠)% 이상으로 구성되어야 한다.

86. 다음 중 2019년 12월 31일부로 화장품으로 전환되는 품목은?( )

① 제모 왁스, 흑채, 액체비누, 화장비누
② 팩, 마스크
③ 클렌징 오일
④ 헤어 스트레이너
⑤ 셰이빙 폼

87. 다음 중 기능성 화장품이 아닌 것은?( )

① 탈모 증상의 완화에 도움을 주는 제품
② 물리적으로 모발을 굵게 보이게 하는 제품
③ 여드름성 피부를 완화하는데 도움을 주는 제품
④ 영구적으로 모발의 색을 변화시키는 기능을 가지는 제품
⑤ 자외선 차단 또는 산란시켜 피부를 보호하는 기능을 가진 제품

Answer 83. 제조, 판매, 수입, 수출 84. ④ 85. ㉠ 95, ㉡ 10 86. ① 87. ②

→해설 물리적으로 모발을 굵게 보이게 하는 제품은 기능성화장품 탈모방지제에서 제외함.

88. 다음 중 화장품제조업등록을 할 수 있는 자는?(   )

① 화장품제조업자로서 적합하다고 전문의에게 인정받은 정신질환자
② 파산선고를 받고 복권되지 아니한 자
③ 등록이 취소되거나 영업소가 폐쇄된 날로부터 1년이 지나지 아니한 자
④ 마약류의 중독자
⑤ 화장품법을 위반하여 금고 이상의 형을 선고받은 자

89. 다음 중 화장품책임판매업에 대한 설명으로 옳은 것을 모두 고르시오.(   )

① 화장품의 포장을 하는 영업
② 위탁하여 제조된 화장품을 유통, 판매하는 영업
③ 제조, 수입된 화장품의 내용물을 소분한 화장품을 판매하는 영업
④ 수입 대행형 거래를 목적으로 화장품을 알선, 수여하는 영업
⑤ 제조, 수입된 화장품의 내용물에 다른 화장품의 내용물을 추가하여 혼합한 화장품을 판매하는 영업

90. 다음 (   )에 들어갈 용어를 쓰시오.

(㉠) : 시중 유통품을 계획에 따라 지속적인 수거검사
특별한 이유나 문제제기가 있을 경우 실시
수거품에 대한 유통화장품 아전관리 기준에 적합 여부 확인
(㉡) : 고발, 진정, 제보 등으로 제기된 위법사항에 대한 점검
불시점검 원칙, 문제제기 사항 중점 관리
정보수집, 민원, 사회적 현안 등에 따라 즉시 점검이 필요하다고 판단되는 사항,

91. 다음은 화장품책임판매업자의 준수사항이다. ㉘ 와 ㉙ 에 들어갈 알맞은 용어를 쓰시오.

다음 각 목에 해당되는 성분을 0.5퍼센트 이상 함유하는 제품의 경우
해당 품목의 안정성 시험 자료를 최종 제조된 제품의 사용기한이 만료되는 날부터
1년 간 보존할 것

㉮ 레티놀(비타민 A) 및 그 유도체
㉯ 아스코빅애시드(비타민C) 및 그 유도체
㉰ 토코페롤(비타민E)
㉱ (㉱)

Answer
88. ① 89. ②, ④ 90. (ㄱ) 품질감시, (ㄴ) 수시감시 91. (라) 과산화화합물, (마)

㉮ (㉯)

92. 다음 중 개인정보보호 원칙으로 옳지 않을 것은?( )

① 목적 내에서 적법하게 정당하게 최소 수집한다.
② 처리 목적 내에서 처리, 목적 외 활용을 금지한다.
③ 처리 목적 내에서 안정성, 사용성, 실효성을 보장한다.
④ 사생활 침해 최소화 방법으로 처리한다.
⑤ 가능한 경우 익명 처리한다.

→해설 처리 목적 내에서 정확성, 완전성, 최신성을 보장함.

93. 다음 중 행정처분 시 식품의약품안전처장이 청문을 하는 경우가 아닌 것은? ( )

① 천연화장품 및 유기농화장품에 대한 인증의 취소하는 경우
② 천연화장품 및 유기농화장품에 대한 인증기관 지정의 취소하는 경우
③ 천연화장품 및 유기농화장품에 대한 업무의 일부에 대한 정지를 명하는 경우
④ 화장법 제 24조에 따른 등록의 취소, 영업소 폐쇄, 품목의 제조, 수입 및 판매를 금지하는 경우
⑤ 화장법 제 24조에 따른 업무의 전부에 대한 정지를 명하고자 하는 경우

94. 다음의 빈칸을 채우시오.

> 화장품법의 입법취지
> 약사법에서 화장품이 분리되어 1999년 9월 7일에 화장품법이 제정되었다. 화장품법은 화장품의 ( )( )( ) 및 ( ) 등에 관한 사항을 규정함으로써 국민 보건 향상과 화장품 산업의 발전에 기여함을 목적으로 하고 있다.

95. 다음 화장품의 정의 중 옳은 것은?( )

① 화장품 : 화장품 법 및 시행규칙에서 지정한 효능·효과를 표방하는 화장품
② 천연화장품 : 인체를 청결·미화하는 인체에 대한 작용이 경미한 화장품
③ 기능성화장품 : 식품의약품안전처장이 정하는 원료를 혼합하거나 소분한 화장품
④ 유기농화장품 : 유기농함량이 전체 제품에서 10% 이상이어야 하며, 유기농 포함 천연 함량이 전체 제품에서 95% 이상으로 구성된 화장품
⑤ 맞춤형 화장품 : 천연 함량이 전체 제품에서 95% 이상으로 구성된 화장품

→해설 1번은 기능성화장품, 2번은 화장품, 3번은 맞춤형화장품, 5번은 천연 화장품에 대한 설명임.

Answer   92. ③   93. ③   94. 제조, 수입, 판매 및 수출   95. ④

96. 다음 화장품의 유형별 특성에 대한 설명으로 옳은 것은?

① 목욕용 : 면도 할 때와 면도 후에 피부보호 및 피부진정 등에 사용하는 제품
② 면도용 : 모발의 색을 변화시키거나(염모) 탈색시키는(탈염) 제품
③ 체취 방지용 : 샤워, 목욕 시에 전신에 사용되는 사용 후 바로 씻어내는 제품
④ 체모 제거용 : 몸에서 난 털을 제거하는 제모에 사용하는 제품
⑤ 두발 염색용 : 몸에서 나는 냄새를 제거하거나 줄여주는 제품

→해설 1번은 면도용, 2번은 두발 염색용, 3번은 목욕용, 5번은 체취 방지용에 대한 설명임.

97. 다음 중 맞춤형화장품판매업 신고 서류에 적절치 않은 것은?

① 맞춤형 화장품 판매업자 신고서
② 맞춤형 화장품 조제관리사의 자격증 원본
③ 맞춤형 화장품의 혼합 또는 소분에 사용되는 내용물 및 원료를 제공하는 책임판매업자와 체결한 계약서 사본
④ 소비자피해 보상을 위한 보험계약서 사본
⑤ 품질관리기준서

→해설 5번은 화장품책임판매업 등록에 필요한 서류임.

98. 안정성 시험에 대한 구분 중 다음 사항이 해당하는 시험을 쓰시오.

> 온도 40±2℃ / 상대습도 75±5%(실온보관제품)
> 온도 25±2℃ / 상대습도 60±5%(냉장보관제품)에서 시험개시 때 포함 최소 3회, 6개월 이상의 시험기간을 거치는 이 시험은 3로트 이상 선정하되 시중에 유통할 제품과 동일한 처방, 제형 및 포장용기를 사용한다. 이것은 어떤 시험인가?

99. 맞춤형 화장품 판매업자의 준수사항 중 옳지 않은 것은?(   )

① 맞춤형화장품 판매소마다 맞춤형 화장품 조제관리사를 둔다.
② 화장품책임판매업자의 지도·감독 및 요청에 따를 것
③ 둘 이상의 책임판매업자와 계약하는 경우 사전에 각각의 책임판매업자에게 고지한 후 계약을 체결해야한다.
④ 보건위생상 위해가 없도록 맞춤형 화장품 혼합 및 소분에 필요한 장소, 시설 및 기구를 정기적으로 점검하여 작업에 지장이 없도록 위생적으로 관리 유지한다.
⑤ 맞춤형화장품과 관련하여 안전성 정보(부작용사례 포함)에 대하여 신속히 책임판매업자에게 보고한다.

Answer   96. ④ 97. ⑤ 98. 가속시험 99. ②

→해설 2번은 화장품제조업자의 준수사항임.

100. 개인정보 보호법 중 고객관리 데이터에 대한 옳지 않는 것은?(   )

① 데이터는 손상에 대비하여 물리적 및 전자적 수단을 이용하여 보호되어야 한다.
② 백업데이터의 완전성, 정확성 및 데이터 복구 능력을 확인하고 이를 정기적으로 점검한다.
③ 데이터 유출 방지와 손실을 막기 위해 해킹방어 프로그램만 사용한다.
④ 데이터의 폐기 시는 개인정보 보호법에 따라 복구 및 재생되지 않도록 한다.
⑤ 데이터는 보관기간 동안 데이터에 접근할 수 있어야 하고, 주기적으로 데이터가 백업되어야 한다.

→해설 해킹방어 프로그램과 백신 프로그램이 있어야 함.

101. 고객관리에 대한 용어 중 옳지 않은 것은?(   )

① 개인정보 : 개인을 고유하게 구별하기 위하여 부여된 식별정보
② 민감정보 : 사상·신념, 노동조합·정당의 가입·탈퇴 등에 관한 정보, 그 밖에 정보주체의 사생활을 현저히 침해할 우려가 있는 개인정보
③ 개인정보보호책임자 : 개인정보 처리에 관한 업무를 총괄해서 책임지거나 업무처리를 최종적으로 결정하는 자, 개인정보의 처리에 관한 업무를 총괄하는 책임자
④ 개인정보처리자 : 업무를 목적을 개인정보 파일을 운용하기 위하여 스스로 또는 다른 사람을 통하여 개인정보를 처리하는 공공기관, 법인, 단체 및 개인 등
⑤ 개인정보취급자 : 개인정보처리자의 지휘 및 감독을 받아 개인정보를 처리하는 임직원, 파견근로자, 시간제근로자 등

→해설 1번은 고유식별정보에 관한 설명이며, 개인정보는 살아있는 개인에 관한 정보 혹은 다른 정보와 쉽게 결합하여 특정 개인을 식별할 수 있는 정보임.

102. 정보 주체의 권리에 대한 설명으로 옳지 않는 것은?(   )

① 개인정보의 처리에 관한 정보를 제공받을 권리
② 개인정보의 처리정지, 정정 및 삭제, 파기를 요구할 권리
③ 개인정보의 처리에 관한 동의여부, 동의범위 등을 선택, 결정할 권리
④ 개인정보의 처리 피해를 신속, 공정하게 보고받을 권리
⑤ 처리 개인정보의 처리여부확인, 개인정보 열람을 요구할 권리

→해설 처리 피해를 보고받는 것이 아닌 구제받을 권리임.

Answer 100. ③ 101. ① 102. ④

103. 개인정보의 파기 절차에 대한 설명 중 빈칸에 들어갈 단어로 옳은 것은?

> (　　　　　　　)가 개인정보의 파기에 관한 사항을 기록 및 관리하고 개인정보 보호책임자가 개인정보파기 시행 후, 파기 결과를 확인

104. 각 화장품에 대한 설명으로 옳지 않은 것은?(　　)

① 기능성화장품 : 화장품 중 화장품법 및 시행규칙에서 지정한 효능, 효과를 표방하는 화장품으로서 품질과 안전성 및 유효성을 식약처에서 심사 받거나 식약처에 보고한 화장품
② 천연화장품 : 중량 기준으로 천연 함량이 전체 제품에서 95% 이상으로 구성되어야 함
③ 유기농화장품 : 유기농 함량이 전체 제품에서 30% 이상이어야 하며, 유기농 함량을 포함한 천연 함량이 전체 제품에서 95% 이상으로 구성되어야 함
④ 맞춤형 화장품 : 제조 또는 수입된 화장품의 내용물에 다른 화장품의 내용물이나 식약처장이 정하는 원료를 추가하여 혼합한 화장품
⑤ 맞춤형 화장품 : 제조 또는 수입된 화장품의 내용물을 소분한 화장품

→해설 유기농화장품은 유기농 함량이 전체 제품에서 10% 이상임.

105. 화장품제조업 등록 시 반드시 제출해야할 서류로 옳지 않은 것은?(　　)

① 상호명 증빙서류
② 품질검사 위수탁 계약서
③ 대표자의 전문의 및 의사진단서
④ 건물배치도
⑤ 시설명세서

→해설 품질검사 위·수탁 계약서는 필요시에만 제출해야함.

106. 다음 중 화장품제조업등록을 할 수 없는 자는?(　　)

① 파산선고를 받고 복권된 자
② 전문의가 화장품제조업자로서 적합하다고 인정한 정신질환자
③ 화장품법을 위반해 금고를 선고받고 집행이 끝난 자
④ 영업소가 폐쇄된 날부터 6개월이 지난 자
⑤ 마약중독자

→해설 영업소가 폐쇄된 날부터 1년이 지나지 않으면 등록 불가함.

Answer　103. 개인정보처리자　104. ③　105. ②　106. ④

107. 화장품의 안전성에 관한 설명으로 옳지 않은 것은?(   )

① 화장품의 안전성은 피부에 대한 자극, 알레르기, 독성 없음의 내용을 포함한다.
② 영유아 또는 어린이 사용 화장품에 대한 안전성 자료는 개봉 후 사용 기간이 기재된 경우 제조연월일로부터 3년간 보관하여야 한다.
③ 화장품 성분 물질의 유해성이 커도 위해성이 낮을 수 있다.
④ 화장품책임판매업자는 매 반기 종료 후 1개월 이내에 화장품 안전성 정보를 식약처장에게 보고하는데, 만약 보고할 사항이 없는 경우에는 보고 의무가 없다.
⑤ 판매중지나 회수에 준하는 외국정부의 조치가 있을 경우 15일 이내에 식약처에 보고한다.

→해설 보고할 사항이 없는 경우에는 "안전성 정보보고 사항 없음"으로 기재해 보고함.

108. 화장품의 안정성 시험에 대한 설명으로 옳지 않은 것은?(   )

① 가혹시험은 2주 ~ 3개월 동안 시험하며 가혹조건에서 화장품의 분해과정 및 분해산물 등을 확인한다.
② 장기보존시험의 조건 중 냉장보관제품의 경우 5±3℃에서 온도에서 진행한다.
③ 가속시험은 장기보존시험의 저장조건을 벗어난 단기간의 가속조건이 물리, 화학적, 미생물학적 안정성 및 용기 적합성에 미치는 영향을 평가하기 위한 시험으로 1개월간 시험한다.
④ 마스크팩의 경우 개봉 후 안정성 시험이 필요하지 않다.
⑤ 기능성 화장품의 경우 전항목을 실시하지 않을 경우 이에 대한 과학적 근거 제시가 필요하다.

→해설 가속시험은 6개월 이상 시험 해야함.

109. 화장품제조업자 준수사항으로 옳지 않은 것은?(   )

① 제조관리기준서, 제품표준서, 제조관리기록서 및 품질관리기록서를 작성, 보관해야 한다.
② 제품의 품질관리를 위해서는 상호간의 영업비밀에 관계없이 필요한 사항을 반드시 화장품책임판매업자에게 제출해야 한다.
③ 원료 및 자재의 입고부터 완제품의 출고에 이르기까지 필요한 시험, 검사 또는 검정을 해야 한다.
④ 제조 또는 품질검사를 위탁하는 경우, 제조 또는 품질검사가 적절하게 이루어지고 있는지 수탁자에게 제조 및 품질관리에 관한 기록을 받아 유지, 관리해야 한다.
⑤ 화장품책임판매업자의 지도, 감독 및 요청에 따라야 한다.

Answer 107. ④ 108. ③ 109. ②

→해설 화장품제조업자가 제품을 설계, 개발, 생산할 때 품질, 안전관리에 영향이 없는 범위에서 화장품제조업자와 화장품책임판매업자 상호 계약에 따라 영업비밀에 해당하는 경우 제출하지 않을 수 있음.

110. 품질관리기준 중 책임판매관리자의 업무로 옳지 않은 것은?( )

① 품질관리 업무를 총괄할 것
② 품질관리 업무가 적정하고 원활하게 수행되는 것을 확인할 것
③ 품질관리에 관한 기록 및 화장품제조업자의 관리에 관한 기록을 작성하고 이를 해당 제품의 제조일로부터 3년간 보관할 것
④ 책임판매한 제품의 품질이 불량하거나 품질이 불량할 우려가 있는 경우 회수 등 신속한 조치를 취하고 기록할 것
⑤ 업무 시 필요에 때라 화장품제조업자, 맞춤형화장품판매업자 등 그 밖의ㅏ 관계자에게 문서로 연락하거나 지시할 것

→해설 4번은 화장품책임판매업자의 업무임.

111. 화장품 책임판매관리자의 자격이 있는 사람으로 옳지 않은 것은?( )

① 약사
② 한의학 전공의 학사 학위를 취득한 사람
③ 상시 근로자수가 10명 이하인 화장품책임판매업을 경영하는 화장품책임판매업자
④ 화장품 품질관리 업무에 2년 이상 종사한 경력이 있는 사람
⑤ 전문대학 졸업자 중 간호학과를 전공하고 화학, 생물학, 생명과학, 유전학, 향장학 등 관련 과목을 20학점 이상 이수한 사람

→해설 전문대학의 경우 20학점 이상을 이수한 후 화장품 제조 또는 품질관리 업무에 1년 이상 종사한 경력이 있어야 함.

112. 고객관리 데이터에 대한 내용으로 옳지 않은 것은?( )

① 백업 데이터의 완전성, 정확성 및 데이터 복구 능력을 확인하고 이를 성기적으로 점검한다.
② 데이터 폐기 시는 혹시 모를 경우를 대비하여 복구, 재생이 가능하도록 한다.
③ 저장된 데이터에는 접근성·가독성·정확성이 요구 된다.
④ 데이터는 보관 기간 동안 데이터에 접근할 수 있어야 하고, 주기적으로 백업되어야 한다.
⑤ 데이터 유출을 방지하고 손실을 막기 위해 해킹 방어, 백신 프로그램을 구비한다.

→해설 데이터 폐기 시는 개인정보 보호법에 따라 복구, 재생되지 않도록 함.

Answer 110. ④ 111. ⑤ 112. ②

113. 고객관리와 관련된 용어에 대한 설명으로 옳지 않은 것은?( )

① 고유식별정보 : 개인을 고유하게 구별하기 위해 부여된 식별정보
② 개인정보보호책임자 : 개인정보 처리에 관한 업무를 총괄해 책임지거나 업무처리를 최종적으로 결정하는 자
③ 민감정보 : 사상, 신념, 정치적 견해 등에 관한 정보를 포함하는 정보로 외국인등록번호가 여기에 속한다.
④ 개인정보취급자 : 개인정보처리자의 지휘, 감독을 받아 개인정보를 처리하는 임직원, 파견근로자
⑤ 개인정보 : 사망한 개인에 관한 정보는 개인정보에 속하지 않는다.

→해설 외국인등록번호는 고유식별정보에 속함.

114. 화장품의 유형중 목욕용 제품류에 포함되지 않는 것은?( )

① 목욕용 오일, 정제, 캡슐
② 폼 클렌저
③ 목욕용 소금류
④ 버블 배스
⑤ 그 밖의 목욕용 제품류

→해설 폼클렌저는 인체세정용 제품류의 범주에 들어감.

115. 화장품법의 영업의 종류 중 화장품제조업의 영업범위에 포함되지 않는 것은? ( )

① 화장품을 직접 제조하는 영업
② 화장품 제조를 위탁받아 제조하는 영업
③ 화장품의 포장을 하는 영업
④ 화장품을 직접 병에 담는 영업
⑤ 화장품과 함께 성분 첨부문서를 담는 영업

→해설 화장품과 함께 성분 첨부문서를 담는 영업은 2차 포장에 해당함.

116. 맞춤형화장품판매업자가 식품의약품안전처에 신고해야 하는 문서가 아닌 것은? ( )

① 맞춤형화장품판매업자신고서
② 맞춤형화장품조제관리사의 자격증 원본

Answer 113. ③ 114. ② 115. ⑤ 116. ④

③ 맞춤형화장품의 혼합 또는 소분에 사용되는 내용물 및 원료를 제공하는 책임판매업자와 체결한 계약서 사본
④ 제조위수탁계약서
⑤ 소비자피해 보상을 위한 보험계약서 사본

→해설 제조위수탁계약서는 화장품책임판매업자가 신고해야 하는 문서임.

117. 맞춤형화장품판매업자에게 권장되는 시설기준이 아닌 것은?( )

① 원료 및 내용물 보관 장소
② 판매장소와 구분, 구획된 조제실
③ 화장품 시험검사기관
④ 적절한 환기시설
⑤ 작업자의 손 및 조제 설비기구 세척시설

→해설 화장품 시험검사기관은 화장품 제조업자가 등록해야 하는 시설임.

118. 화장품 취급 사용 시 인지되는 안전성 중 중대한 유해사례(seriousAE)의 경우가 아닌 것은?( )

① 화장품 간의 인과관계 가능성이 보고된 경우
② 입원 또는 입원기간의 연장이 필요한 경우
③ 사망을 초래하거나 생명을 위협하는 경우
④ 선천적 기형 또는 이상을 초래하는 경우
⑤ 기타 의학적으로 중요한 상황

→해설 화장품 간의 인과관계 가능성이 보고된 경우는 입증자료가 불충분한 경우를 말함.

119. 화장품의 안전의 일반사항에 대한 설명으로 옳은 것은( )

① 화장품은 예측 불가능한 사용 전에서도 인체에 안전하여야 한다
② 화장품의 안전의 확인은 사용 기간에 대한 부분만 확인하면 된다.
③ 개인별 화장품은 최소 사용 환경에서 화장품 성분을 위해평가 한다.
④ 위해평가 시 화장품 성분의 특성에 따라 사례별로 평가하는 것이 바람직하다.
⑤ 화장품은 소비자에게만 안전하면 문제가 없다.

→해설 1번- 화장품은 예측 가능한 사용조건에 따라 사용하였을 때 인체에 안전해야 함.
2번- 화장품의 안전은 원료의 선정부터 사용까지 전주기에 대한 전반적인 조사가 필요함.
3번- 개인별 화장품은 최대 사용 환경에서 위해평가를 실시해야 함.
5번- 화장품의 안전은 소비자뿐만 아니라 사용하는 전문가 역시 안전해야 함.

Answer 117. ③ 118. ① 119. ④

120. 다음 고객관리 용어에 대한 설명으로 옳지 않은 것은?(   )

① 개인정보–살아있는 개인에 관한 정보
② 개인정보처리자– 개인정보를 처리하는 공공기관, 법인, 단체 및 개인
③ 개인정보보호책임자–개인정보의 처리에 관한 업무를 총괄하는 책임자
④ 개인정보취급자– 지휘·감독을 받아 개인정보를 처리하는 임직원, 파견근로자, 시간 제근로자
⑤ 고유식별정보– 사상, 신념, 노동조합, 정당의 가입·탈퇴, 정치적 견해, 건강, 성생활 등에 관한 정보

→해설 고유식별정보는 개인을 고유하게 구별하기 위하여 부여된 식별정보임.

121. 다음 중 화장품의 품질요소를 모두 고르시오.

> ㄱ. 안전성 ㄴ. 완전성 ㄷ. 사용성 ㄹ. 보존성 ㅁ.휴대성 ㅂ. 안정성 ㅅ. 유효성

① ㄱ, ㄴ, ㄹ, ㅂ, ㅅ,
② ㄱ, ㄷ, ㅂ, ㅅ,
③ ㄱ, ㄷ,ㄹ,ㅁ
④ ㄷ, ㄹ, ㅁ, ㅅ
⑤ ㄴ, ㄷ, ㅂ,

122. 맞춤형 화장품의 설명 중 (   )에 들어갈 말은?(   )

> 제조 또는 수입된 화장품의 내용물에 다른 화장품의 내용물이나 (   )이 정하는 원료를 추가하여 혼합한 화장품

123. 개인정보의 파기절차에 대한 설명이다. (   )에 들어갈 말은?
(   )

> (A   )가 개인정보의 파기에 관한 사항을 기록 및 관리하고 (B   )가 개인정보 파기 시행 후, 파기 결과를 확인한다.

124. 화장품 제조업의 결격사유에 대하여 옳지 않은 것은?(   )

① 정신질환자
② 마약류의 중독자
③ 등록이 취소되거나 영업소가 폐쇄된 날부터 2년이 지나지 아니한 자
④ 화장품제조업등록을 할 수 없는 자

Answer
120. ⑤ 121. ② 122. 식품의약품안전처장 123. (A) 개인정보처리자, (B)개인정보보호책임자 124. ③

⑤ 화장품책인판매업등록 혹은 맞춤형화장품판매업신고를 할 수 없는 자

→해설 화장품 제조업의 실격사유에서 등록이 취소되거나 영업소가 폐쇄된 날부터 1년이 지나지 아니한 자는 결격사유가 됨.

125. 다음은 화장품 품질요소 중에서 무엇에 대한 설명인가?(   )

> 유분과 수분을 공급하고 세정, 메이크업, 기능성 효과 등을 부여해야 한다.

126. 식품의약품안전처에서 화장품 영업자를 대상으로 실시하는 감시로 옳지 않은 것은?(   )

① 정기감시
② 수시감시
③ 기획감시
④ 안전감시
⑤ 품질감시

→해설 식품의약품안전처에서 화장품 영업자를 대상으로 실시하는 감시에는 정기감시, 수시감시, 기획감시, 품질감시 등이 있음.

127. 품질관리 업무에 관련된 조직 및 인원에 대한 설명이다. (   )에 알맞은 말은? (   )

> 화장품책임판매업자는 (   )를 두어야 하며, 품질관리 업무를 적정하고 원활하게 수행할 능력이 있는 인력을 충분히 갖추어야 한다.

128. 화장품법의 역사에 대한 설명으로 옳지 않은 것은?(   )

① 1952년 조제법 제정
② 1999년 화장품법 제정
③ 2005년 안전용기, 포장 의무화
④ 2007년 전성분표시제 시행
⑤ 2019년 영, 유아, 어린이용 화장품 조항 선정

→해설 1952년은 약사법이 제정된 년도로 화장품법의 시초는 약사법에서 시작되었음.

Answer 125. 유효성 126. ④ 127. 책임판매관리자 128. ①

129. 화장품 유형에 대한 것 중 옳지 않은 것은?( )

① 기능성화장품
② 천연화장품
③ 유기농화장품
④ 맞춤형화장품
⑤ 의료용화장품

→해설 화장품의 유형에는 기능성, 천연, 유기농, 맞춤형이 존재하며 의료용화장품은 해당 없음.

130. 맞춤형화장품판매업자에서 권장되는 시설기준으로 옳지 않은 것은?( )

① 판매장소와 가깝거나 같은 장소에 존재하는 조제실
② 원료 및 내용물 보관 장소
③ 적절한 환기시설
④ 작업자의 손 및 조제 설비, 기구 세척시설
⑤ 맞춤형화장품 간 혼입이나 미생물 오염을 방지할 수 있는 시설 또는 설비

→해설 맞춤형화장품판매업자에게 권장되는 시설로 판매장소와 구분, 구획된 조제실이 필요하며 같은 장소에 조제실이 있으면 안 됨.

131. 화장품 성분의 안전에 대한 설명으로 옳지 않은 것은?( )

① 제품의 안전성을 확보하기 위해서는 원료 성분의 안전성이 확보되어야 한다.
② 사용하고자 하는 성분은 식약처장이 화장품의 제조에 사용할 수 없는 원료로 지정고시한 것이 아니어야 하고 사용한도에 적합해야 한다.
③ 오염물질을 줄이기 위한 조치를 취하여야 한다.
④ 생물학적 반응에 따라 다른 성분과의 상호작용 및 피부 투과 등은 안전성 및 안정성을 미리 확인하여야 한다.
⑤ 최종제품의 안정성 평가는 성분 평가가 원칙이므로, 재조 및 유통, 사용시 발생할 수 있는 미생물의 오염에 대하여는 고려할 필요가 없다.

→해설 최종제품의 안정성 평가는 성분 평가가 원칙이지만, 제조 및 유통, 사용 시 발생할 수 있는 미생물의 오염에 대하여 고려할 필요가 있음.

132. 다음 ( )에 알맞은 말을 쓰시오.( )

( )은 안정성 시험결과를 통해 얻은 결과를 근거로 설정한다. 즉, 화장품의 장기보존 시험조건에서 제품을 보관하면서 일정한 시점마다 시험항목에 대한 시험을 실시하고 시험한 결과가 36개월 동안 적합하면 사용기한이 "제조일로부터 36개월"이라고 적는다.

Answer 129. ⑤ 130. ① 131. ⑤ 132. 사용기한

133. 일반화장품 중 기초화장품의 기능으로 옳지 않은 것은?( )

① 피부보호
② 수분공급
③ 유분공급
④ 모공확장
⑤ 피부색 보정

→해설 기초화장품의 기능은 피부보호, 수분공급, 유분공급, 모공수축, 피부색 보정, 결점커버, 메이크업, 수분 증발억제 등임.

134. 화장품에 대한 정의로 옳지 않은 것은?( )

① 천연 화장품은 중량 기준으로 천연 함량이 99% 이상으로 구성되어야 함.
② 맞춤형 화장품은 제조 또는 수입된 화장품의 내용물을 소분한 제품
③ 기능성 화장품은 화장품 중 화장품법 및 시행규칙에서 지정한 효능, 효과를 표방하는 화장품으로서 품질과 안정성 및 유효성을 식품의약품안전처에서 심사를 받거나 식품의약품안전처에 보고한 화장품
④ 유기농 화장품은 동식물 및 그 유래 원료 등을 함유한 화장품
⑤ 한방화장품은 한약서에 수재된 생약 또는 한약재를 기준 이상 함유한 화장품

→해설 천연 화장품은 중량 기준으로 천연 함량이 95% 이상으로 이루어져야 함.

135. 화장품책임판매관리자의 자격 기준으로 옳지 않은 것은?( )

① 의사 또는 약사
② 학사 이상의 학위를 취득한 사람으로서 이공계 학과나 향장학 화장품학 등을 전공한 자
③ 화장품 제조나 품질관리 업무를 5년 이상 종사한 경력이 있는 자
④ 식품의약품안전처장이 정하여 고시한 전문 교육과정을 이수한 자
⑤ 전문대학 졸업자로서 화학, 생물학, 화장품과학 등을 전공으로 이수하고 화장품 제조나 품질관리에 1년 이상 종사한 경력이 있는 자

→해설 화장품 제조나 품질관리 업무를 2년 이상 종사하면 화장품책임판매관리자의 자격을 받을 수 있음.

136. 화장품 법의 역사로 옳지 않은 것은?( )

① 1953년 약사법이 제정되었다.
② 1999.09.07 약사법 하위법으로 화장품법이 제정되었다.

Answer 133. ④ 134. ① 135. ③ 136. ②

③ 2005년 안정용기, 포장이 의무화 되었다.
④ 2007년 전성분 표시제가 시행되었다.
⑤ 2011년 위해요소에 대한 위해평가 국가 수행이 의무화가 되었다.

→해설 약사법 하위법이 아닌 약사법에서 분리되어 화장품 법이 제정되었음.

137. 다음은 무엇에 대한 설명인가?(   )

> 제조 또는 수입된 화장품의 내용물에 다른 화장품의 내용물이나 식품의약품안전처장이 정하는 원료를 추가하여 혼합한 화장품

138. 화장품의 유형과 제품군으로 잘못 짝지어진 것은?(   )

① 목욕용—목욕용 오일이나 소금, 바디워시
② 인체 세정용—외음부 세정제, 액체 비누 및 화장비누
③ 눈 화장용— 아이라이너, 아이리무버
④ 면도용— 프리셰이브 로션, 셰이빙 폼
⑤ 기초화장용— 마사지 크림, 에센스, 클렌징워터

→해설 바디워시는 인체 세정용에 속함.

139. 맞춤형화장품판매업자에서 권장되는 시설기준으로 옳지 않은 것은?(   )

① 원료 및 내용물 보관소
② 적절한 환기 시설
③ 판매장소와 구분, 구획된 조제실
④ 품질 검사 필요한 시설 및 기구
⑤ 맞춤형 화장품 간 혼입이나 미생물 오염을 방지할 수 있는 시설이나 설비

→해설 품질검사에 필요한 시설 및 기구는 화장품제조업을 등록하려는 사람이 갖추어야 할 시설기준임.

140. 화장품 사후 관리 기준에 대한 설명으로 옳지 않은 것은?(   )

① 수거감시— 특별한 이슈나 문제 제기가 있을 경우 실시함
② 기획감시—사전 예방적 안전 관리를 위한 신체적 대응 감시
③ 정기감시— 화장품제조업자, 화장품판매업자 대한 정기적인 지도 및 점검
④ 수시감시—불시점검이 원칙이며 준수사항, 품질, 표시광고, 안전기준 등 모든 영역을 점검
⑤ 품질감시—고발, 진정, 제보 등으로 제기된 위법사항에 대한 점검

Answer 137. 맞춤형화장품 138. ① 139. ④ 140. ⑤

→해설 고발, 진정, 제보 등으로 제기된 위법사항에 대한 점검은 수시검시에 해당하는 내용임.

141. 다음은 무엇에 대한 설명인가?( )

> 화장품의 책임판매 시 필요한 제품의 품질을 확보하기 위해서 실시하는 것으로서, 화장품제조업자 및 제조에 관련된 업무에 대한 관리 및 감독 및 화장품의 시장 출하에 관한 관리, 그밖에 제품의 품질의 관리에 필요한 업무

142. 다음 ( )안에 알맞은 단어를 쓰시오.

> 화장품의 품질 요소에는 사용성,(ㄱ), (ㄴ), 안정성이 있다. 사용성은 피부에 잘 펴발리며 사용하기 쉽고 흡수가 잘 되어야한다. (ㄱ)은/는 피부에 대한 자극, 알레르기, 독성이 없어야 하며 (ㄴ)은/는 유분과 수분을 공급하고 세정, 메이크업, 기능성 효과 등을 부여해야 한다. 마지막으로 안정성은 보관 시에 변질, 변색, 변취, 미생물의 오염이 없어야한다.

143. 식품의약품안전처장이 청문을 해야 하는 경우가 아닌 것은?( )

① 화장품법 제24조에 의하여 업무 전부에 대한 정지를 명하는 경우
② 천연 화장품 및 유기농 화장품의 인증이 취소된 경우
③ 천연 화장품 및 유기농 화장품에 대한 인증기관 지정의 취소 된 경우
④ 법인 또는 개인 해당 업무에 관하여 주의 및 감독을 제대로 하지 않는 경우
⑤ 화장품법 제24조에 의하여 품목의 제조 및 수입, 판매가 금지 된 경우

→해설 법인 또는 개인이 해당 업무 관하여 주의 및 감독을 제대로 하지 않는 경우는 청문이 아닌 양벌규정으로 처벌이 됨.

144. 다음 중 화장품제조업을 등록하려는 자가 갖추어야 하는 시설이 아닌 것은? ( )

① 작업대 등 제조에 필요한 시설 및 기구
② 원료·자재 및 제품을 보관하는 보관소
③ 품실검사에 필요한 시설 및 기구
④ 판매장소와 구분·구획된 조제실
⑤ 원료·자재 및 제품의 품질검사를 위하여 필요한 시험실

→해설 4번은 맞춤형화장품판매업자에서 권장되는 시설기준임. 이 밖에도 맞춤형화장품판매업자에게 권장되는 시설기준에는 원료 및 내용물 보관 장소, 적절한 환기시설, 작업자의 손 및 조제 설비·기구 세척시설, 맞춤형화장품 간 혼입이나 미생물 오염을 방지할 수 있는 시설 또는 설비가 해당함.

Answer
141. 품질관리 142. (ㄱ) 안전성, (ㄴ) 유효성 143. ④ 144. ④

145. 다음 중 화장품책임판매업등록 혹은 맞춤형화장품판매업신고를 할 수 없는 자에 해당하는 결격사유가 아닌 것은?(   )

① 파산선고를 받고 복권되지 아니한 자
② 마약류의 중독자
③ 피성년후견인
④ 보건범죄 단속에 관한 특별조치법을 위반하여 금고 이상의 형을 선고받고 그 집행이 끝나지 아니하거나 그 집행을 받지 아니하기로 확정되지 아니한 자
⑤ 등록이 취소되거나 영업소가 폐쇄된 날부터 1년이 지나지 아니한 자

→해설 마약류의 중독자와 정신질환자(다만, 전문의가 화장품 제조업자로서 적합하다고 인정하는 사람은 제외)는 화장품제조업등록을 할 수 없는 자에 해당함.

146. 다음은 화장품의 사후관리 기준의 감시에 관한 내용이다. 옳지 않은 것은? (   )

① 정기감시 – 화장품제조업자, 화장품책임판매업자에 대한 정기적인 지도, 점검
② 수시감시 – 고발, 진정, 제보 등으로 제기된 위법사항에 대한 점검
③ 수시감시 – 각 지방청별 자체계획에 따라 수행
④ 기획감시 – 사전예방적 안전관리를 위한 선제적 대응 감시
⑤ 품질감시 – 특별한 이슈나 문제제기가 있을 경우 실시

→해설 감시는 식품의약품안전처에서 화장품 영업자를 대상으로 실시하는 것으로 정기감시, 수시감시, 기획감시, 품질감시 등이 있음. 각 지방청별 자체계획에 따라 수행하는 감시는 정기감시에 해당함.

147. 다음 중 책임판매관리자의 자격기준이 아닌 것은?(   )

① 전문대학 졸업자로서 화장품 제조 또는 품질관리 업무에 3년 이상 종사한 경력이 있는 사람
② 화장품 제조 또는 품질관리 업무에 2년 이상 종사한 경력이 있는 사람
③ 의사 또는 약사
④ 화장비누, 흑채와 같이 식품의약품안전처장이 정하여 고시하는 전문교육과정을 이수한 사람
⑤ 학사 이상의 학위를 취득한 사람으로 이공계 학과, 향장학·화장품과학·한의학·한약학과 등을 전공한 사람

→해설 전문대학 졸업자로서 책임판매관리자의 자격기준은 화학·생물학·화학공학·생물공학·미생물학·생화학·생명과학·생명공학·유전공학·향장학·화장품과학·한의학· 한약학과 등 화장품 관련 분야를 전공한 후 화장품 제조 또는 품질관리 업무에 1년 이상 종사한 경력이 있는 사람임.

Answer 145. ② 146. ③ 147. ①

148. 다음 ( )에 들어갈 알맞은 말을 바르게 짝지은 것은?( )

> 천연화장품 : 중량 기준으로 천연 함량이 전체 제품에서 (가) 이상으로 구성되어야 한다.
> 유기농 화장품 : 유기농 함량이 전체 제품에서 (나) 이상이어야 하며, 유기농 함량을 포함한 천연 함량이 전체 제품에서 (다) 이상으로 구성되어야 한다.

	(가)	(나)	(다)
①	90	8	90
②	90	10	90
③	95	10	95
④	95	12	95
⑤	95	12	98

→해설 천연화장품은 동식물 및 그 유래 원료 등을 함유한 화장품으로서 식품의약품안전처장이 정하는 기준에 맞는 화장품임. 유기농화장품은 유기농 원료, 동식물 및 그 유래 원료 등을 함유한 화장품으로서 식품의약품안전처장이 정하는 기준에 맞는 화장품임.

149. 다음 중 고유식별정보에 해당하지 않는 것은?( ).

① 주민번호
② 유전정보
③ 여권번호
④ 운전면호번호
⑤ 외국인 등록번호

→해설 유전정보는 민감정보에 해당하며 고유식별정보는 개인을 고유하게 구별하기 위하여 부여된 식별정보를 의미함.

150. 다음 중 개인정보 동의서에 명확히 표시하여야 하는 사항이 아닌 것은?( )

① 개인정보 중 고유식별정보
② 개인정보의 보유 및 이용 기간
③ 개인 정보를 제공받는 자
④ 개인정보를 제공받는 자의 개인정보 이용 목적
⑤ 만 19세 미만의 개인정보를 처리하기 위한 법정대리인의 동의

→해설 만 14세 미만인 아동의 경우에만 개인정보를 처리하기 위하여 이 법에 따른 동의를 받아야 할 때에는 그 법정대리인의 동의가 필요하며 이는 개인정보 동의서에 명확히 표시하여야 하는 사항임.

Answer
148. ③ 149. ② 150. ⑤

151. 제조 또는 수입된 화장품의 내용물에 다른 화장품의 내용물이나 식품의약품안전처장이 정하는 원료를 추가하여 혼합한 화장품을 무엇이라 하는가?(   ).

152. 인체가 화장품에 존재하는 위해요소에 노출되었을 때 발생할 수 있는 유해영향과 발생확률을 과학적으로 예측하는 일련의 과정을 무엇이라 하는가?(   )

153. 화장품의 사후관리 중 처벌의 종류 4가지를 쓰시오.(   )

154. 화장품법이 분리되기 전에는 어떤 법으로 분류되었는지 고르시오(   )

① 식품위생법
② 약사법
③ 의료기기법
④ 식품안전기본법
⑤ 위생용품관리법

➡해설 화장품법은 약사법에서 분리되어 1999년 9월 7일에 화장품법이 제정되었음.

155. 다음 설명하는 화장품의 유형이 무엇인지 적으시오.(   )

> 화장품 중 화장품법 및 시행규칙에서 지정한 효능·효과를 표방하는 화장품으로서 품질과 안정성 및 유효성을 식품의약품안전처에서 심사받거나 식품의약품안전처에 보고한 화장품을 말한다.

156. 다음 중 인체세정용 제품류가 아닌 것은?(   )

① 폼 클렌저(foam cleanser)
② 바디 클렌저(body cleanser)
③ 바디 제품
④ 물휴지
⑤ 액체 비누(liquid soaps)

➡해설 바디 제품은 기초화장용 제품류로 분류됨.

Answer
151. 맞춤형 화장품 152. 위해평가 153. 과징금, 벌칙, 과태료, 행정처분 154. ②
155. 기능성화장품 156. ③

157. 화장품법에 따른 영업에 대한 설명이 잘못 짝지어진 것은?( )

① 화장품제조업 – 화장품을 직접 제조하는 영업
② 화장품제조업 – 화장품의 포장(2차 포장만 해당한다)을 하는 영업
③ 화장품책임판매업 – 수입된 화장품을 유통·판매하는 영업
④ 화장품책임판매업 – 화장품 제조업자가 직접 제조하여 유통·판매하는 영업
⑤ 맞춤형화장품판매업 – 제조 또는 수입된 화장품의 내용물을 소분한 화장품을 판매하는 영업

→해설 화장품제조업은 화장품을 직접 제조하거나 위탁받아 제조하는 영업 및 화장품의 포장(1차 포장만 해당한다)을 하는 영업임.

158. 다음은 안정성 시험의 종류에 대한 설명이다. ( )안에 알맞은 말로 짝지어진 것은?
( )

(㉠)시험은 화장품의 저장조건에서 사용기한을 설정하기 위하여 장기간에 걸쳐 물리, 화학, 미생물학적 안정성 및 용기 적합성을 확인하는 시험을 말한다.(㉡)시험은 (㉠)시험의 저장조건을 벗어난 단기간의 (㉡)조건이 물리학, 화학, 미생물학적 안정성 및 용기 적합성에 미치는 영향을 평가하기위한 시험을 말한다. (㉢)시험은 (㉢)조건에서 화장품의 분해 과정 및 분해산물 등을 확인하기 위한 시험을 말한다.

① ㉠ – 장기안정 ㉡ – 단기보존 ㉢ – 가속
② ㉠ – 장기안정 ㉡ – 가혹   ㉢ – 가속
③ ㉠ – 장기보존 ㉡ – 단기보존 ㉢ – 가속
④ ㉠ – 장기보존 ㉡ – 가속   ㉢ – 가혹
⑤ ㉠ – 장기보존 ㉡ – 단기보존 ㉢ – 가혹

159. 다음 중 화장품 수입관리기록서에 작성해야하는 사항을 모두 고른 것은?( )

ㄱ. 제품명 또는 국내에서 판매하려는 명칭
ㄴ. 제품의 가격
ㄷ. 원료성분의 규격 및 함량
ㄹ. 제조 및 판매증명서
ㅁ. 판매자 성명

① ㄱ, ㄴ
② ㄱ, ㄴ, ㄷ
③ ㄱ, ㄷ, ㄹ

Answer 157. ② 158. ④ 159. ③

④ ㄴ, ㄷ, ㅁ
⑤ ㄱ, ㄴ, ㄷ, ㅁ

→해설 수입관리기록서에 제품의 가격과 판매자 성명은 적지 않음.

160. 다음 중 고객관리 데이터에 대한 설명으로 옳지 않은 것은?( )

① 데이터는 손상에 대비하여 물리적, 전자적 수단을 이용하여 보호되어야 한다.
② 데이터는 보관 기간 동안에는 데이터에 접근할 수 있어야 한다.
③ 백업 데이터의 완전성, 정확성 및 데이터 복구 능력을 확인하고 이를 정기적으로 점검한다.
④ 데이터의 유출을 방지하고 손실을 막기 위해 해킹방어 프로그램과 백신프로그램이 있어야 한다.
⑤ 데이터의 폐기 시는 유사시에 복구할 수 있도록 처리한다.

→해설 데이터의 폐기 시는 개인정보 보호법에 따라 복구·재생되지 않도록 함.

161. 다음 중 정보의 분류가 잘못 짝지어진 것은?( )

① 민감정보 – 전화번호
② 개인정보 – 음식취향
③ 개인정보 – 이름
④ 고유식별정보 – 주민번호
⑤ 고유식별정보 – 외국인등록번호

→해설 민감정보는 사상, 정당의 가입 및 탈퇴, 정치적 견해, 건강, 성생활 등에 관한 정보, 그 외에도 정보주체의 사생활을 침해할 우려가 있는 개인정보를 말함.

162. 다음은 개인정보의 파기에 대한 설명이다. ( )안에 들어갈 말은?( )

> 보유기간의 경과, 개인정보의 처리 목적 달성 등 개인정보가 불필요하게 되었을 때에는 5일 이내로 그 개인정보를 파기하고 예외적으로 다른 법령에 규정이 있을 시에는 보존이 가능하다.
> 개인정보를 파기할 때에는 복구·재생되지 않도록 조치한다.
> 파기절차는 (㉠)이/가 개인정보의 파기에 관한 사항을 기록 및 관리하고 (㉡)가 개인정보파기 시행 후, 파기결과를 확인한다.

Answer
160. ⑤ 161. ① 162. (㉠)개인정보처리자, (㉡)개인정보 보호책임자

163. 다음은 개인정보의 안정성 확보조치 기준을 나열한 것이다. 옳은 것을 모두 고르시오.

> ㄱ. 개인정보에 대한 접근 통제 및 접근 권한의 제한 조치
> ㄴ. 개인정보에 대한 보안프로그램의 설치 및 갱신
> ㄷ. 개인정보의 안전한 보관을 위한 보관시설의 마련 및 잠금 장치 설치
> ㄹ. 개인정보의 안전한 처리를 위한 내부 관리계획의 수립 및 시행
> ㅁ. 개인정보를 안전하게 전송할 수 없도록 아날로그식 전송 이용

해설 ㅁ. 개인정보를 안전하게 저장·전송할 수 있는 암호화 기술의 적용 또는 이에 상응하는 조치

Answer
163. ㄱ, ㄴ, ㄷ, ㄹ

제 2 과목

[화장품 제조 및 품질관리]

[화장품 제조 및 품질관리]

1. 계면활성제에 대한 설명으로 옳지 않은 것은( )

   ① 서로 섞이지 않는 친수성과 친유성 물질의 계면에 작용, 계면장력을 낮추어 두 물질이 섞이게 한다.
   ② 계면활성제가 물에 녹았을 때 친유부의 대전여부에 따라 친유부가 (+)전하를 띠면 양이온 계면활성제다.
   ③ pH에 따라 전하가 변하는 양쪽성 계면활성제이다.
   ④ 전하를 띠지 않으면 비이온 계면활성제이다.
   ⑤ 친수부가 (−)전하를 띠면 음이온 계면활성제이다.

   ➡해설 계면활성제가 물에 녹았을 때 친유부의 대전여부에 따라 친수부가 (+)전하를 띠면 양이온 계면활성제임.

2. 다음 중 계면활성제의 작용을 바르게 나타낸 것은?( )

   ① 습윤·침투작용: 고체-액체의 계면에 표면장력 저하, 고체에 물을 쉽게 침투
   ② 유화작용: 액체에 고체를 미세하게 분산시키는 작용
   ③ 가용화작용: 기체와 액체사이에 계면활성제의 흡착으로 거품을 안정화
   ④ 세정작용: 미셀을 형성하여 향료나 오일을 투명하게 용해
   ⑤ 분산작용: 액체 중에 다른 액체를 미세하게 분산시키는 작용

   ➡해설 2번은 분산작용, 3번은 세정작용, 4번은 가용화작용, 5번은 유화작용을 뜻함.

3. 계면활성제의 종류와 이용분야를 바르게 나타낸 것은?( )

   ① 양쪽성계면활성제- 세탁세제, 주방세제, 바디세정제
   ② 음이온계면활성제- 유화제, 가용화제, 분산제, 세정제
   ③ 비이온계면활성제- 손세척제, 입욕제, 안료분산제
   ④ 양이온계면활성제- 살균제, 항균제, 대전방지제, 모발유연제
   ⑤ 실리콘계면활성제- 기초화장품

   ➡해설 1번은 음이온성, 2번은 비이온성, 3번은 양쪽이온성 계면활성제에 해당함.
   실리콘계 계면활성제는 파운데이션, 비비크림 등에 사용됨.

4. 계면활성제의 자극이 큰 순서대로 바르게 나타낸 것은?( )

   ① 음이온>양이온>양쪽성>비이온

Answer 1.② 2.① 3.④ 4.③

② 양이온>비이온>음이온>양쪽성
③ 양이온>음이온>양쪽성>비이온
④ 비이온>음이온>양쪽성>양이온
⑤ 양이온>양쪽성>비이온>음이온

5. 다음 중 농도가 낮은 수용액에서 자유롭게 존재하던 계면활성제 분자들이 농도가 높아짐에 따라 서로 모여 자발적으로 형성된 회합체를 가리키는 말은?( )

① 에멀젼(emulsion)
② 콜로이드(colloid)
③ 액정(liquid crystal)
④ 서스펜션(suspension)
⑤ 미셀(micelle)

→해설 물속에 계면활성제를 투입하면 계면활성제의 소수성에 의해 계면활성제가 친유부를 공기 쪽으로 향하여 기체(공기)와 액체 표면에 분포하고 표면이 포화되어 더 이상 계면활성제가 표면에 있을 수 없으면 물속에서 자체적으로 친유부(꼬리)가 물과 접촉하지 않도록 계면활성제가 회합한다. 이 회합체를 미셀이라고 함.

6. HLB(Hydrophile Lipophile Balance)에 따른 계면활성제 분류를 바르게 나타낸 것은?( )

① HLB값 4~6 → 친수형(W/O) 유화제
② HLB값 7~9 → 가용화제
③ HLB값 10~15 → 분산제, 습윤제
④ HLB값 8~18 → 친수형(O/W) 유화제
⑤ HLB값 15~18 → 친유형(O/W) 유화제

→해설 1번은 친유형(W/O) 유화제, 2번은 분산제 또는 습윤제, 5번은 가용화제에 해당함.

7. 다음 중 양이온계면활성제에 해당하는 것은?( )

① 소듐라우릴설페이트(sodium lauryl sulfate)
② 암모늄라우레스설페이트(ammonium laureth sulfate)
③ 세테아디모늄클로라이드(ceteardimonium chloride)
④ 글리세릴모노스테아레이트(glyceryl monostarate)
⑤ 코카미도프로필베타인(Cocamidopropyl betaine)

→해설 1번과 2번은 음이온계면활성제, 4번은 비이온계면활성제, 5번은 양쪽성계면활성제임.

Answer 5. ⑤ 6. ④ 7. ③

8. 다음 중 헤어컨디셔너와 린스에 적용되는 계면활성제는?( )

① 비이온계면활성제
② 양이온계면활성제
③ 음이온계면활성제
④ 양쪽성계면활성제
⑤ 천연계면활성제(레시틴, 리솔레시틴)

9. 다음 중 기초화장품에 적용되는 계면활성제는?( )

① 비이온계면활성제
② 양이온계면활성제
③ 음이온계면활성제
④ 양쪽성계면활성제
⑤ 천연계면활성제(레시틴, 리솔레시틴)

10. 다음 중 베이비 샴푸나 저자극 샴푸에 적용되는 계면활성제는?( )

① 비이온계면활성제
② 양이온계면활성제
③ 음이온계면활성제
④ 양쪽성계면활성제
⑤ 천연계면활성제(레시틴, 리솔레시틴)

11. 다음 중 고급알코올에 대한 설명으로 옳지 않은 것은?( )

① 우지, 팜유, 야자유에서 생산할 수 있다.
② 파라핀의 산화에 의해 생산(합성)할 수 있다.
③ 유화제형에서 에멀젼 안정화에 사용된다.
④ 에틸알코올, 이소프로필알코올, 부틸알코올 등이 있다.
⑤ 라우릴알코올, 미리스틸알코올, 세틸알코올 등이 있다.

→해설 4번은 저급알코올에 해당함.

12. 다음 중 무색투명휘발성액체로 살균·보존작용이 있으며 가용화제, 수렴, 청결 등의 효능을 갖는 알코올은?( )

① 라우릴알코올
② 에틸알코올

Answer 8. ② 9. ① 10. ④ 11. ④ 12. ②

③ 이소프로필알코올
④ 스테아릴알코올
⑤ 세틸알코올

13. 다음 중 크림·유액 등의 점증제로 적합하지 않은 것은?( )

① 세토스테알릴알코올
② 미리스틸알코올
③ 이소프로필알코올
④ 스테아릴알코올
⑤ 베헤닐알코올

→해설 이소프로필알코올은 용제로 적합함.

14. 다음 중 기포안정제로 적합한 것은?( )

① 라우릴알코올
② 에틸알코올
③ 이소프로필알코올
④ 부틸알코올
⑤ 세틸알코올

15. 다음 중 유상재료 중 포화지방산에 대한 설명으로 옳은 것으로만 짝지어진 것은?( )

> ㄱ. 산화가 용이하나 매우 안정적이다.
> ㄴ. 지성피부에 부적합하며 건성피부에 적합하다.
> ㄷ. 보통 온도에서 고체로 존재한다.
> ㄹ. 피부 흡수속도가 빠르다.
> ㅁ. 탄소수가 적은 지방산은 거품이 많고 자극적이다(비누 제조 시).
> ㅂ. 팜유의 팔미틱산은 탄소 길이가 짧고 거품을 많이 나게 한다.

① ㄱ-ㄴ-ㄹ-ㅁ
② ㄴ-ㄷ-ㅁ
③ ㄴ-ㄷ-ㅁ-ㅂ
④ ㄴ-ㄹ-ㅂ
⑤ ㄱ-ㄴ-ㄷ-ㄹ-ㅁ

Answer
13. ③ 14. ① 15. ②

16. 다음 중 고급지방산에 대한 설명으로 옳지 않은 것은?( )

① 알킬기의 분자량이 크며 탄소수가 6개 이상이다.
② 탄소 사이의 결합이 이중결합이면 불포화지방산이다.
③ 유화제형에서 에멀젼 안정화에 사용된다.
④ 폼클렌징에서는 가성소다 또는 가성가리와의 비누화 반응에 사용된다.
⑤ 리놀렌산(linolenic acid)는 탄소수가 14개이고 불포화결합이 1개인 C14:1이다.

→해설 리놀렌산(linolenic acid)는 탄소수가 18개이고 불포화결합이 3개인 C18:3임. 3개의 이중결합과 카르복실산을 가진 불포화지방산으로 식물성기름에 많이 함유되어 있는 성분임.

17. 다음 중 불포화지방산의 보관, 유통을 위해 가열한 후 강제로 수소를 주입하여 만든 것은?( )

① 바세린
② 경화유
③ 경납
④ 세레신
⑤ 실리콘 오일

→해설 경화유(硬化油, hardened oil)는 불포화지방산이 많은 액상 기름에 수소를 반응시켜 얻는 고체 상태 지방임. 수소첨가유라고도 함. 어유나 콩기름등 액상 기름에 수소를 첨가하여 만드는 흰색고형의 인조지방임.

18. 다음 오일에 대한 설명으로 옳지 않은 것은?( )

① 캐스터 오일- 피부흡수가 느리고 산패되기 쉬움
② 난황 오일-피부 흡수가 느리고 특이취가 있음
③ 에스테르 오일- 합성한 오일이며 산패되지 않음
④ 페트롤라튬- 유성감이 강하고 폐쇄막을 형성해 피부호흡을 방해함
⑤ 에뮤 오일- 피부흡수가 빠르고 사용감이 무거움

→해설 난황은 난생동물의 알에 포함되어 있는 영향물질의 동물성 오일로서 피부흡수가 빠르고 산패되기 쉬움.

19. 다음 지방에 대한 설명을 바르게 나타낸 것은?( )

① 글리세린에 결합된 고급지방산 중에 불포화지방산이 많으면 지방이 된다.
② 포화지방산의 양이 많아 저온에서 고체상으로 변하는 코코넛 오일은 지방으로 분류한다.

Answer 16. ⑤ 17. ② 18. ② 19. ④

③ 고급지방산의 탄소수가 감소할수록 지방에 가까워진다.
④ 돈지와 우지는 피부에 대한 친화성이 우수하다.
⑤ 망고버터와 코코아버터는 특이취가 없다.

→해설 1번– 글리세린에 결합된 고급지방산 중에 불포화지방산이 많으면 오일이 됨.
2번– 포화지방산의 양이 많아 저온에서 고상으로 변하는 코코넛 오일은 지방으로 분류하지 않음.
3번– 고급지방산의 탄소수가 증가할수록 지방에 가까워짐.
5번– 망고버터와 코코아버터는 산패되기 쉽고 특이취가 있음.

20. 다음 중 트리글리세라이드(triglyceride)를 잘못 설명한 것은?( )

① 글리세린 에스테르로 피부 유연제(에몰리언트)로 사용된다.
② 수분증발을 억제해 보습효과를 준다.
③ 카프릴릭/카프릭 트리글리세라이드는 분자량이 큰 지방산이 붙은 것이다.
④ 트리글리세라이드 구조를 갖는 식물성 오일은 지방산의 분자량이 커 무거운 사용감을 준다.
⑤ 분자량이 큰 지방산과 작은 지방산이 붙은 트리글리세라이드를 합성해 기초화장품을 만든다.

→해설 카프릴릭/카프릭 트리글리세라이드는 분자량이 작은 지방산이 붙은 것임.

21. 다음 중 양피지선에서 유래하였으며 고급지방산과 고급알코올 에스테르로 된 왁스는?( )

① 파라핀 왁스
② 라놀린
③ 몬탄왁스
④ 밀납
⑤ 경납

→해설 라놀린 (lanoline, wool fat) 은 양의 피사를 제조한 것으로 사람의 피지에 가까운 성분을 갖고 있으며 모발에 친화성이 강하고, 동물 유래 왁스로서 녹는점이 37~43℃임.

22. 다음 ( )안에 알맞은 말은?( )

시어버터는 시어나무의 (A)에서 채취한 식물성 유지로서 주로 피부 (B)나 연화제로 사용되며 식용으로도 이용된다.

① A: 열매, B: 미백제
② A: 열매, B: 보습제
③ A: 꽃, B: 보습제

Answer
20. ③ 21. ② 22. ②

④ A: 잎, B: 주름개선제
⑤ A: 줄기, B: 보존제

23. 다음 오일들의 공통점과 거리가 먼 것은?( )

> 동백오일, 시어버터, 아보카도오일, 해바라기종자유, 달맞이꽃종자유

① 지질성분 보충
② 수분증발 억제
③ 천연보습
④ 산화방지
⑤ 피부에 대한 친화성

→해설 오일은 산패되기가 쉬움.

24. 다음 중 왁스의 종류, 녹는점, 출발물질(기원)을 바르게 연결한 것은?( )

① 카르나우바 왁스 – 80~86℃ – 야자유
② 경납 – 68~72℃ – 과피추출
③ 세레신 – 76~80℃ – 석유화학
④ 파라핀 왁스 – 84~140℃ – 석유
⑤ 제팬 왁스 – 80~86℃ – 오조케라이트

→해설 2번은 녹는점 42~50℃ – 향유고래, 3번은 61~95℃ – 오조케라이트, 4번은 46~68℃ – 석유, 5번은 50~54℃ – 과피추출임.

25. 다음 중 천연의 광물유래 왁스는 어느 것인가?( )

① 칸데릴라 왁스(candellila wax)
② 경납(spermaceti)
③ 제팬 왁스(japan wax)
④ 세레신(cerecin)
⑤ 폴리에텔렌(polyethylene)

→해설 4번은 광물 오조케라이트, 1번은 칸데릴라 나무, 2번은 향유고래, 3번은 과피 추출, 5번은 석유화학을 출발물질로 함.

Answer 23. ④ 24. ① 25. ④

26. 다음 중 탄화수소를 잘못 설명한 것은?( )

① 미네랄 오일, 페트롤라튬, 스쿠알렌, 폴리부텐 등이 있다.
② 합성 폴리부텐은 립글로스 제형에서 부착력과 광택을 준다.
③ 미네랄 오일, 페트롤라튬, 스쿠알렌은 화장품에서 오일로 사용된다.
④ 미네랄 오일, 페트롤라튬은 피부에 바르면 폐쇄막을 형성한다.
⑤ 탄소, 수소, 산소로 이루어진 화합물이다.

→해설 탄화수소는 탄소와 수소로만 이루어진 화합물임.

27. 다음 중 에스테르반응에 의해 만들어진 액상의 화장품 원료로서 분자량이 작아 사용감이 가볍고 유화가 잘 되는 오일은?( )

① 하이드로제네이티드 폴리부텐
② 아이소프로필팔미테이트
③ 리퀴드 파라핀
④ 페트롤라튬
⑤ 스쿠알란

→해설 문제는 에스테르 오일을 가리키며 2번이 에스테르 오일임.

28. 다음 중 점증제의 효과가 아닌 것은?( )

① 점성 증가
② 제형의 안정적 유지
③ 미생물 성장 억제
④ 결합력 강화
⑤ 에멀젼의 안정성 증대

→해설 3번은 보존제의 효과임.

29. 다음 중 점증제의 출발물질, 원료, 용도를 바르게 연결한 것은?( )

① 나무삼출물 – 쉘락 – 유기계, 비수계점중제
② 종자추출물 – 젤라틴 – 유기계, 수계점중제
③ 해초추출물 – 카라기난 – 유기계, 수계점중제
④ 다당류 – 펙틴 – 무기계, 비수계점중제
⑤ 실리카 – 벤토나이트 – 무기계, 비수계점중제

Answer 26. ⑤ 27. ② 28. ③ 29. ③

30. 다음 중 벤토나이트의 주요 성분이 아닌 것은?( )

① Si
② Mg
③ Al
④ O
⑤ Na

31. 다음 중 실리콘(silicone)에 대한 설명으로 옳지 않은 것은?( )

① 1970년대부터 헤어케어제품, 데오드란트에서 사용되기 시작했다.
② 구성원소인 규소(Si), 산소(O), 탄소(C), 수소(H) 간 결합이 안정적이다.
③ 퍼발림성이 우수하고 무도성, 무자극성이다.
④ 실리콘류인 페닐트리메티콘은 다른 실리콘오일에 비해 친수성이 떨어진다.
⑤ 발수성, 광택, 컨디셔닝, 실키(silky)한 사용감 등이 좋다

→해설 페닐트리메티콘은 다른 실리콘오일에 비해 친수성이 좀더 높아서 화장수의 반투명 제형을 만들거나 유화제품에서 오일과 사용하여 사용됨.

32. 다음 화합물의 공통점은?( )

폴리올, 트레할로오스, 베타인, 아미노산, 소듐PCA, 소듐하이알루로네이트, 요소

① 점증제
② 보습제(휴멕턴트)
③ 보습제(폐색제)
④ 보존제
⑤ 산화방지제

33. 다음 중 화장품용 방부살균제(보존제)가 아닌 것은?( )

① 이미다졸리디닐 우레아(Imidazolidinyl urea)
② 메틸리시오치아졸리논(Methylisiothiazolinone)
③ 에틸헥실글리세린(ethylhexylglycerin)
④ 디엠디엠하이단토인(DMDM hydantoin)
⑤ 쿼터늄-15(quaternium-15)

→해설 에틸헥실글리세린(ethylhexylglycerin)은 보습제임.

Answer 30. ⑤ 31. ④ 32. ② 33. ③

제2과목 화장품 제조 및 품질관리

34. 다음 중 화장품에 주요한 미생물 오염원이 아닌 것은?(   )

① 맥각균
② 대장균
③ 녹농균
④ 황색포도상구군
⑤ 검정곰팡이

> **해설** 맥각균으로부터 리세르그산 디에틸아미드(lysergic acid diethylamide)을 합성하게 되어 약용 흥분제, LSD의 원료로 사용됨.

35. 칼슘과 철 등과 같은 금속이온이 작용할 수 없도록 격리하여 제품의 향과 색상이 변하지 않도록 막고 보존능을 향상시키는 물질은?(   )

① 산화방지제
② 착색제
③ 킬레이팅제
④ 방부제
⑤ 결합제

> **해설** 문제는 금속이온봉쇄제(chelating agent)를 뜻함.

36. 다음 중 산화방지제의 급원(sourece)과 주요 작용성분을 바르게 연결한 것은?(   )

① 양귀비-베타글루칸
② 느타리버섯-레티놀
③ 떡갈나무-플라보노이드
④ 서양고추나물-폴리페놀
⑤ 감초- 데쿠시놀

37. 다음 중 폴리페놀의 항산화작용에 대한 설명으로 옳은 것으로만 짝지어진 것은?(   )

ㄱ. 폴리페놀에의 하이드록시 기는 안정한 결합을 한다.
ㄴ. 폴리페놀은 활성산소를 제거하기 위해 자신의 전자를 희생, 세포들의 전자를 지킨다.
ㄷ. 페놀은 수소이온을 뺏어오며 공명하는 구조를 갖는다
ㄹ. 이 과정에서 폴리페놀의 항산화력은 증가하고 활성산소는 감소한다.
ㅁ. 항산화물질은 활성산소를 환원시키면서 자신은 산화되는 작용을 한다.

Answer 34. ① 35. ③ 36. ④ 37. ②

① ㄱ-ㄴ-ㄷ
② ㄱ-ㄴ-ㅁ
③ ㄴ-ㄷ-ㄹ
④ ㄱ-ㄴ-ㄷ-ㄹ-ㅁ
⑤ ㄱ-ㄴ-ㄷ-ㄹ-ㅁ-ㅂ

38. 다음 중 산화방지제가 아닌 것은?( )

① 프로필갈레이트(propyl gallate)
② 유비퀴논(ubiquinone)
③ 이데베논(idebenone)
④ 비에치에이(BHA, butylated hydroxyanisole)
⑤ 소듐폴리아크릴레이트(sodium polyacrylate)

→해설 5번은 점증제임.

39. 다음 중 물에 잘 녹으며 화장품에 많이 사용하는 금속이온봉쇄제는?( )

① 다이소듐이디티에이(disodium EDTA)
② 토코페롤(tocopherol)
③ 사이클로메티콘(cyclomethicone)
④ 프로필렌 글리콜(propylene glycol)
⑤ 폴리에틸렌(polyethylene)

39. 다음 ( )안에 알맞은 말은?( )

비타민 C 자체는 쉽게 산화되어 분해되며 수용성으로 피부 흡수가 잘 되지 않는다. 따라서 비타민 C의 안정성을 높이고 피부흡수를 촉진하기 위해 ( ) 이(가) 주로 사용된다.

① 트레티노인
② 피로리딘카르복실산
③ 사이클로메티콘
④ 아스코빌 팔미테이트
⑤ 폴리아크릴아마이드

40. 다음 중 천연색소가 아닌 것은?( )

① 카라멜
② 레이크

Answer 38. ⑤ 39. ① 39. ④

③ 카민
④ 라이코펜
⑤ 캡산틴

→해설 레이크는 물에 녹기 쉬운 염료를 알루미늄 등의 염이나 황산 알루미늄, 황산 지르코늄 등을 가해 불용화 시킨 유기안료임.

41. 색소의 기능을 잘못 설명한 것은?(   )

① 염료는 물이나 기름, 알코올에 용해된다.
② 무기안료는 빛, 산, 알칼리에 불안정하다.
③ 레이크는 물에 녹기 쉬운 염료를 알루미늄, 황산 지르코늄 등을 가해 불용화 시킨 유기안료이다.
④ 타르색소는 콜타르에 함유된 방향족 물질을 원료로 합성한 색소이다.
⑤ 안료는 물과 오일 등에 녹지 않는 불용성 색소이다.

→해설 무기안료는 빛, 산, 알칼리에 안정함.

42. 다음 중 합성 안료가 아닌 것은?(   )

① 탤크(talc)
② 징크옥사이드
③ 징크스테아레이트
④ 세리사이트
⑤ 비스머스옥시클로라이드

→해설 4번은 광물질(sericite, 견운모)에서 얻은 무기안료임.

43. 다음 중 불투명화제로 자외선 차단효과도 있는 안료는?(   )

① 체질안료
② 착색안료
③ 백색안료
④ 펄안료
⑤ 고분자합성안료

→해설 3번 백색안료는 불투명화제와 자외선차단제로 쓰임.

Answer   40. ②   41. ②   42. ④   43. ③

44. 다음 중 펄 안료에 해당하지 않은 것은?( )

① 티타네이티드 마이카
② 카올린
③ 비스머사옥시클로라이드
④ 구아닌
⑤ 하이포산틴

→해설 2번 카올린은 체질안료에 해당함.

45. 다음 중 안료의 분류에 대한 설명이다. 옳지 않은 것은?( )

① 칼슘카보네이트는 진주광택이고 화사함을 주는 백색 무정형 미분말이다.
② 실리카는 석영에서 얻어지며 흡습성이 강하고 비수계점증제로 사용된다.
③ 나일론은 수분흡수력이 낮고 사용감이 부드럽다.
④ 타피오카 스타치는 흡수제, 비수계점증제, 케이킹(caking)제로 사용된다.
⑤ 마이카는 탄성이 풍부하고 피부에 대한 부착성이 우수하다.

→해설 타피오카 스타치는 흡수제, 수계점증제, 안티케이킹(caking)제로 사용되는 유기 안료임.

46. 다음 중 계면활성제의 종류와 기능에 대한 것으로 옳지 않은 것은?( )

① 양이온 계면활성제: 살균·소독작용이 있고 대전방지효과와 모발에 대한 컨디셔닝 효과가 있다.
② 음이온 계면활성제: 세정력이 우수하고 기포형성작용이 있어 세정제품에 사용된다.
③ 비이온 계면활성제: 피부자극이 적고, 기초화장품류에서 가용화제, 유화제로 사용된다.
④ 양쪽성 계면활성제: 피부자극이 심하고 세정력도 강해 샴푸에 적용된다.
⑤ 천연 계면활성제: 레시틴, 리솔레시틴 등이 있으며 기초화장품에 적용된다.

→해설 양쪽성 계면활성제는 피부자극이 적고 세정작용이 있어서 베이비샴푸, 저자극샴푸에 적용됨.

47. 다음 ( )에 적합한 용어는?( ).

( )은(는) 비이온계면활성제의 친수와 친유의 정도를 일정범위(1~20) 내에서 계산에 의해 표현한 값이다. 계면활성제는 ( )에 따라 그 용도가 유화제, 가용화제, 습윤제 등으로 분류되며 화장품에서는 계면활성제의 종류 및 그 사용량을 결정하는데 ( )가(이) 주로 사용된다.

→해설 HLB (Hydrophile Lipophile Balance, 친수기 친유기 균형)

Answer 44. ② 45. ④ 46. ④ 47. HLB

제2과목 화장품 제조 및 품질관리

48. 다음 (　)에 적합한 용어는?(　　　　　)

```
    H   H
    |   |
H — C — C — O — H
    |   |
    H   H
```

(　)은(는) 저급 알코올이며 무색투명휘발성액체로 가용화제, 수렴, 청결의 용도로 쓰이며 용제, 음용을 금지하기 위해 변성제로 쓰인다.

49. 다음 고급 지방산 중 상온(15°C~25°C)에서 고상인 것은?

① $C_{12}H_{22}O_2$ 라우올레익애씨드
② $C_{14}H_{28}O_2$ 미리스틱애씨드
③ $C_{16}H_{30}O_2$ 팔미토레애씨드
④ $C_{18}H_{34}O_2$ 올레익애씨드
⑤ $C_{18}H_{32}O_2$ 리놀레익애씨드

→해설 불포화결합이 있는 지방산은 상온(15°C~25°C)에서 액상이며, 불포화결합이 없는 지방산은 고상임.

50. 다음 (　)에 적합한 용어는?(　　　　　)

여드름성 피부를 완화하는 데 도움을 주는 제품의 성분을 (　)라고 한다.

51. 실리콘에 대한 설명으로 옳지 않은 것은?(　　)

① 1970년대부터는 헤어케어제품, 데오드란트에서 사용되기 시작했다.
② 실리콘의 구성원소인 규소, 산소, 탄소, 수소 사이의 결합은 매우 안정하며 피부에 대하여 무반응성이다.
③ 실리콘은 저분자 물질이고 규소이며, 실리카는 이산화규소이며, 실리케이트는 실리카에 소량의 금속이 섞여있는 물질이다.
④ 실리콘은 퍼발림성이 우수하고 실키한 사용감, 발수성, 광택, 콘디셔닝, 무독성, 무자극성, 낮은 표면장력으로 기초화장품, 색조 화장품, 헤어케어 화장품 등에서 널리 사용되고 있다.
⑤ 실리콘은 실록산 결합을 가지는 화합물로 구조식 및 작용기에 따라 다이메티콘, 사이클로메티콘, 페닐트리메티콘, 아모다이메티콘, 다이메티콘올, 다이메티콘코폴리올로 분류될 수 있다.

Answer　48. 에틸알코올(에탄올)　49. ②　50. 살리실릭애씨드　51. ③

→해설 실리콘은 고분자 물질이고 실리콘은 규소이며, 실리카는 이산화규소(모래)이며, 실리케이트는 실리카에 소량의 금속(칼륨, 칼슘 등)이 섞여있는 물질임.

52. 천연향료의 분류와 제법에 대한 설명으로 옳지 않은 것은?( )

① 에센셜 오일: 수증기 증류법, 냉각압착법, 건식증류법으로 생성된 식물성 원료로부터 얻은 생성물이며 정유라고도 한다.
② 올레오리진: 주로 비휘발성이면서 수지 성분으로 이루어진 삼출물이다.
③ 앱솔루트: 실온에서 콘크리트, 포마드 또는 레지노이드를 에탄올로 추출해서 얻은 향기를 지닌 생성물이다.
④ 발삼: 벤조익 및 신나믹 유도체를 함유하고 있는 천연 올레오레진이다.
⑤ 팅크처: 천연원료를 다양한 농도의 에탄올에 침지시켜 얻은 용액이다.

→해설 올레오리진은 주로 휘발성이면서 수지 성분으로 이루어진 삼출물임. 삼출물이란 자연적 또는 인위적 상처 후에 식물에서 방출되는 천연원료임.

53. 다음 (   )에 들어갈 말로 옳은 것은?

> 안료는 물과 오일 등에 녹지 않는 불용성 색소로 색상이 화려하지 않으나 빛, 산, 알칼리에 안정한 (㉠)와 색상이 화려하고 생생하지만 빛, 산, 알칼리에 불안정한 (㉡), (㉢)로 구분할 수 있다.

① ㉠ 무기 안료, ㉡ 유기 안료, ㉢ 고분자 안료
② ㉠ 무기 안료, ㉡ 유기 안료, ㉢ 저분자 안료
③ ㉠ 유기 안료, ㉡ 무기 안료, ㉢ 고분자 안료
④ ㉠ 유기 안료, ㉡ 무기 안료, ㉢ 저분자 안료
⑤ ㉠ 유기 안료, ㉡ 무기 안료, ㉢ 중분자 안료

→해설 안료는 물과 오일 등에 녹지 않는 불용성 색소로 색상이 화려하지 않으나 빛, 산, 알칼리에 안정한 무기 안료와 색상이 화려하고 생생하지만 빛, 산, 알칼리에 불안정한 유기 안료, 고분자 안료로 구분할 수 있음.

54. 기초화장품의 종류와 기능에 관한 설명으로 옳은 것은?( )

① 화장수: 유극층에 수분을 공급하며, 모공수축과 피부정돈 기능을 한다.
② 유액: 세안 후 피부에 유분과 수분을 공급하며 끈적이지 않고 사용감이 가볍다.
③ 영양크림: 한선, 피지선이 없고 피부두께가 얇은 눈 주위 피부에 영양공급과 탄력감을 부여하며 고점도이다.
④ 마사지크림: 피부 혈행을 촉진하며 유분량이 30%정도이고 저점도이다.

Answer 52. ② 53. ① 54. ②

⑤ 영양액(에센스, 세럼): 보습 성분과 영양성분이 고농축되어 있어서 피부에 수분과 영양을 공급하고 유분량은 50% 이상이다.

→해설 화장수는 각질층에 수분을 공급하며, 모공수축과 피부정돈 기능을 함. 영양크림은 세안 후, 제거된 천연피지막의 회복을 도우며 피부를 외부환경으로부터 보호하고 피부의 생리기능을 도와준다. 한선, 피지선이 없고 피부두께가 얇은 눈 주위 피부에 영양공급과 탄력감을 부여하고 고점도인 것은 아이크림임. 마사지크림은 피부 혈행을 촉진하며 유분량이 50% 이상이며 고점도임.
영양액(에센스, 세럼)은 보습성분과 영양성분이 고농축되어 있어 피부에 수분과 영양을 공급하고 유분량은 3~5% 임.

55. 다음은 무엇에 대한 설명인가?(   )

한 분자 내에 친수부와 친유부를 갖는 물질로 두 물질이 계면에 작용하여 계면장력을 낮추어 물질이 섞이도록 돕는다. 비이온, 양이온, 음이온 등의 모습으로 화장품 등에 사용되고 있다.

56. 다음 중 샴푸의 조건으로 옳은 것을 모두 고른 것은?

ㄱ. 강한 세정력
ㄴ. 거품이 적어야하며 지속성을 가져야 함
ㄷ. 두피, 모발 및 눈에 대한 자극이 없어야 함
ㄹ. 세발 중, 마찰에 의한 모발손상이 없어야 함
ㅁ. 세발 후, 모발이 부드럽고 윤기가 있고 빗질이 쉬워야 함

① ㄱ, ㅁ
② ㄱ, ㄴ, ㄷ
③ ㄴ, ㄷ, ㄹ, ㅁ
④ ㄷ, ㄹ
⑤ ㄷ, ㄹ, ㅁ

→해설 샴푸의 조건은 적절한 세정력, 거품이 미세하고 풍부하며 지속성을 가져야 하고 세발 중, 마찰에 의한 모발손상이 없어야 함. 세발 후, 모발이 부드럽고 윤기가 있고 빗질이 쉬워야 하며 두피, 모발 및 눈에 대한 자극이 없어야 함.

57. 다음은 무엇에 대한 설명인가?(   )

고급지방산과 고급알코올의 에스테르인 이 물질은 대부분이 고체이며, 고급지방산과 고급알코올의 종류에 따라 반고체(페이스트상)이기도 하다. 또한 탄화수소 중에서 단단한 고체 물질을 이것으로 함께 분류하고 있다.

Answer
55. 계면활성제 56. ⑤ 57. ③

① 계면활성제
② 고급알코올
③ 왁스
④ 고급지방산
⑤ 유지

58. 다음 (   )에 알맞은 용어가 바르게 짝지어진 것은?(   )

> 피부의 수분량을 증가시켜주고 수분손실을 막아주는 역할을 하는 (㉠)는 분자 내에 수분을 잡아당기는 친수기가 주변으로부터 물을 잡아당기어 수소결합을 형성하여 수분을 유지시켜주는 (㉡)와 폐색막을 형성하여 수분증발을 막는 (㉢)가 있다.

① ㉠ : 보습제   ㉡ : 휴멕턴트   ㉢ : 폐색제
② ㉠ : 보습제   ㉡ : 폐색제   ㉢ : 휴멕턴트
③ ㉠ : 휴멕턴트 ㉡ : 보습제   ㉢ : 폐색제
④ ㉠ : 휴멕턴트 ㉡ : 폐색제   ㉢ : 보습제
⑤ ㉠ : 폐색제   ㉡ : 휴멕턴트   ㉢ : 보습제

59. 화장품 전성분 표시지침에 대해 옳지 않은 것은?(   )

① 제 1조 화장품의 모든 성분 명칭을 용기 또는 포장에 표시하는 '화장품 전성분 표시'의 대상 및 방법을 세부적으로 정함을 목적으로 한다.
② 제 2조 "전성분"이라 함은 제품표준서 등 처방계획에 의해 투입 및 사용된 원료의 명칭으로서 혼합원료의 경우에는 그 것을 구성하는 개별 성분의 명칭을 말한다.
③ 제 4조 성분의 명칭은 대한화장품협회장이 발간하는 [화장품 성분 사전] 에 따른다.
④ 제 5조 전성분을 표시하는 글자의 크기는 15포인트 이상으로 한다.
⑤ 제 6조 성분의 표시는 화장품에 사용된 함량 순으로 많은 것부터 기재한다.

→해설 글자의 크기는 5포인트 이상으로 함.

60. 천연 향료의 분류, 제법, 종류 중 옳게 짝지어지지 않은 것은?(   )

분류	제법	종류
① 에센셜 오일	수증기 증류법, 냉각압착법으로 생성된 식물성 원료로부터 얻은 생성물이며 정유라고도 함	페퍼민트오일 로즈오일
② 올레오레진	주로 휘발성이면서 수지 성분으로 이루어진 삼출물 (exudate)	솔 올레오레진 (pine oleoresin)

Answer 58. ① 59. ④ 60. ⑤

③ 발삼	벤조익 및 또는 신나믹 유도체를 함유하고 있는 천연 올레오레진	페루발삼 토루발삼
④ 콘크리트	신선한 식물성 원료를 비수용매로 추출하여 얻은 특징적인 냄새를 지닌 추출물	로즈 콘크리트 오리스 콘크리트
⑤ 팅크처	건조된 식물성 원료를 비수용매로 추출하여 얻은 특징적인 냄새를 지닌 추출물	벤조인 팅크처

→해설 5번 제법은 레지노이드에 관한 설명임. 팅크처는 천연원료를 다양한 농도의 에탄올에 침지시켜 얻은 용액으로 벤조인 팅크처가 있음.

61. 기초 화장품의 종류와 기능 중 빈칸에 들어갈 말을 바르게 짝지은 것은?( )

품목	기능
㉠	한선, 피지선이 없고 피부두께가 얇은 눈 주위 피부에 영양공급과 탄력감 부여, 고점도, 유분량 : 10~30%
㉡	세안 후, 피부에 유분과 수분을 공급 끈적이지 않는 가벼운 사용감, 빠른 흡수, 저점도, 유분량 : 5~7%
㉢	보습성분과 영양성분이 고농축되어 있어 피부에 수분과 영양을 공급, 저점도, 유분량 : 3~5%

① ㉠ 아이크림   ㉡ 화장수   ㉢ 영양액
② ㉠ 아이크림   ㉡ 유액   ㉢ 영양액
③ ㉠ 아이크림   ㉡ 유액   ㉢ 마사지크림
④ ㉠ 마사지크림 ㉡ 유액   ㉢ 화장수
⑤ ㉠ 마사지크림 ㉡ 화장수   ㉢ 핸드크림

62. 다음 화장품의 효과를 서술한 것 중 옳지 않은 것은?( )

① 기초화장품은 피부를 청결히 하고 유분과 수분을 공급하여 건강한 피부를 유지한다.
② 기초화장품에는 화장수, 영양액, 크림, 유액 등이 있다.
③ 색조화장품은 베이스메이크업과 포인트메이크업으로 분류된다.
④ 베이스메이크업은 아이라이너, 치크브러쉬, 립틴트가 해당한다.
⑤ 세정화장품은 화장과 피부, 오염물질을 씻어내는 것으로 클렌징크림, 샴푸, 바디워시 등이 있다.

→해설 4번은 색조화장품의 종류이며 베이스메이크업은 쿠션, 비비크림, 파운데이션 등이 해당함.

Answer 61. ② 62. ④

63. 세정 화장품의 종류와 기능에 대해 옳지 않은 것은?( )

① 클렌징 크림 : 유분량이 매우 많은 크림으로 피지와 메이크업을 피부로부터 제거한다.
② 샴푸 : 모발에 부착된 오염물질과 두피의 각질을 제거한다.
③ 클렌징 오일 : 세정용 화장수로 옅은 메이크업을 지우거나 화장 전에 피부를 닦아낼 때 사용한다.
④ 컨디셔너, 린스 : 모발의 표면을 매끄럽게 한다.
⑤ 클렌징 티슈 : 포인트메이크업을 제거한다.

➡해설 3번의 설명은 클렌징 워터에 대한 것이며, 클렌징 오일은 포인트메이크업 제거에 사용됨.

64. 판매 가능한 맞춤형 화장품의 구성 중 다음 ( )에 알맞은 말은?( )

> 맞춤형 화장품은 혼합과 소분으로 구별된다. 이때, 제조 또는 수입된 화장품의 내용물을 소분이라 하며 (㉠)와 (㉡)를 혼합한 화장품을 혼합으로 구성한다.

65. 맞춤형화장품의 내용물 및 원료의 품질성적서 구비에 대한 설명으로 옳지 않은 것은?( )

① 화장품법 시행규칙에서는 책임판매업자가 내용물 및 원료의 입고 시 품질관리 여부를 확인하고 맞춤형화장품 판매업자가 제공하는 품질성적서를 구비해야 한다.
② 내용물의 제조번호, 사용기한, 제조일자는 맞춤형화장품 식별 번호 및 사용기한에 영향을 준다.
③ 원료 품질관리 여부 확인시, 제조번호, 사용기한이 맞춤형 화장품 식별번호에 영향을 준다.
④ 내용물인 완제품과 벌크제품의 품질성적서가 필요하다.
⑤ 원료의 품질성적서가 필요하다.

➡해설 화장품법 시행규칙에서는 맞춤형 화장품 판매업자가 맞춤형화장품의 내용물 및 원료의 입고 시 품질관리 여부를 확인하고 책임판매업자가 제공하는 품질성적서를 구비하도록 요구하고 있음.

Answer 63. ③ 64. (㉠)내용물, (㉡) 원료 65. ①

66. 다음 빈칸에 들어갈 말은?( )

화장품 원료 관리체계는 포지티브(사용가능원료)리스트와 네거티브( )리스트를 동시에 운영하고 있다가 화장품제조사들이 자유롭게 신 원료 개발 및 신 원료를 사용할 수 있도록 2012년 2월부터는 네거티브 리스트만을 운영하고 있다. 이런 제도 변화를 유럽, 일본, 미국 등의 원료 관리체계와 동일한 관리방식으로 원료사용 규제의 국제조화를 목적으로 하고 있으며, 이런 제도변화로 신원료 심사제도가 폐지되었고 위해우려가 제기되는 원료의 위해평가가 신설되었다.

67. 화장품 안전기준 등에 관한 규정에서 사용할 수 없는 원료로 옳지 않은 것은? ( )

① 설핀피라존
② 알코올
③ 석면
④ 붕산
⑤ 브로모 메탄

68. 화장품의 함유 성분별 사용 시의 주의사항 표시 문구로 적절하지 않은 것은? ( )

① 과산화수소를 함유하는 물질은 눈에 접촉을 피하고 눈에 들어갔을 때는 즉시 씻어낼 것
② 살리실릭애씨드 및 그 염류를 함유하는 물질은 만 3세이하 어린이에게는 사용하지 말 것
③ 스테아린산아연을 함유하는 물질은 사용 시 흡입하면 털어낼 것
④ 알부틴 2% 이상 함유한 제품에서 구진과 경미한 가려움이 보고된 예가 있음
⑤ 신장질환이 있는 사람은 알루미늄 및 그 염류를 함유하는 제품 사용전에 의사와 상의할 것

→해설 스테아린산 아연을 함유하는 물질을 사용 시 흡입되지 않도록 주의해야 함.

69. 착향제의 구성성분 중 알레르기 유발 성분이 아닌 것은?( )

① 쿠마린
② 아밀신남알
③ 벤질알코올
④ 레몬
⑤ 리모넨

Answer 66. 배합금지원료 67. ② 68. ③ 69. ④

70. 화장품의 보관관리법에 대해 옳지 않은 것은?(　)

① 원자재, 반제품 및 벌크 제품은 품질에 나쁜 영향을 미치지 아니하는 조건에서 보관하여야 하며 보관기한을 설정하여야 한다.
② 원자재, 반제품 및 벌크제품은 바닥과 벽에 닿지 아니하도록 보관하고, 선입선출에 의하여 출고할 수 있도록 보관하여야한다.
③ 원자재, 시험 중인 제품 및 부적합품은 각각 구획된 장소에서 보관하여야 한다. 다만, 서로 혼동을 일으킬 우려가 없는 시스템에 의하여 보관되는 경우에는 그러하지 아니한다.
④ 설정된 보관기한이 지나도 사용할 수 있으므로 보관한다.
⑤ 원료 및 포장재의 특징 및 특성에 맞도록 보관, 취급되어야 한다.

→해설 설정된 보관기한이 지나면 사용의 적절성을 결정하기 위해 재평가시스템을 확립해야 하며, 동 시스템을 통해 보관기한이 경과한 경우 사용하지 않도록 규정해야 함.

71. 보관 및 출고에 관한 법으로 옳지 않은 것은?(　)

① 완제품은 적절한 조건하의 정해진 장소에서 보관해야 하며, 주기적으로 재고 점검을 수행해야 한다.
② 완제품은 시험결과 적합으로 판정되고 품질보증부서 책임자가 출고 승인한 것만을 출고해야 한다.
③ 출고는 선입선출방식으로 하되, 타당한 사유가 있는 경우에는 그러지 아니할 수 있다.
④ 완제품관리 항목은 보관 검체 채취, 보관용 검체, 제품 시험, 합격 및 출하 판정, 출하, 재고관리, 반품 등이다.
⑤ 파레트에 적재된 모든 완제품은 명칭 또는 확인코드만 표시하면 된다.

→해설 파레트에 적재된 모든 완제품은 명칭 또는 확인코드, 제조번호, 제품의 품질을 유지하기 위해 필요한 경우, 보관조건, 불출 상태를 표시해야 함.

72. 화장품의 사용방법으로 옳지 않은 것은?(　)

① 화장품은 따뜻한 곳에 보관한다.
② 화장에 사용되는 도구는 항상 깨끗하게 사용한다.
③ 사용기한 내에 화장품을 사용하고 사용기한이 경과한 제품은 사용하지 않는다.
④ 변질된 제품은 사용하지 않는다.
⑤ 사용 후 항상 뚜껑을 바르게 닫는다.

→해설 화장품은 서늘한 곳에 보관해야 함.

73. 화장품 사용시 공통된 주의사항으로 옳지 않은것은?( )

① 화장품 사용 시 또는 사용 후 직사광선에 의해 사용부위가 붉은 반점, 부어오름 또는 가려움증 등의 이상 증상이나 부작용이 있는 경우 전문의 등과 상담할 것
② 상처가 있는 부위 등에는 사용을 자제할 것
③ 어린이 손이 닿지 않는 곳에 보관할 것
④ 직사관선을 피해서 보관할 것
⑤ 화장품의 뚜껑을 열고 공기를 통하게 둘 것

74. 염모제를 사용하면 안 되는 조건이 아닌 것은?( )

① 피부시험의 결과 이상이 발생한 경험이 있는 분
② 생리 중, 임신 중 또는 임신할 가능성이 있는 분
③ 특이체질, 신장질환, 혈액질환이 있는 분
④ 전날 과음한 분
⑤ 미열, 권태감, 두근거림, 호흡곤란의 증상이 지속되는 분

75. 다음 주의사항을 갖는 화장품의 종류는 무엇인가?

> 가) 눈에 들어갔을 때에는 즉시 씻어낼 것
> 나) 사용 후 물로 씻어내지 않으면 탈모 또는 탈색의 원인이 될 수 있으므로 주의할 것

76. 위해사례 판단 및 보고에서 회수대상 화장품이 아닌 것은?( )

① 법 제9조(안전용기·포장 등)에 위반되는 화장품
② 법 제15조(영업의 금지)에 위반되는 화장품
③ 등록을 하지 아니한 자가 제조한 화장품 또는 제조·수입하여 유통·판매한 화장품
④ 신고를 한 자가 판매한 맞춤형 화장품
⑤ 맞춤형화장품조제관리사를 두지 아니하고 판매한 맞춤형화장품

77. 위해여부 판단에서 등급으로 분류된 화장품 중 다등급 위해성 화장품이 아닌 것은?( )

① 전부 또는 일부가 변패된 화장품
② 화장품에 사용할 수 없는 원료를 사용한 화장품
③ 병원성 미생물에 오염된 화장품
④ 신고를 하지 아니한 자가 판매한 맞춤형 화장품
⑤ 맞춤형화장품조제관리사를 두지 아니하고 판매한 맞춤형화장품

Answer 73. ⑤ 74. ④ 75. 모발용 샴푸 76. ④ 77. ②

→해설 2번은 가등급 위해성화장품의 설명임.

78. 위해여부 보고에서 회수의무자는 회수한 화장품을 폐기하려는 경우에는 폐기신청서에 다음 각 호의 서류를 첨부하여 지방식품의약품안전청장에게 제출하고, 관계 공무원의 참관 하에 환경 관련 법령에서 정하는 바에 따라 폐기해야 한다. 이때, 첨부해야하는 서류 두 가지는?(,   )

79. 위해 화장품의 공표명령을 받은 영업자는 지체없이 각 호의 사항을 공표해야 하나, 회수 의무자가 회수대상화장품의 회수를 완료한 경우 생략할 수 있는 사항이 아닌 것은?(   )

① 제품명
② 판매처별 판매량·판매일 등의 기록(맞춤형화장품의 판매내역)
③ 회수대상화장품의 제조번호(맞춤형화장품의 경우 식별번호)
④ 회수 사유
⑤ 회수 방법

80. 제품 회수, 리콜에서 이행하는 것이 아닌 것은?(   )

① 부분 회수과정에 대한 제조판매업자와의 조정 역할
② 결함 제품의 회수 및 관련 기록 보존
③ 소비자 안전에 영향을 주는 회수의 경우 회수가 원활히 진행될 수 있도록 필요한 조치 수행
④ 회수된 제품은 확인 후 제조소 내 격리보관 조치
⑤ 회수과정의 주기적인 평가

→해설 전체 회수과정에 대한 제조판매업자와의 조정역할임.

81. 다음 중 베이스메이크업에 해당되는 제품을 모두 고른 것은?(   )

| ㄱ. 파운데이션 |
| ㄴ. 마스카라 |
| ㄷ. 쿠션 |
| ㄹ. 립스틱 |
| ㅁ. 치크브러쉬 |
| ㅂ. 프라이머 |

① ㄱ, ㄴ, ㅁ

Answer 78. 회수계획서 사본, 회수확인서 사본 79. ② 80. ① 81. ②

② ㄱ, ㄷ, ㅂ
③ ㄱ, ㄷ, ㄹ, ㅂ
④ ㄷ, ㅂ
⑤ ㄷ, ㄹ, ㅁ, ㅂ

→해설 베이스메이크업에 해당되는 제품은 파운데이션, 쿠션, 프라이머, 파우더류(팩트, 페이스파우더, 투웨이케익), 컨실러, 메이크업베이스 등이 있고 마스카라, 아이라이너, 치크브러쉬(볼터치), 아이섀도, 립스틱, 립틴트 등은 포인트메이크업 제품에 해당됨.

82. 다음 중 판매 가능한 맞춤형화장품으로 옳은 것을 모두 고른 것은?(　　)

> ㄱ. 제조된 화장품의 내용물에 다른 화장품의 내용물을 혼합한 화장품
> ㄴ. 수입된 화장품의 내용물에 식품의약품안전처장이 정하는 원료를 추가하여 혼합한 화장품
> ㄷ. 제조된 화장품의 내용물에 원료를 추가하여 혼합한 화장품
> ㄹ. 수입된 화장품의 내용물을 소분한 화장품

① ㄱ, ㄴ
② ㄱ, ㄷ
③ ㄱ, ㄴ, ㄹ
④ ㄱ, ㄴ, ㄷ, ㄹ
⑤ ㄴ, ㄹ

→해설 제조 또는 수입된 화장품의 내용물(완제품, 벌크제품, 반제품)에 다른 화장품의 내용물을 혼합한 화장품, 제조 또는 수입된 화장품의 내용물(완제품, 벌크제품, 반제품)에 식품의약품안전처장이 정하는 원료를 추가하여 혼합한 화장품, 제조 또는 수입된 화장품의 내용물을 소분한 화장품이 판매가 가능한 맞춤형화장품임.

83. 다음 중 (　)에 적합한 용어는?(　　　　)

> 화장품법 시행규칙에서는 맞춤형화장품 판매업자가 맞춤형화장품의 내용물 및 원료의 입고 시 품질관리 여부를 확인하고 책임판매업자가 제공하는 (㉠)를(을) 구비하도록 요구하고 있다. 내용물 품질관리 여부를 확인할 때 제조번호, 사용기한(혹은 개봉 후 사용기간), 제조일자, 시험결과를 주의 깊게 검토해야 하며, 내용물의 제조번호, 사용기한, 제조일자는 맞춤형화장품 식별번호 및 맞춤형화장품 사용기한에 영향을 준다. 원료 품질관리 여부를 확인할 때도 제조번호, 사용기한(혹은 재시험일)을 주의 깊게 검토해야 하며, 원료의 제조번호, 사용기한이 맞춤형화장품 식별번호에 영향을 준다.

Answer
82. ③ 83. 품질성적서

84. 화장품의 함유 성분별 사용 시의 주의사항 표시 문구로 옳지 않은 것은?(　　)

① 과산화수소를 함유하고 있으므로 눈에 접촉을 피하고 눈에 들어갔을 때는 즉시 씻어 낼 것
② 살리실릭애씨드 및 그 염류를 함유하고 있으므로 만3세 이하 어린이에게는 사용하지 말 것
③ 카민 또는 코치닐추출물을 함유하고 있으므로 이 성분에 과민하거나 알레르기가 있는 사람은 신중히 사용할 것
④ 알루미늄 및 그 염류를 함유하고 있으므로 심장질환이 있는 사람은 사용 전에 의사와 상의할 것
⑤ 스테아린산아연을 함유하고 있으므로 사용 시 흡입되지 않도록 주의할 것

→해설 알루미늄 및 그 염류를 함유하고 있으므로 신장질환이 있는 사람은 사용 전에 의사와 상의할 것임.

85. 다음은 착향제의 구성 성분 중 알레르기 유발 성분들에 대한 것이다. (　　)에 들어갈 말로 옳은 것은?

> 아밀신남알, 벤질알코올, 신나밀알코올, 시트랄, 유제놀, 하이드록시시트로넬알, 이소유제놀, 아밀신나밀알코올, 벤질살리실레이트, 신남알, 쿠마린, 제라니올, 아니스에탄올, 벤질신나메이트, 파네솔, 부틸페닐메칠프로피오날, 리날룰, 벤질벤조에이트, 시트로넬롤, 헥실신남알, 리모넨, 메칠2-옥티노에이트, 알파-이소메칠이오논, 참나무이끼추출물, 나무이끼추출물
> 다만, 사용 후 씻어내는 제품에는 (㉠)초과, 사용 후 씻어내지 않는 제품에는 (㉡)초과 함유하는 경우에만 알레르기 유발성분을 표시함.

① ㉠ 0.1%,　㉡ 0.01%
② ㉠ 0.1%,　㉡ 0.001%
③ ㉠ 0.01%,　㉡ 0.001%
④ ㉠ 0.01%,　㉡ 0.1%
⑤ ㉠ 0.001%　㉡ 0.01%

→해설 사용 후 씻어내는 제품에는 0.01% 초과, 사용 후 씻어내지 않는 제품에는 0.001% 초과 함유하는 경우에만 알레르기 유발성분을 표시함.

Answer　84. ④　85. ③

86. 다음은 자외선 차단성분의 사용농도를 나타낸 것이다. 자외선 차단 제품으로 인정하지 않는 사용농도는?( )

① 0.4%
② 0.5%
③ 0.6%
④ 0.7%
⑤ 0.8%

> **해설** 제품의 변색방지를 목적으로 그 사용농도가 0.5%미만인 것은 자외선 차단 제품으로 인정하지 아니함.

87. 화장품 사용 시의 모든 화장품에 적용되는 주의사항으로 옳지 않은 것은?( )

① 화장품 사용 시 또는 사용 후 직사광선에 의하여 사용부위가 붉은 반점, 부어오름 또는 가려움증 등의 이상 증상이나 부작용이 있는 경우 전문의 등과 상담할 것
② 상처가 있는 부위 등에는 사용을 자제할 것
③ 어린이의 손이 닿지 않는 곳에 보관할 것
④ 직사광선을 피해서 보관할 것
⑤ 눈에 들어갔을 때에는 즉시 씻어낼 것

> **해설** 눈에 들어갔을 때에는 즉시 씻어낼 것은 제품별로 추가되는 주의사항인 개별사항에 관련된 화장품 사용 시의 주의사항이고 두발용, 두발염색용 및 눈 화장용 제품류, 모발용 샴푸 등의 주의사항임.

88. 화장품의 원료, 포장재, 반제품 및 벌크제품의 취급 및 보관방법에 대하여 규정하고 있는 제13조(보관관리)의 내용으로 옳지 않은 것은?( )

① 원자재, 반제품 및 벌크 제품은 품질에 나쁜 영향을 미치지 아니하는 조건에서 보관하여야 하며 보관기한을 설정하여야 한다.
② 원자재, 반제품 및 벌크제품은 바닥과 벽에 닿지 아니하도록 보관하고, 선입선출에 의하여 출고할 수 있도록 보관하여야 한다.
③ 원자재, 시험 중인 제품 및 부적합품은 각각 구획된 장소에서 보관하여야 한다. 다만, 서로 혼동을 일으킬 우려가 없는 시스템에 의하여 보관되는 경우에는 그러하지 아니한다.
④ 설정된 보관기한이 지나면 사용의 적절성을 결정하기 위해 재평가시스템을 확립하여야 하며, 동 시스템을 통해 보관기한이 경과한 경우 사용하지 않도록 규정하여야 한다.
⑤ 완제품은 적절한 조건하의 정해진 장소에서 보관하여야 하며, 주기적으로 재고 점검을 수행해야 한다.

Answer 96. ① 87. ⑤ 88. ⑤

→해설 1. 원자재, 반제품 및 벌크 제품은 품질에 나쁜 영향을 미치지 아니하는 조건에서 보관하여야 하며 보관기한을 설정하여야 함. 2. 자재, 반제품 및 벌크제품은 바닥과 벽에 닿지 아니하도록 보관하고, 선입선출에 의하여 출고할 수 있도록 보관하여야 함. 3. 원자재, 시험 중인 제품 및 부적합품은 각각 구획된 장소에서 보관하여야 함. 다만, 서로 혼동을 일으킬 우려가 없는 시스템에 의하여 보관되는 경우에는 그러하지 아니함. 4. 설정된 보관기한이 지나면 사용의 적절성을 결정하기 위해 재평가시스템을 확립하여야 하며, 동 시스템을 통해 보관기한이 경과한 경우 사용하지 않도록 규정하여야 함. 이것은 제13조(보관관리)이고 5. 완제품은 적절한 조건하의 정해진 장소에서 보관하여야 하며, 주기적으로 재고 점검을 수행해야 함. 이것은 제19조(보관 및 출고)에 관한 내용임.

89. 화장품의 사용방법으로 옳지 않은 것은?(   )

① 화장품 사용 시에는 깨끗한 손으로 사용한다.
② 사용 후 항상 뚜껑을 바르게 닫는다.
③ 여러 사람이 함께 화장품을 사용하면 감염, 오염의 위험성이 있다.
④ 화장에 사용되는 도구는 일반세제를 사용하여 항상 깨끗하게 사용한다.
⑤ 화장품은 서늘한 곳에 보관한다.

→해설 화장에 사용되는 도구는 항상 깨끗하게 사용해야하며, 일반세제가 아니라 중성세제를 사용해야 함.

90. 회수대상 화장품으로 옳지 않은 것은?(   )

① 법 제9조(안전용기·포장 등)에 위반되는 화장품
② 법 제15조제4호(이물이 혼입되었거나 부착된 것)에 해당하는 화장품 중 보건위생상 위해를 발생할 우려가 있는 화장품
③ 등록을 하지 아니한 자가 제조한 화장품 또는 제조·수입하여 유통·판매한 화장품
④ 신고를 하지 아니한 자가 판매한 맞춤형화장품
⑤ 맞춤형화장품조제관리사를 두고 판매한 맞춤형화장품

→해설 맞춤형화장품조제관리사를 두지 아니하고 판매한 맞춤형화장품은 회수대상 화장품이며, 2020년 3월 14일부터 대형마트나 백화점, 맞춤형화장품 브랜드 매장에는 맞춤형화장품조제관리사를 두어야만 판매를 할 수가 있음.

91. 다음 중 가등급 위해성 화장품을 모두 고른 것은?(   )

ㄱ. 전부 또는 일부가 변패된 화장품
ㄴ. 화장품에 사용할 수 없는 원료를 사용한 화장품
ㄷ. 사용한도가 정해진 원료를 사용한도 이상으로 포함한 화장품
ㄹ. 법 제9조(안전용기·포장 등)에 위반되는 화장품

Answer   89. ④   90. ⑤   91. ④

① ㄱ, ㄴ
② ㄱ, ㄷ
③ ㄱ, ㄹ
④ ㄴ, ㄷ
⑤ ㄴ, ㄹ

→해설 ㄱ은 다등급 위해성 화장품이며, ㄹ은 나등급 위해성 화장품이다. 회수의무자는 제조 또는 수입하거나 유통·판매한 화장품이 회수대상화장품으로 의심되는 경우에는 지체없이 다음 각 호의 기준에 따라 해당 화장품에 대한 위해성 등급을 평가하여야 함.

92. 예외적으로 동물실험을 할 수 있도록 인정해주는 경우가 아닌 것은?( )

① 동물대체시험법(동물을 사용하지 아니하는 실험방법 및 부득이하게 동물을 사용하더라도 그 사용되는 동물의 개체 수를 감소하거나 고통을 경감시킬 수 있는 실험방법으로서 식품의약품안전처장이 인정하는 것을 말한다. 이하 이 조에서 같다, 예: 인체피부모델을 이용한 피부부식 시험법, 장벽막을 이용한 피부부식 시험법)이 존재하지 아니하여 동물실험이 필요한 경우
② 수입하려는 상대국의 법령에 따라 제품 개발에 동물실험이 필요한 경우
③ 수출 상대국의 법령에는 없지만 화장품 수출을 위하여 동물실험이 필요한 경우
④ 다른 법령에 따라 동물실험을 실시하여 개발된 원료를 화장품의 제조 등에 사용하는 경우
⑤ 제8조제2항의 보존제, 색소, 자외선차단제 등 특별히 사용상의 제한이 필요한 원료에 대하여 그 사용기준을 지정하거나 같은 조 제3항에 따라 국민보건상 위해 우려가 제기되는 화장품 원료 등에 대한 위해평가를 하기 위하여 필요한 경우

→해설 화장품 수출을 위하여 수출 상대국의 법령에 따라 동물실험이 필요한 경우는 예외적으로 동물실험을 할 수 있도록 인정해주고 있음.

93. 다음 중 품질부서 불만처리담당자가 기록·유지하여야 할 사항을 모두 고른 것은? ( )

> ㄱ. 불만 접수연월일
> ㄴ. 제품명, 제조번호 등을 포함한 불만내용
> ㄷ. 불만조사 및 추적조사 내용, 처리결과 및 향후 대책
> ㄹ. 불만 제기자의 이름과 집 주소

① ㄱ, ㄷ
② ㄱ, ㄴ, ㄷ
③ ㄱ, ㄴ, ㄷ, ㄹ

Answer
92. ③ 93. ②

④ ㄴ, ㄹ
⑤ ㄴ, ㄷ, ㄹ

> **해설** 품질부서 불만처리담당자는 제품에 대한 모든 불만을 취합하고, 제기된 불만에 대해 신속하게 조사하고 그에 대한 적절한 조치를 취하여야 하며, 불만 접수연월일, 불만 제기자의 이름과 연락처, 제품명, 제조번호 등을 포함한 불만내용, 불만조사 및 추적조사 내용, 처리결과 및 향후 대책, 다른 제조번호의 제품에도 영향이 없는지 점검의 사항을 기록·유지하여야 함.

94. 다음 중 변경관리의 일반적인 절차의 순서를 나열한 것으로 옳은 것은?( )

> ㄱ. 변경이 화장품 제조 및 품질관리에 미치는 영향평가(품질부서 변경관리담당자)
> ㄴ. 변경신청(해당부서 작성)
> ㄷ. 변경확인(품질부서 변경관리담당자)
> ㄹ. 변경실행(해당부서)
> ㅁ. 변경승인(품질부서책임자)

① ㄴ → ㄱ → ㄹ → ㅁ → ㄷ
② ㄴ → ㄷ → ㅁ → ㄹ → ㄱ
③ ㄴ → ㄱ → ㅁ → ㄹ → ㄷ
④ ㄷ → ㄱ → ㄴ → ㄹ → ㅁ
⑤ ㄷ → ㄴ → ㄱ → ㅁ → ㄹ

> **해설** 변경관리의 일반적인 절차는 변경신청(해당부서 작성), 변경이 화장품 제조 및 품질관리에 미치는 영향평가(품질부서 변경관리담당자), 변경승인(품질부서책임자), 변경실행(해당부서), 변경확인(품질부서 변경관리담당자)으로 진행됨.

95. 다음 중 ( )에 적합한 용어는?( )

> 품질관리팀에서 실시한 시험결과가 설정된 완제품 시험기준에서 벗어난 경우로 (㉠)이(가) 발생하면 이 원인을 시험자, 검체채취방법, 시험방법 등에서 조사하게 되며 재시험, 재검체채취가 이루어지게 된다. 재시험, 재검체채취 이후에도 그 원인이 밝혀지지 않아 기준일탈이 확정되면 제품은 부적합으로 판정된다. 부적합 판정된 제품은 부적합 라벨이 부착되며, 부적합 보관소에서 폐기 시까지 보관된다. 일탈과 동일하게 부적합의 원인을 찾고 시정 및 예방조치를 실시하여 동일한 부적합의 재발을 방지하게 된다.

96. 다음 중 기초화장품류에서 사용되는 계면활성제의 종류는?( )

① 양이온계면활성제
② 음이온계면활성제
③ 양쪽성계면활성제

Answer 94. ③ 95. 기준일탈 96. ④

④ 비이온계면활성제
⑤ 실리콘계면활성제

> **해설** 비이온계면활성제: 가장 자극이 작은 계면활성제이므로 천연계면활성제와 같이 기초화장품류에 쓰임.

97. 다음은 무엇에 대한 설명인가?( )

> R-COOH 화학식을 가지는 물질로 알킬기의 분자량이 큰 것(탄소수 6개 이상) 유화제형에서 에멀젼 안전화로 주로 사용된다. 폼클렌징에서는 가성소다 혹은 가성사리와 비누화 반응하는 데 사용된다.

① 유지
② 알코올
③ 고급지방산
④ 탄화수소
⑤ 에스테르 오일

> **해설** 고급지방산, 예로 포화지방산 불포화지방산이 있음.

98. 다음 중 ( )에 들어갈 적합한 용어는?( )

> 지방산과 고급알코올의 중화반응인 ( ) 반응에 의해서 만들어진 물질로 ( ) 결합을 가진 액상의 화장품 원료를 ( ) 오일이라 한다. 분자량이 크지 않아 사용감이 가볍고 유화도 잘 되어 화장품에서 오일로 널리 사용된다.

> **해설** 지방산과 고급알코올의 중화반응인 에스테르 반응에 의해서 만들어진 물질로 에스테르 결합을 가진 액상의 화장품 원료를 에스테르 오일이라 한다. 분자량이 크지 않아 사용감이 가볍고 유화도 잘 되어 화장품에서 오일로 널리 사용됨.

99. 다음 중 힙성향료에서 관능기의 종류를 모두 고르시오.( )

> (ㄱ) 알데히드 (ㄴ) 케톤 (ㄷ) 아세탈 (ㄹ) 알코올 (ㅁ) 에스테르

Answer 97. ③ 98. 에스테르 99. (ㄱ) (ㄴ) (ㄷ)

100. 다음 유지 가운데 동물성 오일이 아닌 것은?(   )

① 밍크 오일
② 터틀 오일
③ 에뮤 오일
④ 아르간 오일
⑤ 난황 오일

→해설 4번은 아르간 오일은 식물성 오일로 분류됨.
밍크, 터틀, 에뮤, 난황 오일은 동물성 오일임.

101. 다음 중 식물성 오일의 특징이 아닌 것은?(   )

① 피부에 대한 친화성이 우수하다.
② 피부흡수가 빠르다
③ 산패되기 쉽다
④ 특이취가 있다
⑤ 사용감이 무겁다.

→해설 피부흡수가 빠른 것은 동물성 오일의 특징임. 식물성 오일은 피부 흡수가 느림.

102. 다음 설명 중 (   )에 들어갈 적합한 용어는?(   )

> 분자 내에서 하이드록시기(-OH)를 가지고 있어서 이 하이드록시기의 수소(H)를 다른 물질에 주어 다른 물질을 환원시켜 산화를 막는 물질을 (㉠)라 한다. 널리 사용되는 것으로 BHT, 토코페롤, BHA 등이 있다.

103. 다음 중 색소로 분류되는 것을 모두 고른 것은?(   )

> ㉠ 염료(dye) ㉡ 레이크(lake) ㉢ 안료(pigment) ㉣ 천연색소

① ㉠, ㉡, ㉢
② ㉠, ㉢, ㉣
③ ㉡, ㉣
④ ㉠, ㉡, ㉣
⑤ ㉠, ㉡, ㉢, ㉣

→해설 색소(colorant)는 일반적으로 염료, 레이크, 안료, 천연색소로 분류됨.

Answer 100. ④ 101. ② 102. 산화방지제 103. ⑤

104. 다음은 무엇에 대한 설명인가?(　　)

> 물이나 기름, 알코올 등에 용해되어 기초용 및 방향용화장품에서 제형에 색상을 나타내고자 할 때 사용하고 색조화장품에서는 립 틴트에 주로 사용된다.

① 안료
② 염료
③ 레이크
④ 타르 색소
⑤ 천연 색소

→해설 안료는 물과 오일에 등에 녹지 않는 불용성 색소로 색상이 화려하진 않으나 산, 빛, 알칼리에 안정한 무기안료와 색상이 화려하고 생생하지만 빛, 산, 알칼리에 불안정한 유기안료, 고분자 안료로 구분할 수 있음. 레이크는 물에 녹기 쉬운 염료를 알루미늄 등의 염이나 황산 알루미늄, 황산 지르코늄 등을 가해 물에 녹지 않도록 불용화 시킨 유기안료로 색상과 안정성이 안료와 염료의 중간 정도임. 타르 색소를 기질에 흡착, 공침 또는 단순한 혼합이 아닌 화학적 결합에 의하여 확산시킨 색소임. 타르 색소는 석탄의 콜 타르에 함유된 방향족 물질을 원료로 하여 합성한 색소임. 색상이 선명하여 미려해서 색조제품에 널리 사용된다. 하지만 안전성에 대한 이슈가 있으며 눈 주위, 영유아 제품, 어린이 제품에 사용할 수 없는 색소가 정해져 있음. 타르 색소에 해당되는 색소는 레이크와 염료임. 천연 색소는 동식물의 생체 내에 함유되어 있는 색소임.

105. 다음 중 색조화장품에 사용되는 안료로 파우더의 사용감과 제형을 구성하는 기능을 가지는 안료는?(　　)

① 체질안료
② 착색안료
③ 백색안료
④ 펄 안료
⑤ 합성안료

106. 다음은 무엇에 대한 설명인가?(　　)

> 실온에서 콘크리트, 포마드 또는 레지노이드를 에탄올로 추출해서 얻은 향기를 지닌 생성물

① 발삼
② 앱솔루트
③ 에센셜 오일
④ 올레오레진

Answer　104. ②　105. ①　106. ②

⑤ 팅크쳐

→해설 발삼은 벤조익 또는 시나믹 유도체를 함유하고 있는 천연 올레오레진임. 올레오레진은 주로 휘발성이면서 수지 성분으로 이루어진 삼출물임. 에센셜 오일은 수증기 증류법, 냉각압착법, 건식증류법으로 생성된 식물성 원료로부터 얻은 생성물이며 정유라고도 함. 팅크쳐는 천연 원료를 다양한 농도의 에탄올에 침지시켜 얻은 용액임.

107. 다음 중 화장품 성분 중 활성성분으로서 다른 계면 활성제와 복합물을 이루면서 피부 표면에 라멜라 상태로 존재하여 피부에 수분을 유지시키는 역할을 하는 것은?( )

① 비타민 C
② 비타민 E
③ 알란토인
④ 세라마이드
⑤ 알로에

→해설 비타민 C는 항산화 작용, 콜라겐 합성 촉진 작용, 수용성임. 비타민 는 항산화 작용, 지용성임. 알란토인은 자극완화, 상처 치유 작용을 함. 알로에는 진정작용, 염증완화, 상처 치유 작용을 함.

108. 다음 중 체모를 제거하는 기능을 가진 제품의 성분으로 옳은 것은?( )

① 살리실릭애씨드
② 치오글리콜산
③ 덱스판테놀
④ 비오틴
⑤ 징크피리치온

→해설 살리실릭애씨드는 여드름성 피부를 완화하는 데 도움을 주는 제품의 성분임. 덱스판테놀, 비오틴과 징크피리치온은 탈모 증상의 완화에 도움을 주는 성분임.

109. 다음 중 화장수의 기능으로 옳은 것을 모두 고른 것은?( )

> ㄱ. 각질층 수분 공급 ㄴ. 피부 pH 회복 ㄷ. 모공수축(수렴작용) ㄹ. 피부 정돈
> ㅁ. 피부 혈행촉진 ㅂ. 천연피지막의 회복

① ㄱ, ㅁ, ㅂ.
② ㄴ, ㄹ, ㅁ.
③ ㄱ, ㄹ, ㅂ.

Answer 107. ④ 108. ② 109. ⑤

④ ㄷ, ㄹ, ㅁ, ㅂ.
⑤ ㄱ, ㄴ, ㄷ, ㄹ.

→해설 화장수의 기능으로는 각질층 수분공급, 피부 pH 회복, 모공 수축, 피부 정돈의 기능을 가지고 있음. 피부 혈행 촉진의 기능을 가진 제품은 마사지 크림임. 천연 피지막의 회복 기능을 가진 제품은 영양크림임.

110. 다음은 무엇에 대한 설명인가?(   )

> 타르 색소를 기질에 흡착, 공침 또는 단순한 혼합이 아닌 화학적 결합에 의하여 확산시킨 색소이다. 물에 녹기 쉬운 염료를 알루미늄 등의 염이나 황산 알루미늄, 황산 지르코늄 등을 가해 물에 녹지 않도록 불용화시킨 유기안료이다.

① 순색소
② 레이크
③ 체질 안료
④ 안료
⑤ 염료

→해설 순색소는 중간체, 희석제, 기질 등을 포함하지 아니한 순수한 색소를 말함.
체질 안료는 색조화장품에 사용되는 안료로 파우더의 사용감과 제형을 구성하는 기능을 가지는 안료임. 염료는 물이나 기름, 알코올 등에 용해되어 기초용 및 방향용화장품에서 제형에 색상을 나타내고자 할 때 사용하고 색조화장품에서는 립 틴트에 주로 사용됨. 안료는 물과 오일에 등에 녹지 않는 불용성 색소로 색상이 화려하지 않으나 산, 빛, 알칼리에 안정한 무기안료 와 색상이 화려하고 생생하지만 빛, 산, 알칼리에 불안정한 유기안료, 고분자 안료로 구분할 수 있음.

111. 다음 중 제모제에서 pH 조정 목적으로 사용되는 경우 최종 제품의 pH는? (   )

① 13.1
② 13.0
③ 12.9
④ 12.8
⑤ 12.7

→해설 제모제에서 pH 조정 목적으로 사용되는 경우 최종 제품의 pH는 12.7이하 이어야 함.

Answer 110. ② 111. ⑤

112. 다음 고급지방산 중 불포화결합이 하나가 아닌 것은?( )

① 라우올레익애씨드($C_{12}H_{22}O_2$)
② 팔미토레애씨드($C_{16}H_{30}O_2$)
③ 올레익애씨드($C_{18}H_{34}O_2$)
④ 리놀레닉애씨드($C_{18}H_{30}O_2$)
⑤ 가돌레익애씨드($C_{20}H_{38}O_2$)

→해설 리놀레닉애씨드($C_{18}H_{30}O_2$)는 불포화결합이 3개인 지방산이임. 라우올레익애씨드($C_{12}H_{22}O_2$), 팔미토레애씨드($C_{16}H_{30}O_2$), 올레익애씨드($C_{18}H_{34}O_2$) 가돌레 익애씨드($C_{20}H_{38}O_2$)는 불포화 결합이 1개인 지방산이임.

113. 다음 설명에서 (   )에 들어갈 적합한 용어는?( )

> 에멀전의 (   )을 높이기 위해서 외상의 점도를 증가시키는데 이 때 사용되는 것이 점증제이며 천연과 합성으로 분류하고 천연은 그 출발물질에 따라 식물성, 광물성, 동물성, 미생물유래로 분류하고 있다.

① 친화성
② 안정성
③ 사용성
④ 무자극성
⑤ 퍼발림성

114. 탄화수소에 대한 설명으로 옳지 않은 것은?( )

① 미네랄 오일, 페트롤라튬, 스쿠알렌, 폴리부텐류 등이 탄화수소로 분류된다.
② 피지의 성분인 스쿠알렌은 4개의 2중결합을 가지고 있어 산패되기 쉽다.
③ 스쿠알렌에 수소를 결합시켜 이중결합으로 변경한 스쿠알란이 지방으로 이용된다.
④ 폴리부텐류는 끈적거리는 사용감으로 립글로스 제형에서 부착력과 광택을 주는 데 사용된다.
⑤ 미네랄 오일, 페트롤라튬은 피부에 바르면 폐색막을 형성한다.

→해설 스쿠알렌에 수소를 결합시켜 단일결합으로 변경한 스쿠알란이 오일로 화장품에 이용됨.

Answer 112. ④ 113. ② 114. ③

115. 다음 유지 중에서 지방으로 분류되지 않는 것은?( )

① 코코넛 오일
② 시어 버터
③ 마유(horse fat)
④ 망고 버터
⑤ 코코아 버터

해설 코코넛 오일은 포화지방산의 양이 전체 지방산 중 75~80%로 많아서 낮은 온도에서 고체상으로 변하기 때문에 지방으로 분류되지 않음.

116. 다음은 무엇에 대한 설명인가?( )

> 오일과 지방으로 합쳐서 부르는 말로 탄소수가 많은 고급지방산의 글리세린 에스테르로 피부를 부드럽게 하는 유연제로 사용되며 수분의 증발도 억제하며 보습효과를 준다. 고급지방산의 종류에 따라 액체인 오일이나 고체인 지방으로 분류되며 탄소수가 증가할수록 지방에 가까워진다.

① 고급알코올
② 유지
③ 에스테르 오일
④ 왁스
⑤ 탄화수소

해설 고급알코올은 에스테르 오일은 지방산과 고급알코올의 중화반응인 에스테르 반응에 의해서 만들어진 물질로 에스테르 결합을 가진 액상의 화장품 원료를 말함. 왁스는 고급지방산과 고급알코올의 에스테르를 말함. 대부분 고체이며 고급지방산과 고급알코올의 종류에 따라 반고체이기도 함. 탄화수소에서 단단한 고체물질을 왁스로 함께 분류하고 있음. 탄화수소는 탄소와 수소로만 이루어진 물질로 미네랄 오일, 페트롤라튬, 스쿠알렌 이 탄화수소로 분류됨.

117. 다음 설명에서 ( )에 들어갈 적합한 용어가 바르게 짝지어진 것은?( )

> 피부의 수분량을 증가시켜주고 수분손실을 막아주는 역할을 하는 보습제는
> 분자 내에 수분을 잡아당기는 (㉠) 가 주변으로부터 물을 잡아당기는 (㉡)을 형성하여 수분을 유지시켜주는 휴맥턴트 (humectant) 와 폐색막을 형성하는 폐색제가 있다.

① ㉠ – 친유기   ㉡ – 수소결합
② ㉠ – 친수기   ㉡ – 친유기
③ ㉠ – 수소결합 ㉡ – 친수기

Answer
115. ① 116. ② 117. ④

④ ㉠ - 친수기   ㉡ - 수소결합
⑤ ㉠ - 친유기   ㉡ - 친수기

118. 다음은 무엇에 대한 설명인가?(   )

> 석탄에 함유된 방향족 물질을 원료로 하여 합성한 색소. 색상이 선명하여 미려해서 색조 제품에 널리 사용된다. 하지만 안전성에 대한 이슈가 있으며 눈 주위, 영·유아제품, 어린이제품에 사용할 수 없는 색소가 정해져 있다.

→해설 타르 색소는 석탄에 콜 타르에 함유된 방향족 물질을 원료로 한다. 타르 색소에 해당되는 색소는 레이크와 염료이다.

119. 다음 중 모발의 색상의 변화를 시키는 제품의 성분 중 과산화수소의 농도로 알맞은 것은?(   )

① 12 %
② 13 %
③ 14 %
④ 15 %
⑤ 16 %

120. 다음 중 회수 의무자에 대한 설명으로 옳지 않은 것은?(   )

① 폐기를 한 회수 의무자는 폐기확인서를 작성하여 1년간 보관하여야 한다.
② 회수계획을 통보받은 자는 회수대상화장품을 회수의무자에게 반품하고, 회수확인서를 작성하여 회수의무자에게 송부하여야 한다.
③ 회수대상화장품이라는 사실을 안 날부터 5일 이내에 회수계획서를 지방식품의약품안전처장에게 제출하여야 한다.
④ 통보 사실을 입증할 수 있는 자료를 회수 종료일부터 2년간 보관하여야 한다.
⑤ 회수의무자는 폐기하려는 경우 폐기신청서를 제출하고 관계 공무원 참관 하에 환경 관련 법령에서 정하는 바에 따라 폐기하여야 한다.

→해설 폐기를 한 회수 의무자는 폐기확인서를 작성하여 2년간 보관해야 함.

121. 다음 중 제품 회수 책임자에 대한 설명으로 옳지 않은 것은?(   )

① 전체 회수과정에 대한 제조판매업자와의 조정역할을 한다.
② 결함 제품의 회수 및 관련 기록을 보존한다.
③ 예외없이 회수과정의 주기적인 평가를 한다.

Answer   118. 타르 색소   119. ①   120. ①   121. ③

④ 필요시에 회수된 제품은 확인 후 제조소 내 격리 보관 조치를 한다.
⑤ 소비자 안전에 영향을 주는 회수의 경우 원활히 진행되도록 필요한 조치를 수행한다.

→해설 필요시에 한해서 회수과정의 주기적인 평가를 함. 무조건 예외 없이 평가를 하지 않음.

122. 계면활성제의 종류와 기능에 대한 설명으로 옳지 않은 것은?(   )

① 양이온 계면활성제는 살균, 소독작용이 있고 대전방지효과와 모발에 대한 컨디셔닝 효과가 있다.
② 파운데이션, 비비 크림 등 W/Si 제형은 음이온 계면활성제에 속한다.
③ 샴푸, 비디워시는 음이온 계면활성제에 속한다.
④ 비이온 계면활성제는 피부자극이 적고, 기초화장품류에서 가용화제, 유화제로 사용된다.
⑤ 양쪽성 계면활성제는 피부자극이 적고 세정작용이 있어 베이비샴푸에 쓰인다.

→해설 파운데이션, 비비 크림 등 W/Si 제형은 실리콘계 계면활성제에 속함.

123. 유지에 대한 설명으로 옳지 않은 것은?(   )

① 고급지방산의 종류에 따라 오일이나 지방으로 분류되며 탄소수가 증가할수록 지방에 가까워진다.
② 식물성 오일은 피부에 대한 피부흡수가 느리며 산패되기 쉽다.
③ 광물성 오일은 무색, 투명하며 특이취가 있다.
④ 합성 오일은 산패되지 않으며 사용감이 가볍다.
⑤ 글리세린에 결합된 고급지방산 중 포화지방산이 많으면 지방이 된다.

→해설 광물성 오일은 특이취가 없음.

124. 왁스에 대한 설명으로 옳지 않은 것은?(   )

① 파라핀왁스는 석유화학유래 왁스로 C16~40 탄화수소 혼합물로 구성되어 있다.
② 광물 왁스인 오조케라이트의 출발물질은 오토케라이트로 C29~53 탄화수소 혼합물로 구성되어 있다.
③ 제팬왁스는 식물 유래 왁스로 과피추출물을 출발물질로 한다.
④ 라놀린은 동물 유래 왁스로 양의 피지선 물질을 출발물질로 하며 고급지방산과 고급알코올 에스테르를 출발물질로 한다.
⑤ 경납은 향유고래를 출발물질로 하며 녹는점은 42~50℃이다.

→해설 오조케라이트를 출발물질로 하는 왁스는 세라신임. 오조케라이트는 지납을 출발물질로 함.

Answer 122. ② 123. ③ 124. ②

125. 점증제의 출발물질과 원료가 올바르게 짝지어진 것은?(   )

① 나무삼출물, 나무레진 - 잔탄검, 아라비아고무나무검
② 해초추출물 - 아가검, 퀸스시드검
③ 미생물유래 - 카제인, 카라야검
④ 종자추출물 - 로커스트빈검, 구아검
⑤ 다당류 - 잔탄검, 가티검

126. 색소의 분류와 기능에 대한 설명으로 옳지 않은 것은?(   )

① 제조방법에 따라 천연색소와 합성색소로 분류할 수 있으며 천연색소에는 카민, 라이코펜이 있다.
② 염료는 물이나 기름, 알코올 등에 용해되어 기초용 및 방향용화장품에서 제형에 색상을 줄 때 사용하고 색조화장품에서는 립틴트에 주로 사용된다.
③ 레이크는 물에 녹기 쉬운 염료를 알루미늄 등의 염이나 황산 알루미늄, 황산 지르코늄 등을 물에 녹지 않도록 불용화시킨 유기안료이다.
④ 타르색소는 석탄의 콜타르에 함유된 방향족 물질을 원료로 해 합성한 색소로 색상이 선명해 색조제품에 널리 쓰이지만 안전성에 대한 이슈가 많다.
⑤ 안료는 물과 오일 등에 잘 녹지 않는 불용성 색소로 색상이 화려하지 않지만 안정한 유기 안료와 색상이 화려하고 생생하지만 안정하지 않은 무기안료로 구분할 수 있다.

→해설 안료는 색상이 화려하지 않지만 안정한 무기안료와 색상이 화려하고 생생하지만 안정하지 않은 유기안료로 구분할 수 있음.

127. 안료에 대한 설명이 옳지 않은 것은?(   )

① 카올린 - 차이나 클레이라고도 하며 땀이나 피지 흡수력이 우수함
② 티타늄디옥사이드 - 무기안료로 백색이며 자외선 차단제에 사용됨
③ 마이카 - 탄성이 풍부해 피부에 대한 부착성이 우수하지만 뭉침 현상이 일어남
④ 실리카 - 석영에서 얻어지며 흡습성이 강함
⑤ 징크옥사이드 - 무기안료로 상처치유, 피부보호, 진정작용을 함

→해설 마이카 - 탄성이 풍부해 사용감이 좋고 뭉침 현상이 일어나지 않음.

128. 다음 중 입술에 사용 가능한 색소는?(   )

① 적색 405호
② 황색 401호
③ 황색 203호

④ 적색 205호
⑤ 녹색 401호

129. 향 추출법에 대한 설명으로 옳지 않은 것은?(   )

① 수증기증류법은 향료 성분의 끓는점 차이를 이용한 방법으로 라벤더, 페퍼민트 오일 추출에 사용된다.
② 냉각 압착법은 열에 약한 경우 에센셜오일 추출에 용이하며 시트러스 계열 식물이 해당된다.
③ 흡착법은 냉침법, 온침법이 있으며 우지, 돈지에 꽃을 흡착시켜 생산한다.
④ 흡착법은 꽃 → 포마드 → 앱솔루트 순으로 이루어진다.
⑤ 용매추출법은 휘발성용제에 의해 향 성분을 추출하며 열에 강한 성분을 추출할 때 이용된다.

▶해설 용매추출법은 열에 불안정한 성분을 추출할 때 이용됨.

130. 천연향료에 대한 설명으로 옳지 않은 것은?(   )

① 콘크리트 - 신선한 식물성 원료를 비수 용매로 추출하여 얻은 추출물
② 레지노이드 - 건조된 식물성 원료를 비수 용매로 추출하여 얻은 추출물
③ 올레오레진 - 주로 비휘발성이면서 수지 성분으로 이루어진 삼출물
④ 발삼 - 벤조익 또는 신나믹 유도체를 함유하고 있는 천연 올레오레진
⑤ 앱솔루트 - 실온에서 콘크리트, 포마드 또는 레지노이드를 에탄올로 추출해 얻은 향기 있는 생성물

▶해설 올레오레진 - 주로 휘발성

131. 화장품의 활성성분과 기능이 옳지 않은 것은?(   )

① 살리실릭애씨드 - 비듬억제, 탈모예방
② 닥나무추출물 - 도파의 산화억제를 통한 미백
③ 글리시리진산 - 감초에서 추출한 물질로 염증완화, 항알레르기작용
④ 나이아신아마이드 - 멜라노좀 이동방해를 통한 미백
⑤ 알란토인 - 자극완화, 상처치유

▶해설 닥나무추출물 - 티로시나제 활성 억제기능 있음.

Answer   129. ⑤   130. ③   131. ②

132. 기능성화장품의 성분의 기능과 최대함량이 바르게 짝지어지지 않은 것은? ( )

① 부틸메토시디벤조일메탄 - 피부를 곱게 태워주거나 자외선으로부터 피부 보호 - 5%
② 드로메트리졸 - 피부를 곱게 태워주거나 자외선으로부터 피부 보호 - 1%
③ 몰식자산 - 모발의 색상을 변화 - 4%
④ 시녹세이트 - 모발의 색상을 변화 - 5%
⑤ 호모살레이트 - 피부를 곱게 태워주거나 자외선으로부터 피부 보호 - 10%

→해설 시녹세이트 - 피부를 곱게 태워주거나 자외선으로부터 피부 보호 - 5%

133. 다음 중 화장품 전성분 표시지침의 내용으로 옳지 않은 것은?( )

① 전성분 정보를 바로 제공할 수 있는 전화번호나 홈페이지 주소를 표시한 경우 전성분 표시를 생략할 수 있다.
② 성분 표시는 화장품에 사용된 함량이 높은 것부터 기재하지만 1% 이하로 사용된 성분에 대해서는 순서에 상관없이 기재할 수 있다.
③ pH 조절 목적으로 사용되는 성분은 중화반응의 생성물로 표시할 수 있다.
④ 전성분을 표시하는 글자 크기는 5포인트 이상으로 한다.
⑤ 제조 과정 중 제거되어 최종 제품에 남아 있지 않은 성분이더라도 표시 의무가 있다.

→해설 제조 과정 중 제거되어 최종 제품에 남아 있지 않은 성분은 표시하지 않을 수 있음.

134. 화장품 원료 관리체계에 대한 설명으로 옳지 않은 것은?( )

① 과거 화장품 원료 관리체계는 포지티브 리스트와 네가티브 리스트를 동시에 운영했다.
② 현재는 화장품 제조사들의 자유로운 신원료 개발 및 신원료 사용을 위해 포지티브 리스트만을 운영하고 있다.
③ 이런 제도 변화는 원료사용 규제의 국세조화를 목적으로 한다.
④ 제도변화로 인해 신원료 심사제도가 폐지되었고 위해우려가 제기되는 원료의 위해평가가 신설되었다.

→해설 현재는 네거티브 리스트만을 운영하고 있음.

Answer 132. ④ 133. ⑤ 134. ②

135. 화장품 원료, 포장재, 반제품 및 벌크 제품의 취급 및 보관방법으로 옳지 않은 것은?(　)

① 원자재, 시험 중인 제품 및 부적합품은 서로 혼동을 일으킬 우려가 없는 시스템의 경우
각각 구획된 장소에 보관할 필요가 없다.
② 원료와 포장재를 재포장될 때 새로운 용기에는 원래와 동일한 라벨링이 있어야 한다.
③ 원자재, 반제품 및 벌크 제품은 안전을 위해 높은 곳에 두지 않고 바닥과 벽에 붙여 보관한다.
④ 원료 및 포장재의 특징 및 특성에 맞도록 보관, 취급되어야 한다.
⑤ 원료와 포장재는 밀폐되어 청소와 검사가 용이하도록 충분한 간격을 두고 바닥과 떨어진 곳에 보관한다.

→해설 원자재, 반제품 및 벌크 제품은 바닥과 벽에 닿지 아니하도록 보관함.

136. 염모제 사용 전 패치테스트에 대한 설명으로 옳지 않은 것은?(　)

① 염색 2일 전 실시한다.
② 과거에 아무 이상 없이 염색한 경우에도 반드시 실시해야 한다.
③ 팔 안쪽 또는 귀 뒤쪽 머리카락이 난 주변 피부를 비눗물로 씻고 탈지면으로 닦는다.
④ 세척한 부위에 실험액을 동전 크기로 바른 후 자연건조 시킨 후 24시간 동안 방치한다.
⑤ 소량을 취해 정해진 용법대로 혼합하야 실험액을 준비한다.

→해설 24시간이 아닌 48시간 동안 방치함.

137. 다음 중 화장품 사용 시 주의사항으로 옳지 않은 것은?(　)

① 혼합된 염모액은 가스가 발생할 수 있으므로 반드시 밀폐된 용기에 보존한다.
② 염색 전엔 머리를 적시고 시작하면 안 된다.
③ 제모제 사용 시 모가 깨끗이 제거되지 않은 경우 2~3일의 간격을 두고 사용한다.
④ 고압가스를 사용하지 않는 분무형 자외선 차단제는 얼굴에 직접 분사하지 않는다.
⑤ 염모 전후 1주간은 파마·퍼머넌트 웨이브를 하지 않는다.

→해설 혼합된 염모액으로부터 발생한 가스로 인해 용기가 파손될 수 있으므로 밀폐용기에 보관하지 않음.

138. 다음 중 다등급 위해성 화장품에 해당하지 않는 것은?( )

① 이물이 부착되었지만 보건위생상의 위해는 없다고 판단되는 화장품
② 일부가 변패된 화장품
③ 정부가 아닌 화장품책임판매업자 개인이 보건위생상 위해가 있다고 판단한 화장품
④ 등록을 하지 않은 자가 수입하여 유통한 화장품
⑤ 맞춤형화장품조제관리사를 두지 아니하고 판매한 맞춤형화장품

→해설 이물이 부착된 화장품 중 보건위생상의 위해가 발생할 우려가 있는 경우에만 다등급 위해성 화장품으로 평가함.

139. 화장품 위해 여부 보고에 대한 내용으로 옳지 않은 것은?( )

① 회수의무자는 회수대상화장품이라는 사실을 안 날부터 5일 이내에 필요한 서류들을 지방식약처장에게 제출해야 한다.
② 가등급 위해성 화장품은 회수를 시작한 날부터 30일 이내에 회수를 종료해야 한다.
③ 회수의무자는 회수대상화장품의 판매자, 그 밖에 해당 화장품을 업무상 취급하는 자에게 언론매체를 통한 공고를 통해 회수계획을 통보할 수 있다.
④ 폐기를 한 회수의무자는 폐기확인서를 작성해 2년간 보관해야 한다.
⑤ 회수계획을 통보받은 자는 회수대상화장품을 회수의무자에게 반품하고 회신확인서를 작성해 회수의무자에게 송부해야 한다.

→해설 가등급 위해성 화장품은 회수를 시작한 날부터 15일 이내에 회수를 종료해야 함. 나 또는 다등급 위해성 화장품은 회수를 시작한 날부터 30일 이내에 회수를 종료해야 함.

140. 위해화장품의 공표에 관한 내용으로 옳지 않은 것은?( )

① 회수의무자가 회수대상화장품의 회수를 완료한 경우에는 공표를 생략할 수 있다.
② 공표 내용에는 화장품의 회수 사유, 회수방법 등이 포함되어야 한다.
③ 다등급 위해성 화장품은 전국을 보급지역으로 하는 1개 이상의 일간신문에 게재한다.
④ 위해화장품 회수를 공표한 영업자는 공표일, 공표매체, 공표횟수, 공표문 사본 등을 지방식품의약품안전청장에게 제출해야 한다.
⑤ 회수화장품을 보관하고 있는 판매자에게 판매를 중지하고 회수 영업자에게 반품할 것을 요청하는 협조요청 사항을 공표내용에 포함한다.

→해설 가 또는 나등급 위해성 화장품은 전국을 보급지역으로 하는 1개 이상의 일간신문 및 해당 영업자의 인터넷 홈페이지에 게재하고 식약처의 인터넷 홈페이지에 게재 요청한다.

Answer 138. ① 139. ② 140. ③

141. 다음 중 화장품 개발 시 동물실험을 할 수 없는 경우는?( )

① 수입하려는 상대국의 법령에 따라 제품 개발에 동물실험이 필요한 경우
② 화장품 수출을 위해 수출 상대국의 법령에 따라 동물실험이 필요한 경우
③ 동물대체시험법이 존재하지 아니하여 동물 실험이 필요한 경우
④ 제8조제2항의 색소 사용기준을 지정하기 위해 필요한 경우
⑤ 동물실험을 대체할 수 있는 실험을 실시하기 곤란한 모든 경우

142. 품질보증 중 내부감사에 대한 설명으로 옳지 않은 것은?( )

① 감사자는 자신의 업무에 대해서 감사를 실시해선 안 된다.
② 감사 결과는 기록된 후 경영책임자 및 피감사 부서의 책임자에게 공유되어선 안 된다.
③ 감사자는 시정조치에 대한 후속 감사활동을 행하고 이를 기록해야 한다.
④ 감사자는 감사대상과 독립적이어야 한다.
⑤ 자격부여 대상으로 일정한 자격기준이 있고 이 자격기준에 적합한 자가 감사자가 될 수 있다.

→해설 감사 결과는 기록된 후 경영책임자 및 피감사 부서의 책임자에게 공유되어야 하고 감사 중에 발견된 결함에 대하여 시정조치 해야 함.

143. 품질보증 중 문서관리에 대한 설명으로 옳지 않은 것은?( )

① 원본 문서는 품질보증부서에서 보관해야 하며, 사본은 작업자가 쉽게 접근할 수 있는 자소에 비치해야 한다.
② 안전과 비밀 유지를 위해 백업파일을 만드는 것을 피하고 정기적으로 문서를 파기해야 한다.
③ 문서의 전자매체를 이용하여 안전하게 보관해야 한다.
④ 작업자는 작업과 동시에 문서에 기록해야 하며 지울 수 없는 잉크로 작성해야 한다.
⑤ 작성된 문서에는 권한을 가진 사람의 서명과 승인연월일이 있어야 한다.

→해설 기록의 훼손 또는 소실에 대비해 백업파일 등 자료를 유지해야 함.

144. 품질보증 중 교육훈련에 대한 설명으로 옳지 않은 것은?( )

① 화장품 제조 및 품질관리에 대한 교육훈련은 정기적으로 실시하며 기존사원과 신입사원이 함께 참여할 수 있도록 프로그램을 작성하는 것을 권장한다.
② 품질부서 교육담당자는 연간교육계획서를 12월 혹은 다음해 1월에 작성하여 품질부서책임자에게 승인을 득한다.
③ 교육훈련 후에 시험에 통과하지 못한 교육참석자는 재시험을 봐야한다.

Answer 141. ⑤ 142. ② 143. ② 144. ①

④ 연간교육계획에는 제조위생교육이 1회 이상 있는 것을 권장한다.
⑤ 교육관련 규정이 작성되어야하며 교육기록이 유지되어야 한다.

→해설 기존사원과 신입사원을 구분하여 참여할 수 있도록 프로그램을 작성하는 것을 권장함.

145. 화장품에 사용되는 알코올에 대한 설명으로 옳지 않은 것은?(　)

① 알킬기의 탄소수가 많은 알코올을 고급알코올이라 한다.
② 고급알코올은 유화제형에서 에멀젼 안정화로 사용된다.
③ 라우릴알코올은 백색결정성고체로 기포안정제로 사용된다.
④ 스테아릴알코올은 무색투명휘발성액체로 살균/보존작용을 한다.
⑤ 이소프로필알코올은 무색투명휘발성액체로 살균/보존작용을 한다.

→해설 스테아릴알코올은 백색~황백색의 박편, 입상의 고체로 크림, 유액 등의 점증제와 비누의 거품안정제로 사용됨.

146. 화장품에 사용되는 실리콘에 대한 설명으로 옳지 않은 것은?(　)

① 실리콘은 에스테르결합을 갖는 화합물로 구조식과 작용기에 따라 분류된다..
② 실리콘은 퍼발림성이 우수하고 낮은 표면장력과 실키한 사용감이 특징이다.
③ 일반적으로 실리콘 오일은 다이메티콘을 의미하며 다이메티콘의 점도에 따라 여러 등급의 실리콘 오일이 있다.
④ 실리카는 이산화규소(모래)이며 실리케이트는 실리카에 소량의 금속이 섞여 있는 물질이다.
⑤ 실리콘은 구성원소인 규소, 산소, 탄소, 수소 사이의 결합이 매우 안정하며 피부에 대해 무반응성이다.

→해설 실리콘은 실록산결합을 갖는 화합물임.

147. 계면활성제에 대한 설명으로 옳지 않은 것은?(　)

① 계면활성제는 한 분자 내에 친수부와 친유부를 가지는 물질이다
② 양이온 계면활성제는 살균, 소독 작용이 있고 대전방지효과와 모발에 대한 컨디셔닝 효과가 있다.
③ 음이온은 세정력이 우수하고 기포형성작용이 있어 세정제품에 사용된다.
④ 양쪽성 계면활성제는 피부자극이 가장 적고 세정작용이 있어 기초화장품에 사용된다.
⑤ 표면은 기상과 액상의 경계, 기상과 고상의 경계이다.

→해설 피부자극이 큰 순서는 양이온〉음이온〉양쪽성〉비이온 임. 양쪽성 계면활성제는 피부자극이 적고 세정작용이 있어 베이비샴푸에 사용됨. 피부자극이 가장 적은 계면활성제는 비이온 계

Answer 145. ④ 146. ① 147. ④

면활성제로 기초화장품에 사용됨.

148. 다음 ( )〈보기〉 ㉠과 ㉡에 들어갈 알맞은 용어는?( )

> 물 속에 계면활성제를 투입하면 계면활성제의 소수성에 의해 계면활성제가 친유부를 공기쪽으로 향하여 기체와 액체 표면에 분포하고 표면이 포화되어 더 이상 계면활성제가 표면에 있을 수 없으면 물 속에서 자체적으로 친유부가 물과 접촉하지 않도록 계면활성제가 회합하는데 이 회합체를 (㉠)이라 한다. (㉠)이 형성될 때의 계면활성제 농도를 (㉡)라 하며 그 값은 매우 작다.

149. HLB값이 4~6인 계면활성제의 용도로 옳은 것은?( )

① 습윤제
② 친유형(W/O) 유화제
③ 분산제
④ 친수형(O/W) 유화제
⑤ 가용화제

→해설 HLB는 비이온계면활성제의 친수와 친유의 정도를 일정범위 내에서 계산에 의해 표현한 값임. 4~6은 친유형(W/O) 유화제, 7~9는 습윤제, 분산제, 8~15는 친수형(O/W) 유화제, 15~18 가용화제임.

150. 다음 중 유화제형에서 에멀전 안정화로 사용되지 않는 알코올을 모두 고른 것은?( )

> ㄱ. 세틸알코올 ㄴ. 이소프로필알코올 ㄷ. 미리스틸알코올 ㄹ. 스테아릴알코올
> ㅁ. 베헤닐알코올 ㅂ. 부틸알코올 ㅅ. 에틸알코올

① ㄱ, ㄴ, ㄹ
② ㄱ, ㄷ, ㄹ, ㅁ
③ ㄱ, ㄴ, ㄷ, ㄹ, ㅂ
④ ㄴ, ㄷ, ㅁ
⑤ ㄴ, ㅂ, ㅅ

→해설 고급알코올은 유화제형에서 에멀전 안정화로 사용되며, 라우릴알코올, 미리스틸 알코올, 세틸알코올, 스테아릴알코올, 세토스테아릴알코올, 베헤닐알코올 등이 있음. 저급알코올은 용제, 소독제, 가용화제로 사용되며 에틸알코올, 이소프로필 알코올, 부틸알코올 등이 있음.

Answer 148. (ㄱ)미셀, (ㄴ)임계미셀농도 149. ② 150. ⑤

151. 유지의 분류 중 지방에 대한 설명으로 옳지 않은 것은?(   )

① 지방산의 탄소수가 증가함에 따라 지방에 가까워진다.
② 피부에 대한 친화성이 우수하다.
③ 시어버터, 망고버터, 코코아버터, 우지, 돈지가 해당한다.
④ 포화지방산의 양이 많은 코코넛 오일은 지방으로 분류되지 않는다
⑤ 가벼운 사용감을 주기 위해 작은 지방산이 붙은 트리글리세라이드가 합성되어 기초화장품에 널리 사용된다.

→해설 5번은 식물성 오일에 대한 설명임. 트리글리세라이드 구조를 가지는 식물성 오일은 무거운 사용감이 있어 가벼운 사용감을 주는 작은 지방산이 붙은 트리글리세라이드가 합성되어 기초화장품과 메이크업화장품에 널리 사용됨. 글리세린에 결합된 고급지방산 중에 포화지방산의 양이 많으면 지방이 되나 포화지방산이 양이 많아서 낮은 온도에서 고상으로 변하는 코코넛오일은 지방으로 분류되지 않음.

152. 다음 중 포화지방산이 아닌 것은?(   )

① 라우릭애씨드
② 미리스틱애씨드
③ 팔미틱애씨드
④ 스테아릭애씨드
⑤ 올레익애씨드

→해설 탄소사이 결합이 단일결합이면 포화, 이중결합이면 불포화라고 함. 올레익애씨드는 탄소수 C18:1로 불포화결합을 1개 가진 지방산임.

153. 다음 (   )안에 들어갈 용어가 알맞게 짝지어진 것은?(   )

> 탄화수소 원료인 (㉠), (㉡), (㉢)은 화장품에서 오일로 사용되며, (㉠), (㉡)은 피부에 바르면 폐색막을 형성한다. 합성에 의해 만들어지는 (㉢)는 끈적거리는 사용감으로 립글로스 제형에서 부착력과 광택을 주는데 사용된다.

① ㉠:라놀린, ㉡ : 폴리올, ㉢ : 미네랄오일
② ㉠:라놀린, ㉡ : 페트롤라튬, ㉢ : 미네랄오일
③ ㉠:미네랄오일, ㉡ : 페트롤라튬, ㉢ : 폴리부텐류
④ ㉠:미네랄오일, ㉡ : 페트롤라튬, ㉢ : 라놀린
⑤ ㉠:미네랄오일, ㉡ : 폴리올, ㉢ : 폴리부텐류

→해설 폴리올은 탄화수소가 아니며 보습제인 휴멕턴트에 해당함. 폴리올은 어는 점 내림을 일으켜 동절기에 제품이 어는 것을 방지하며 보존능이 있음.

Answer 151. ⑤ 152. ⑤ 153. ③

라놀린은 탄화수소가 아니며 기초화장품에 점증제, 피부 컨디셔닝제로 사용되는 왁스이고 폐색제로도 쓰임

154. 다음 ( )안에 들어갈 적합한 용어는?( )

피지성분인 (㉠)은 4개의 이중결합을 가지고 있어 산패되기 쉬워 이중결합(불포화)에 수소를 결합시켜 단일결합(포화)으로 변경한 (㉡)이 화장품에서 오일로 사용된다

155. 색소의 특성과 기능에 대한 설명으로 옳지 않은 것은?( )

① 타르색소– 색상이 선명하고 미려하여 눈 주위 색조제품에 널리 사용된다
② 염료– 물이나 기름, 알코올 등에 용해되어 기초형 및 방향용화장품에서 제형에 색상을 나타낸다.
③ 안료– 물과 오일 등에 녹지 않는 불용성 색소이다
④ 유기안료– 색상이 화려하지 않으나 빛, 산, 알칼리에 안정하다
⑤ 레이크– 물에 녹기 쉬운 염료를 염이나 황산 알루미늄 등을 가해 물에 녹지 않도록 불용화 시킨 유기안료

→해설 타르색소는 석탄의 콜타르에 함유된 방향족 물질을 원료로 합성한 색소로 색상이 선명하고 미려하여 색조제품에 널리 사용되지만 안전성에 대한 이슈가 있어 눈 주위, 영유아용 제품, 어린이용 제품에 사용할 수 없는 타르색소가 정해져 있음.

156. 실리콘에 대한 설명으로 옳지 않은 것은?( )

① 1960년대 후반부터 헬스케어에 사용되기 시작하였다.
② 실리콘의 구성원소인 규소, 산소, 탄소 사이의 결합은 매우 안정하며 피부에 대하여 무반응성이다.
③ 실리콘은 규소이며, 실리카는 이산화규소, 실리케이트는 실리카에 소량의 금속이 섞여 있는 물질이다.
④ 실리콘은 우수한 퍼발림성, 실키한 사용감, 높은 표면장력으로 화장품에 널리 사용된다.
⑤ 일반적으로 실리콘 오일은 다이메티콘을 의미하며 다이메티콘의 점도에 따라 여러 가지 등급의 실리콘 오일이 있다.

→해설 실리콘은 낮은 표면장력(소포제)을 갖음. 이 외에 실리콘의 특성은 발수성, 광택, 콘디셔닝, 무독성, 무자극성으로 기초화장품, 색조 화장품. 헤어케어 화장품 등에서 널리 사용됨.

Answer
154. (ㄱ)스쿠알렌, (ㄴ)스쿠알란 155. ① 156. ④

157. 다음 ( )안에 들어갈 적합한 용어는?( )

> 피부의 수분량을 증가시켜주고 수분손실을 막아주는 역할을 하는 보습제는 분자 내에 수분을 잡아당기는 친수기가 주변으로부터 물을 잡아당기어 수소결합을 형성하여 수분을 유지시켜주는 (㉠)와 폐색막을 형성하여 수분증발을 막는 (㉡)가 있다.

158. 다음 ( )안에 들어갈 적합한 용어는?( )

> 벤조익애씨드가 pH5.1이하에서 해리되어 보존능을 상실하는 단점을 보완하기 위하여 ( )이 개발되었다. ( )은 안식향산에 결합되는 알킬기의 종류에 따라 메틸-, 에틸-, 프로필-, 이소부틸-, 부틸-( )으로 분류되며 미생물의 세포벽에 있는 효소의 활성을 봉쇄하는 역할을 한다.

159. 천연향료의 제법에 따른 분류에 대한 설명으로 옳지 않은 것은?( )

① 콘크리트 - 건조된 식물성 원료를 비수용매로 추출하여 얻은 특징적인 냄새를 지닌 추출물
② 올레오레진 - 주로 휘발성이면서 수지 성분으로 이루어진 삼출물
③ 앱솔루트 - 실온에서 콘크리트, 포마드 또는 레지노이드를 에탄올로 추출해서 얻은 향기를 지닌 생성물
④ 발삼 - 벤조익 및 신나믹 유도체를 함유하고 있는 천연 올레오레진
⑤ 팅크처 - 천연원료를 다양한 농도의 에탄올에 침지시켜 얻은 용액

→해설 콘크리트는 신선한 식물성 원료를 비수용매로 추출하여 얻은 특징적인 냄새를 지닌 추출물임. 건조된 식물성 원료를 비수용매로 추출하여 얻은 특징적인 냄새를 지닌 추출물은 레지노이드임.

160. 다음 중 화장품의 성분과 그 기능에 대한 설명이 옳지 않게 짝지어진 것은?( )

① 징크피리치온 - 비듬억제, 탈모예방
② 레티놀 - 주름개선, 지용성
③ 유용성감초추출물 - 티로시나제의 활성억제로 인한 미백효과
④ 아데노신 - 콜라겐, 엘라스틴을 생성하는 섬유아세포의 증식유도로 인한 주름개선
⑤ 알부틴 - 다른 계면활성제와 복합물을 이루면서 피부표면에 라멜라 상태로 존재하여 피부에 수분을 유지

→해설 다른 계면활성제와 복합물을 이루면서 피부표면에 라멜라 상태로 존재하여 피부에 수분을 유지시켜 주는 역할을 갖는 성분은 세라마이드임. 알부틴은 티로시나제 활성억제를 하는 미백효과가 있음.

Answer
157. (ㄱ)휴멕턴트, (ㄴ)폐색제 158. 파라벤 159. ① 160. ⑤

161. 화장품의 종류와 그 기능을 설명한 것으로 옳지 않은 것은?(   )

① 화장수는 각질층에 수분을 공급하고 비누 세안 후 피부 pH를 회복시켜준다.
② 영양크림은 인공피지막을 형성하여 피부를 보호한다.
③ 파운데이션은 건조한 외부환경으로부터 피부를 보호해주고 자외선을 차단해준다.
④ 파우더류는 땀이나 피지의 분비를 흡수/억제하여 화장붕괴를 예방한다.
⑤ 컨디셔너와 린스는 세발 후 잔존할 수 있는 음이온성 계면활성제를 중화시킨다.

→해설 영양크림은 세안 후 제거된 천연피지막을 회복시켜주고 피부를 외부환경으로부터 보호하고 생리기능을 도와줌. 인공피지막을 형성하여 피부를 보호하는 화장품은 색조화장품인 메이크업베이스와 메이크업 프라이머임.

162. 다음 중 자외선차단성분의 사용한도가 옳지 않은 것은?(   )

① 징크옥사이드 : 25%
② 티타늄디옥사이드 : 25%
③ 벤조페논-3 : 7.5%
④ 부틸메톡시티벤조일메탄 : 5%
⑤ 에칠헥실메톡시신나메이트 : 7.5%

→해설 벤조페논-3의 사용한도는 5%임.

163. 다음은 샴푸류 제품의 착향제에 포함된 알레르기 유발물질이다. 이 제품의 사용 시 주의 사항 표시 문구가 옳지 않은 것은?(   )

> 벤잘코늄클로라이드, 스테아린산아연, 살리실릭애씨드, 실버나이트레이트, 알부틴 2%, 포름알데하이드 0.05%

① 벤잘코늄클로라이드를 함유하고 있으므로 눈에 접촉을 피하고 눈에 들어갔을 때는 즉시 씻어낼 것
② 살리실릭애씨드를 함유하고 있기 때문에 만3세 이하 어린이에게도 사용 가능함
③ 실버나이트레이트를 함유하고 있으므로 눈에 접촉을 피하고 눈에 들어갔을 때는 즉시 씻어낼 것
④ 동일성분(알부틴 2% 이상)을 함유하는 제품의 「인체적용시험자료」에서 구진과 경미한 가려움이 보고된 예가 있음
⑤ 포름알데하이드를 함유하고 있으므로 이 성분에 과민한 사람은 신중히 사용할 것

Answer 161. ② 162. ③ 163. ②

164. 우수화장품 제조 및 품질관리기준 제19조에 따른 화장품의 보관 및 출고에 대한 설명으로 옳지 않은 것은?(   )

① 완제품은 시험결과 적합으로 판정되고 품질보증부서 책임자가 출고 승인한 것만을 출고하여야 한다.
② 출고할 제품은 원자재, 부적합품 및 반품된 제품과 구획된 장소에서 보관하여야 한다.
③ 완제품 재고의 정확성을 보증하고, 규정된 합격판정기준이 만족됨을 확인하기 위해 점검 작업이 실시되어야 한다.
④ 제품 시험용 및 보관용 검체를 채취하는 검체채취는 완제품 규격에 따라 충분한 수량이어야 한다.
⑤ 보관용 검체를 보관하는 목적은 과도한 열기, 추위, 햇빛에 노출되어 변질되는 것을 방지하는 것이다.

→해설 보관용 검체를 보관하는 목적은 제품의 사용 중에 발생할 수 있는 '재검토작업'에 대비용임. 품질 상에 문제가 발생하여 재시험이 필요할 때 또는 발생한 불만 사항의 해결을 위하여 사용함.

165. 다음 중 회수대상 화장품을 모두 고른 것은?(   )

> ㄱ. 맞춤형화장품조제관리사를 두고 판매한 맞춤형 화장품
> ㄴ. 화장품제조업에 등록을 한 자가 제조한 화장품
> ㄷ. 화장품제조업자가 국민보건에 위해를 끼칠 우려가 있어 회수가 필요하다고 판단한 화장품
> ㄹ. 아트라놀, 스테로이드 구조를 갖는 안티안드로겐, 안티몬을 사용한 화장품
> ㅁ. 페녹시에탄올 1.0%, 트리클로산이 0.3% 함유된 파운데이션

① ㄱ, ㄴ
② ㄱ, ㄷ
③ ㄷ, ㄹ
④ ㄷ, ㅁ
⑤ ㄷ, ㄹ, ㅁ

→해설 ㄹ - 아트라놀, 스테로이드 구조를 갖는 안티안드로겐, 안티몬은 화장품에 사용할 수 없는 원료로 회수대상이 됨. ㅁ- 사용한도 초과하여 사용한 화장품은 회수대상화장품임. 페녹시에탄올의 사용한도는 1.0%, 트리클로산은 파운데이션에 대해 0.3%의 사용한도를 갖기 때문에 회수대상이 아님. 맞춤형화장품조제관리사를 두지 않고 판매한 맞춤형 화장품, 등록을 안 한 자가 제조한 화장품, 화장품제조업자가 국민보건에 위해를 끼칠 우려가 있어 회수가 필요하다고 판단한 화장품은 회수대상이 됨.

Answer 164. ⑤ 165. ③

166. 다음은 어떤 성분이 12% 함유된 화장품의 사용 시 주의사항이다. 이 성분은 무엇인가?( )

> **주의사항**
> 햇빛에 대한 피부의 감수성을 증가시킬 수 있으므로 자외선 차단제를 함께 사용할 것(씻어내는 제품 및 두발용 제품은 제외한다)
> 일부에 시험 사용하여 피부 이상을 확인할 것
> 고농도의 이 들어 있어 부작용을 발생할 우려가 있으므로 전문의 등에게 상담할 것

→해설 0.5% 이하의 AHA가 함유된 제품은 제외함. AHA 성분이 10%를 초과하여 함유되어 있거나 산도가 3.5 미만인 제품만 표시함.

167. 다음 중 다등급 위해성 화장품을 모두 고른 것은?( )

> ㄱ. 신고를 하지 아니한 자가 판매한 맞춤형화장품
> ㄴ. 사용한도가 정해진 원료를 사용한도 이상으로 포함한 화장품
> ㄷ. 병원성 미생물에 오염된 화장품
> ㄹ. 화장품에 사용할 수 없는 원료를 사용한 화장품
> ㅁ. 법 제9조(안전용기·포장 등)에 위반되는 화장품

① ㄱ, ㄴ
② ㄴ, ㄷ
③ ㄷ, ㄹ
④ ㄱ, ㄷ
⑤ ㄱ, ㅁ

→해설 다등급 위해성 화장품에는 병원성 미생물에 오염된 화장품, 신고를 하지 아니한 자가 판매한 맞춤형화장품이 해당됨. 이 외에도 전부 또는 일부가 변패된 화장품, 사용기한 또는 개봉 후 사용기간을 위조·변조한 화장품, 맞춤형화장품 조제관리사를 두지 않고 판매한 맞춤형화장품 등이 있음. ㄴ, ㄹ은 가등급 위해성 화장품이고 ㅁ은 나등급 위해성 화장품임.

168. 회수의무자가 회수계획을 보고하기 전에 맞춤형화장품판매업자가 위해맞춤형화장품을 구입한 소비자로부터 회수조치를 완료한 경우 회수의무자가 생략할 수 있는 위해여부 보고는?( )

① 해당 품목의 제조·수입기록서 사본
② 판매처별 판매량·판매일 등의 기록
③ 회수대상화장품의 반품 및 회수확인서 작성
④ 폐기확인서 사본

Answer
166. 알파-하이드록시애시드(AHA) 167. ④ 168. ③

⑤ 평가보고서 사본

→해설 회수의무자가 회수계획을 보고하기 전에 맞춤형화장품판매업자가 위해맞춤형화장품을 구입한 소비자로부터 회수조치를 완료한 경우 회수의무자는 제6항(회수 계획통보) 및 제7항(회수대상화장품의 반품 및 회수확인서 작성)에 따른 조치를 생략할 수 있음.

169. 위해화장품의 공표명령을 받은 영업자가 공표해야 하는 사항이 아닌 것은? ( )

① 화장품을 회수한다는 내용의 표제
② 제품명
③ 회수대상화장품의 제조번호
④ 사용기한 또는 개봉 후 사용기간
⑤ 맞춤형화장품의 판매내역

→해설 맞춤형화장품의 판매내역은 위해화장품의 공표명령을 받은 영업자가 공표해야 하는 사항이 아닌 회수의무자의 회수계획서에 첨부 돼야하는 사항임.

170. 동물실험이 허용되는 경우가 아닌 것은? ( )

① 사용상의 제한이 필요한 원료에 대하여 사용기준을 지정하는 경우
② 장벽막을 이용한 피부부식 시험법을 실시해야 하는 경우
③ 화장품 수출을 위하여 수출상대국의 법령에 따라 필요한 경우
④ 화장품원료에 대한 위해평가를 하기 위해 필요한 경우
⑤ 동물대체시험법이 존재하지 않아 동물실험이 필요한 경우

→해설 2번은 동물대체시험법으로 동물실험을 대체할 수 있는 경우임.

171. 다음 중 품질보증과 관련이 없는 것은? ( )

① 유통판매
② 불만처리
③ 제품회수
④ 변경관리
⑤ 일탈

→해설 유통판매는 제조·수입·판매 등의 금지에 해당함. 품질보증에는 일탈, 불만처리, 제품회수, 변경관리, 내부감사, 문서관리, 위탁관리, 폐기물처리, 기준일탈, 교육훈련이 있음.

Answer 169. ⑤ 170. ② 171. ①

172. 계면활성제에 대한 설명으로 옳지 않은 것은?(　)

① 친수부가 (+)전하를 띠면 양이온(cationic) 계면활성제이다.
② 친수부가 (-)전하를 띠면 음이온(anionic) 계면활성제이다.
③ 친수부가 전하를 띠지 않으면 비이온(non-ionic) 계면활성제이다.
④ 계면은 액상과 액상의경계, 고상과 고상의 경계이다.
⑤ 양쪽성 계면활성제는 높은 pH에서 양이온, 낮은 pH에서 음이온 계면활성제가 된다.

→해설　양쪽성계면활성제는 높은 pH에서 음이온, 낮은pH에서 양이온이 됨.

173. 계면활성제의 종류와 기능으로 올바르게 연결된 것은?(　)

① 비이온계면활성제 - 기초화장품
② 양이온계면활성제 -샴푸, 바디워시, 손세정제 등 세정제품
③ 음이온계면활성제 - 헤어컨디셔너, 린스
④ 양쪽성계면활성제 - 파운데이션, 비비크림등 W/Si 제형
⑤ 실리콘계면활성제 - 베이비샴푸, 저자극성 샴푸

→해설　샴푸, 바디워시, 손세정제 등 세정제품 (음이온계면활성제), 헤어컨디셔너, 린스 (양이온계면활성제) 파운데이션, 비비크림등 W/si 제형 (실리콘계면활성제), 베이비샴푸, 저자극샴푸 (양계면활성제쪽성)

174. HLB(Hydrophile Lipophile Balance)에 따른 계면활성제 분류 중 친수형(O/W) 유화제로 분류되는 HLB값은?(　)

① 4~6
② 7~9
③ 8~18
④ 15~18
⑤ 17~21

175. 알코올에 대한 설명으로 옳지 않은 것은?(　)

① 알코올은 R-OH 화학실을 가지는 물질이다.
② 하이드록시기(-OH)기의 숫자에 따라 1가, 2가, 3가 다가알코올로 분류된다.
③ 알킬기의 탄소수가 증가할수록 수용성이 증가하고 유용성이 감소한다.
④ 저급알코올은 발효법, 합성에 의해 생산된다.
⑤ 고급알코올은 우지, 팜유, 야자유에서 생산한다.

→해설　알킬기의 탄소수가 증가할수록 수용성이 감소하고 유용성이 증가함.

Answer　172. ⑤　173. ①　174. ③　175. ③

176. 알코올 중 세틸알코올의 융점(melting point)은?( )

① 24℃
② 37.6℃
③ 49.3℃
④ 58.0℃
⑤ 70.5℃

177. 유지에 대한 설명으로 옳은 것은?( )

① 유지는 알콜과 지방을 합쳐서 부르는 말이다.
② 수분의 증발을 억제하여 보습효과를 줄 수 있다.
③ 글리세린에 결합된 포화지방산의 양이 많으면 오일이 된다.
④ 글리세린에 결합된 불포화지방산의 양이 많으면 오일이 된다.
⑤ 낮은 온도에서 고상으로 변하는 코코넛 오일은 지방이다.

178. 식물성 오일의 특징으로 옳지 않은 것은?( )

① 피부에 대한 친화성이 우수하다.
② 피부흡수가 느리다.
③ 산패되기 쉽다.
④ 무거운 사용감을 준다.
⑤ 무색, 투명하며 특이취가 없다.

→해설 무색, 투명하며 특이취가 없는 것은 광물성오일의 특징임.

179. 다음 중 왁스의 출발물질로 옳지 않은 것은?( )

① 석유화학물질
② 광물
③ 동물성
④ 식물성
⑤ 물

→해설 물 왁스는 지질로서 물이 출발물질은 아님.

180. 다음 중 동물유래 왁스를 모두 고른 것은?( )

| ㄱ. 파라핀 왁스 | ㄴ. 밀납 | ㄷ.라놀린 | ㄹ. 칸데리라 왁스 | ㅁ.폴리에틸렌 |

Answer 176. ③ 177. ② 178. ② 179. ⑤ 180. ③

① ㄱ, ㄴ
② ㄱ, ㄷ
③ ㄴ, ㄷ
④ ㄱ, ㄷ, ㄹ
⑤ ㄴ, ㄹ, ㅁ

181. 탄화수소는 탄소와 수소로만 이루어진 물질이다. 탄화수소에 대한 설명으로 옳지 않은 것은?( )

① 미네랄 오일, 테트롤라튬, 스쿠알란은 화장품에서 오일로 사용된다.
② 폴리부텐류는 끈적거리는 사용감을 준다.
③ 미네랄 오일, 테트롤라튬은 피부에 바르면 폐색막을 형성한다.
④ 폴리부텐류는 천연물질에서 얻을 수 있다.
⑤ 피지의 성분인 스쿠알렌은 산패되기가 쉽다.

→해설 폴리부텐류는 합성에 의해 생성할 수 있음.

182. 실리콘에 대한 설명으로 옳지 않은 것은?

① 실리콘은 고분자 물질이다.
② 규소로 이루어진 물질은 실리콘이라 부른다.
③ 이산화규소로 이루어진 물질은 실리카이다.
④ 실리카에 소량의 금속이 섞여있으면 실리케이트이다.
⑤ 펴발림성이 우수하고 실키한 사용감이 있고 발수성이 있으며 자극이 강하다.

→해설 실리콘은 자극이 없는 무자극성 물질임.

183. 보존제와 관련된 설명 중 옳지 않은 것은?( )

① 미생물의 생육조건을 제거하거나 조절하는 물질을 말한다.
② 파라벤은 안식향산에 결합되는 알데하이드기의 종류에 의해 분류된다.
③ 벤조익애씨드는 pH5.1 이하에서 해리되어 보존능을 상실한다.
④ 벤조익애씨드의 단점을 보완하기 위하여 파라벤이 개발되었다.
⑤ 화장품에 주요한 미생물 오염원은 세균이다.

→해설 파라벤은 안식향산에 결합되는 알킬기에 의해 분류됨.

184. 색소의 분류에 따른 설명으로 옳은 것은?( )

① 염료-물과 오일 등에 녹지 않는 불용성 색소이다.

② 안료 – 물이나 기름, 알코올 등에 용해되는 색소이다.
③ 레이크–물에 녹기 쉬운 염료를 알루미늄 등을 가해 물에 녹지 않게 만든 것이다.
④ 타르색소는 안전성이 높아 눈 주위, 영·유아 제품에 주로 사용된다.
⑤ 타르색소에 해당되는 색소는 안료이다.

→해설 물과 오일 등에 녹지 않는 불용성 색소는 안료이며 물이나 기름, 알코올 등에 용해되는 색소는 염료임. 타르색소는 안정성에 이슈가 있어 눈 주위, 영유아용 제품에 사용할 수 없는 타르색소가 있음. 타르색소에 해당되는 색소는 레이크와 염료임.

185. 향료에 대한 설명으로 옳지 않은 것은?(   )

① 향료는 화장품에서 제품이미지와 제품 특이취 억제를 위해 제형에 따라 1.0~10%까지 사용한다.
② 향료는 종류에 따라 천연향료, 합성향료, 조합향료로 분류된다.
③ 천연향료는 식물성 향료와 동물성 향료로 분류된다.
④ 합성향료는 관능기의 종류에 따라 합성한 향료이다.
⑤ 조합향료는 천연향료와 합성향료를 섞은 향료를 말한다.

→해설 향료는 제형에 따라 0.1~1.0% 까지 사용함.

186. 세정화장품의 설명으로 옳은 것은?(   )

① 클렌징 크림 – 포인트메이크업을 제거하며 오일성분은 미네랄오일, 에스테르 오일이다.
② 클렌징 로션 – 유분량이 매우 많은 크림으로 피지와 메이크업을 피부로부터 제거한다.
③ 클렌징 워터 – 유분량이 클렌징 크림에 비해 적게 포함되어 피부에 부담이 적다.
④ 클렌징 오일 – 비누화 반응에 의해 제조된다.
⑤ 클렌징 티슈 – 포인트 메이크업을 제거하며 부직포와 클렌징액의 조합으로 이루어진다.

→해설 1. 클렌징 오일, 2. 클렌징 크림, 3. 클렌징 로션, 4. 클렌징 폼의 설명임.

187. 색조화장품은 안료의 비율에 따라 분류된다. 다음 중 파운데이션의 안료비율은 몇 %인가?(   )

① 5~7
② 8~10
③ 12~15
④ 16~20

Answer 185. ① 186. ⑤ 187. ③

⑤ 35~40

188. 화장품의 함유 성분별 사용 시 주의 사항 표시 문구로 옳지 않은 것은? ( )

① 과산화수소 및 과산화수소 생성물질 함유제품: 과산화수소를 함유하고 있으므로 눈에 접촉을 피하고 눈에 들어갔을 때는 즉시 씻어낼 것.
② 벤잘코늄클로라이드, 벤잘코늄브로마이드 및 벤잘코늄사카리네이트 함유 제품: 벤잘코늄클로라이드를 함유하고 있으므로 눈에 접촉을 피하고 눈에 들어갔을 시 즉시 씻어낼 것.
③ 실버나이트레이트 함유세품: 실버나이트레이트를 함유하고 있으므로 눈에 접촉을 피하고 눈에 들어갔을 때는 즉시 씻어낼 것.
④ 포름알데하이드 0.05% 이상 검출된 제품: 포름알데하이드를 함유하고 있으므로 이 성분에 과민한 사람은 신중히 사용할 것.
⑤ 알부틴 2%이상 함유 제품: 동일성분을 함유하는 제품의 인체적용시험자료에서 경미한 발적, 피부건조가 보고된 예가 있음.

189. 화장품 사용 시 주의사항 중 공통사항에 해당하지 않는 것은?

① 상처가 있는 부위 등에는 사용을 자제할 것
② 어린이의 손이 닿지 않는 곳에 보관할 것
③ 직사광선을 피해서 보관할 것 화장품 사용 시 또는 사용 후 직사광선에 의하여 이상증상이나 부작용이 있는 경우 전문의 등과 상담할 것
④ 눈에 들어갔을 때에는 즉시 씻어낼 것
⑤ 사용 시 이상증상이 발생할 경우 즉시 사용을 중지할 것

→해설 눈에 들어갔을 경우 즉시 씻어낼 것은 모발용 샴푸의 개별사항임.

190. 화장품의 위해여부 판단 시, 다등급 위해성 화장품의 기준에 해당하지 않는 제품 기준은?( )

① 전부 또는 일부가 변패된 화장품
② 화장품에 사용할 수 없는 원료를 사용한 화장품
③ 병원성 미생물에 오염된 화장품
④ 신고를 하지 아니한 자가 판매한 맞춤형화장품
⑤ 사용기간 또는 개봉 후 사용기간을 위조, 변조한 화장품

→해설 화장품에 사용할 수 없는 원료를 사용한 화장품은 가등급 위해성 화장품임.

Answer   188. ⑤   189. ④   190. ②

191. 위해화장품의 공표해야 하는 사항이 아닌 것은?( )

① 제품명
② 회수대상화장품의 제조번호(맞춤형화장품의 경우 식별번호)
③ 회수사유
④ 사용기한 또는 개봉 후 사용기간
⑤ 회수계획서

→해설 공표 시에는 회수계획서를 공표할 필요는 없음.

192. 다음은 무엇에 대한 설명인가?( )

> 물속에 계면활성제를 투입하면 계면활성제의 소수성에 의해 계면활성제가 친유부를 공기쪽으로 향하여 기체와 액체 표면에 분포하고 표면이 포화되어 더 이상 계면활성제가 표면에 있을 수 없으면 물속에서 자체적으로 친유부가 물과 접촉하지 않도록 계면활성제가 회합하는데 이 회합체가 형성될 때의 계면활성제의 농도

193. A에 알맞은 화장품 원료는 무엇인가?( )

> (A)는 R-COOH화학식을 가지는 물질로 알킬기의 분자량이 큰 것을 말한다.(A)는 유화제형에서 에멀전 안정화에 주로 사용되며 폼클렌징 에서는 가성소다 혹은 가성가리와 비누화 반응하는 데 사용된다.

194. 다음 ( )안에 알맞은 말은?( )

> 화장품제품에 문제가 발생하여 회수해야하는 회수의무자는 위해등급의 어느 하나에 해당하는 화장품에 대하여 회수대상화장품이라는 사실을 안 날부터 (A)일 이내에 회수계획서를 서류를 첨부하여 (B)에게 제출하여야 한다.

195. 다음 ( )안에 알맞은 말은?( )

> 화장품 회수의무자는 문제가 발생한 화장품을 회수할 경우 등급별 회수기한이 정해져 있다. 위해성 등급이 가등급인 화장품인 경우 회수를 시작한 날부터 (A)일 이내, 위해성 등급이 나등급 또는 다등급인 화장품은 회수를 시작한 날부터 (B)일 이내이다.

Answer
191. ⑤ 192. 임계미셀농도 193. 고급지방산 194. (A) 5일, (B)지방식품의약품안전청장
195. (A) 15일, (B) 30일

196. 위해화장품의 경우 위해화장품의 공표명령을 받은 영업자는 지체 없이 위해 발생 사실 또는 법률이 지정하고 있는 사항을 공표하여야 한다. 다만, 회수의무자가 어떠한 경우에는 이를 생략할 수 있다. 이 경우는 어떠한 경우인가?

197. 다음 중 계면활성제의 종류로 알맞지 않은 것은?(　　)

　① 비이온
　② 양이온
　③ 음이온
　④ 실리콘계
　⑤ 화학합성계

→해설　계면활성제의 종류로는 비이온, 양이온, 음이온, 양쪽성, 실리콘계, 천연계면활성제 등이 있음.

198. 다음 중 알코올에 대한 설명으로 옳지 않은 것은?(　　)

　① 알코올은 R-OH 화학식을 가지는 물질이다.
　② 하이드록시기의 숫자에 따라 1가, 2가, 3가로 분류된다.
　③ 탄소 수가 3개 이하이면 수용성이다.
　④ 탄소 수가 증가할수록 수용성이 감소하고 유용성이 증가된다.
　⑤ 탄소 수가 많은 것을 저급알코올이라고 한다.

→해설　탄소 수가 적은 알코올은 저급알코올이라 하며 탄소 수가 많은 알코올은 고급알코올이라고 함.

199. 다음은 무엇에 대한 설명인가?(　　　　　　)

> 오일과 지방을 합쳐서 부르는 말로 탄소수가 많은 고급지방산의 글리세린 에스테르로 피부를 부드럽게 하는 유연제로 사용되며 수분의 증발도 억제하여 보습효과를 준다.

200. 다음 중 식물성 오일에 대한 설명으로 옳지 않은 것은?(　　)

　① 피부에 대한 친화성이 우수하다.
　② 피부흡수가 빠르다.
　③ 산패되기가 쉽다.
　④ 특이취가 존재한다.
　⑤ 무거운 사용감이 든다.

Answer　196. 회수대상화장품의 회수를 완료한 경우　197. ⑤　198. ⑤　199. 유지(oil and fat)　200. ②

→해설 유지 중에서 식물성 오일은 피부흡수가 느린 특징을 가지고 있음.

201. 다음 왁스의 분류 중에서 석유화학 유래인 것은?( )

① 밀납
② 라놀린
③ 몬탄왁스
④ 제팬왁스
⑤ 파라핀왁스

→해설 동물 유래 왁스는 밀납, 라놀린, 경납 등은 동물유래 왁스이며 카르나우바왁스, 칸데리라왁스, 제팬왁스 등은 식물유래 왁스임. 오조케라이트, 세레신, 몬탄왁스 등은 광물유래 왁스임.

202. HLB는 비이온계면활성제의 친수와 친유의 정도를 일정범위 내에서 계산에 의해 표현한 값이다. HLB에 따른 분류에서 HLB값과 용도가 옳지 않은 것은?( )

① HLB값 4~6은 친유형 유화제로 사용된다.
② HLB값 7~9는 분산제, 습윤제로 사용된다.
③ HLB값 8~18은 친수성 가용화제로 사용된다.
④ HLB값 15~18은 가용화제로 사용된다.

→해설 HLB값 8~18의 용도는 친수성 유화제로 사용됨.

203. 다음은 점증제에 대한 설명이다. ( )에 알맞은 말은?( )

> 에멀전의 안정성을 높이기 위해 외상의 점도를 증가시키는데 이 때 사용되는 것이 점증제이며 ( )과 합성으로 분류하고 ( )은 그 출발물질에 따라 식물성, 광물성, 동물성, 미생물유래로 분류하고 있다.

→해설 점증제의 분류는 크게 천연과 합성으로 나눌 수 있음. 천연점증제는 식물성, 미생물유래, 동물성, 광물성으로 나누어짐.

204. 점증제의 분류 중에서 합성, 즉 석유화학유래의 원료로 옳지 않은 것은?( )

① 폴리아크릴릭애씨드
② 아크릴레이트/C10~30
③ 알킬아크릴레이트크로스폴리머/C10~30
④ 소듐폴리아크릴레이트
⑤ 마그네슘알루미늄실리게이트

Answer 201. ⑤ 202. ③ 203. 천연 204. ⑤

→해설 석유화학유래의 원료로는 폴리아크릴릭애씨드, 아크릴레이트/C10~30, 알킬아 크릴레이트 크로스폴리머/C10~30, 소듐폴리아크릴레이트, 폴리아크릴아마이드가 있으며, 마그네슘알루미늄실리게이트는 천연의 광물성 원료임.

205. 다음은 보습제에 대한 설명이다. (   )에 알맞은 말은?(   )

> 피부의 수분량을 증가시켜주고 수분손실을 막아주는 역할을 하는 보습제는 분자 내에서 수분을 잡아당기는 친수기가 주변으로부터 물을 잡아당기어 (   )을 형성하여 수분을 유지시켜주는 휴멕턴트와 폐색막을 형성하여 수분증발을 막는 폐색제가 있다.

206. 다음 중 보존제의 특징으로 옳지 않은 것은?(   )

① 미생물의 생육조건을 조절한다.
② 미생물의 성장을 억제한다.
③ 화장품의 주요한 미생물으로는 대장균, 녹농균 등이 존재한다.
④ 벤조익애씨드가 pH5.1 이하에서 해리되어 보존능을 상실하는 장점을 보완하기 위하여 파라벤이 개발되었다.
⑤ 포름알데히드 계열의 보존제로 디엠디엠하이단토인, 엠디엠하이단토인 등이 존재한다.

→해설 보존제 중에서 벤조익애씨드가 pH5.1 이하에서 해리되어 보존능을 상실하는 단점을 보완하기 위하여 파라벤이 개발되었음.

207. 다음 중 색소의 분류로 옳지 않은 것은?(   )

① 염료
② 레이크
③ 안료
④ 분말색소
⑤ 천연색소

→해설 색소의 분류에는 염료, 레이크, 안료, 천연색소 등이 있음.

208. 다음 중 염료의 기능으로 옳지 않은 것은?(   ).

① 물이나 기름, 알코올에 용해되어 사용된다.
② 기초용화장품에서 제형에 색상을 나타내고자 할 때 사용한다.
③ 색조화장품에서는 립틴트에 주로 사용된다.
④ 물과 오일 등에 녹지 않는 불용성 색소로 빛, 산, 알칼리에 안정하다.
⑤ 방향용화장품 제형에 색상을 나타내는 데 사용한다.

Answer 205. 수소결합 206. ④ 207. ④ 208. ④

→해설 4번은 무기안료에 대한 설명임.

209. 다음 (　)에 알맞은 말은?(　)

> 색조화장품에서 사용되는 안료는 파우더의 사용감과 제형을 구성하는 기능의 (　)와 색을 표현하는 백색안료, 착색안료, 펄안료로 구분할 수 있다.

210. 다음 중 체질안료의 원료 중에서 펄효과와 화사함을 주는 특징을 가진 원료가 아닌 것은?(　)

① 카올린
② 세리사이트
③ 칼슘카보네이트
④ 마그네슘카보네이트
⑤ 마이카

→해설 체질안료 중에서 펄효과와 화사함을 주는 특징을 가진 원료는 세리사이트, 칼슘카보네이트, 마그네슘카보네이트, 마이카가 있으며, 카올린은 체질안료이지만 벌킹제로 작용함.

211. 다음 중 향료에 대한 설명으로 옳지 않은 것은?(　)

① 향료는 화장품에서 제품 이미지를 만들어 준다.
② 향료는 화장품에서 제형에 따라 1~5%까지 사용된다.
③ 원료 특이취 억제를 위해 사용된다.
④ 식물 등에서 향을 추출하는 방법으로 냉각 압착법, 수증기 증류법, 흡착법, 용매추출법이 있다.
⑤ 천연향료, 합성향료, 조합향료로 분류된다.

→해설 향료는 화장품에서 제형에 따라 0.1~1%까지 사용됨.

212. 다음은 무엇에 대한 설명인가?(　)

> - 피부를 곱게 태워주거나 자외선으로부터 피부를 보호하는 데 도움을 주는 제품.
> - 피부의 미백에 도움을 주는 제품.
> - 피부의 주름개선에 도움을 주는 제품.
> - 모발의 색상을 변화시키는 기능을 가진 제품.
> - 체모를 제거하는 기능을 가진 제품.
> - 여드름성 피부를 완화하는 데 도움을 주는 제품.
> - 탈모 증상의 완화에 도움을 주는 제품.

Answer 209. 체질안료 210. ① 211. ② 212. 기능성화장품

213. 다음 중 기초화장품의 종류와 기능이 옳지 않은 것은?( )

① 유액 : 세안 후, 피부에 유분과 수분을 공급
② 영양크림 : 피부 혈행촉진
③ 화장수 : 각질층 수분 공급, 피부 pH 회복, 모공 수축, 피부 정돈
④ 영양액 : 보습성분과 영양성분이 농축되어 피부에 수분과 영양을 공급

→해설   영양크림은 천연피지막의 회복을 돕고, 피부를 외부환경으로부터 보호, 피부의 생리기능을 도와 줌. 피부 혈행촉진은 마사지크림의 기능임.

214. 다음 중 세정화장품의 종류로 옳지 않은 것은?( )

① 클렌징 크림
② 샴푸
③ 컨디셔너, 린스
④ 페이셜 스크럽제
⑤ 에센스

→해설   세정화장품의 종류로는 클렌징 종류와 샴푸, 컨디셔너, 린스, 바디와시, 손세정제, 페이셜 스크럽제 등이 있음.

215. 다음 중 화장품 사용제한 원료로 옳은 것은?( )

① 글루타랄
② 중추신경계에 작용하는 교감신경흥분성 아민
③ 징크피리치온
④ 메텐아민
⑤ 글리세린

→해설   중추신경계 등 신경계에 작용하는 원료는 화장품에 이용될 수 없음. 글루타랄, 징크피리치온, 메텐아민은 사용한도가 정해져 있는 원료이지만 사용 가능한 원료임.

216. 다음 설명은 어느 팀(부서)에서 진행되는 상황인지 ( )에 알맞은 말을 쓰시오.
(   )

( )에서 실시한 실험결과가 설정된 완제품 시험기준에서 벗어난 경우로 기준일탈이 발생하면 이 원인을 시험자, 검체채취방법, 시험방법 등에서 조사하게 되며 재시험, 재검체채취가 이루어지게 된다. 재시험, 재검체채취 이후에도 그 원인이 밝혀지지 않아 기준일탈이 확정되면 제품은 부적합으로 판정된다. 부적합 판정된 제품은 부적합 라벨

Answer   213. ②   214. ⑤   215. ②   216. 품질관리팀

이 부착되며, 부적합 보관소에서 폐기시까지 보관된다. 일탈과 동일하게 부적합의 원인을 찾고 시정 및 예방조치를 실시하여 도일한 부적합의 재발을 방지하게 된다.

217. 다음 중 교육훈련에 대한 설명으로 옳지 않은 것은?( )

① 화장품 제조 및 품질관리에 대한 교육훈련은 정기적으로 실시된다.
② 기준사원과 신입사원을 구분하여 교육프로그램을 작성해야 한다.
③ 연간교육계획에는 제조위생교육이 2회 이상 있는 것이 권장된다.
④ 교육관련 규정이 작성되어야 하며 교육기록이 유지되어야 한다.
⑤ 교육훈련 후에는 평가를 실시하고 평가를 통과하지 못한 교육참석자는 재시험을 봐야 한다.

→해설 교육훈련 중 연간교육계획에는 제조위생교육이 최소 1회 이상 있는 것이 권장됨.

218. 폐기물처리에 대한 설명으로 옳지 않은 것은?( )

① 품질에 문제가 있거나 회수, 반품된 제품의 폐기 또는 재작업 여부는 품질보증 책임자에 의해 승인되어야 한다.
② 재입고할 수 없는 제품의 폐기처리규정을 작성하여야 한다.
③ 변질, 변패 또는 병원미생물에 오염되지 않은 경우 다시 확인하여 재작업 하여야 한다.
④ 제조일로부터 3년이 경과하지 않았거나 사용기한이 3년 이상 남아있는 경우 다시 확인하여 재작업 해야 한다.
⑤ 각 작업실 및 시험실별로 발생하는 폐기물을 규장하고 그 보관 및 처리방법에 대해 규정한다.

→해설 폐기물 처리 시 제조일로부터 1년이 경과하지 않았거나 사용기한이 1년 이상 남아있는 경우 다시 확인하여 재작업 해야 함.

219. 다음 위탁관리 시 수탁업체의 데이터 중 유지되지 않아도 되는 데이터는?( )

① 계약 수행능력평가기록
② 제조기록
③ 시험기록
④ 점검기록
⑤ 청소기록

→해설 위탁관리 시 수탁업체의 제조기록, 시험기록, 점검기록, 청소기록 등이 유지되어 위탁업체에서 이용가능한지 확인함.

Answer 217. ③ 218. ④ 219. ①

220. 다음은 무엇에 대한 설명인가?( )

> 제조업자는 제조한 화장품이 위해 우려가 있다는 사실을 알게 되면 지체 없이 회수에 필요한 조치를 하여야 한다.

221. 다음 중 제품회수 시 회수 책임자를 두지 않아도 되는 상황은?( )

① 회수과정에 대한 제조판매업자와의 조정역할
② 결함 제품의 회수 및 관련 기록 보존
③ 회수된 제품의 확인 후 격리보관 조치
④ 회수과정의 주기적인 관리
⑤ 불만제품 결함의 경향을 파악

→해설 제품회수 시 책임자는 회수과정에 대한 제조판매업자와의 조정역할과 결함 제품의 회수 및 관련 기록 보존, 회수된 제품의 확인 후 격리보관 조치, 회수과정의 주기적인 관리를 하게 됨.

222. 다음 ( )안에 알맞은 말을 순서대로 바르게 짝지은 것은?( )

> 한 분자 내에 친수성 부분과 소성성 부분이 있는 물질로 (ㄱ)라고 부른다. (ㄱ)의 종류로는 피부 자극이 적고 기초 화장품류에서 유화제로 사용되는 (ㄴ)이/가 있으며 세정력이 우수하며 기포형성작용을 하는 (ㄷ)이/가 있으며 살균 소독 작용이 있고 대전방지효과로 모발에 대한 컨디셔닝 효과가 있는 (ㄹ) 등등 여러가지 종류가 있다.

① ㄱ-계면 활성제 ㄴ-비이온계면활성제 ㄷ-양이온계면활성제 ㄹ-음이온계면활성제
② ㄱ-계면 활성제 ㄴ-비이온계면활성제 ㄷ-음이온계면활성제 ㄹ-양이온계면활성제
③ ㄱ-계면 활성제 ㄴ-양쪽성계면활성제 ㄷ-음이온계면활성제 ㄹ-양이온계면활성제
④ ㄱ-계면 활성제 ㄴ-양쪽성계면활성제 ㄷ-양이온계면활성제 ㄹ-음이온계면활성제
⑤ ㄱ-계면 활성제 ㄴ-천연계면활성제 ㄷ-양쪽성계면활성제 ㄹ-양이온계면활성제

→해설 계면활성제는 친수성과 소수성 부분이 한 분자 내에 있는 분자를 말하며 비이온 계면활성제는 피부자극이 적고 기초 화장품의 가용화제나 유화제로 많이 사용됨. 양이온계면활성제는 살균과 소독 작용이 있으며 대전 방지 효과 있어 모발 컨디셔닝 제품에 주로 사용됨. 음이온계면활성제는 세정력이 우수하고 기포형성작용이 있어 세정제품에 주로 사용되며 양쪽성계면활성제는 피부자극이 적지만 세정작용이 있음. 그 외에도 실리콘 천연계면활성제가 존재함.

223. 다음은 무엇에 대한 설명인가?( )

> 친수성 부분과 소수성 부분이 같이 한 분자 내에 존재하며 이것이 물(수상)을 만나서 동그랗게 모이는 구조

Answer 220. 제품회수 221. ⑤ 222. ② 223. 미셀구조

→해설 미셀구조는 계면활성제의 특징이며 수상을 만나면 친수성 부분이 밖으로 향하여 동그랗게 모이는 구조를 미셀구조라고 하고 유상을 만나는 경우 소수성 부분이 밖을 향하여 동그랗게 모이는 구조를 역미셀 구조라고 함. 미셀 구조를 활용하여 다양한 화장품을 만들 수 있음.

224. 고급 지방산에 대한 설명으로 옳지 않은 것은?( )

① R-COOH의 구조식을 가진다.
② 탄소 사이의 결합에 이중결합이 있으면 포화 지방산이라고 한다.
③ 탄소 수가 10개 이상이면 고급 지방산이라 한다
④ 고급 지방산의 경우 에멀젼 안정화에 주로 사용된다.
⑤ 폼 클렌징에서 가성소다와 비누화 반응을 한다.

→해설 고급 지방산은 탄소 수가 6개 이상이면 고급 지방산으로 분류함.

225. 다음은 무엇에 대한 설명인가?( )

무색에 투명하며 특이취가 없으며 산패하지 않는다. 또한 유성감이 강하여 폐쇄막을 형성하여 피부호흡을 방해하는 오일

① 시어버터
② 아보카도 오일
③ 실리콘 오일
④ 미네랄 오일
⑤ 난항 오일

→해설 문제는 광물성 오일에 해당하는 설명임. 유지 중에서 시어버터는 지방이고 아보카도 오일은 식물성 오일, 난항 오일은 동물성 오일에 해당함. 유지의 특징은 피부에 대한 친화성이 뛰어나고 산패되기 쉬우며 특이취가 있고 무거운 사용감이 있음. 여기서 차이점은 피부 흡수인데 식물성 오일은 피부 흡수가 느리지만 동물성 오일은 피부 흡수가 빠름. 실리콘 오일은 합성 오일에 해당하며 산패하지 않고 가벼운 사용감을 가짐.

226. 다음 ( )에 들어갈 알맞은 말은?( )

피지의 주성분인 (A)는 분자식이 C30H50이다. 4개의 이중결합을 가지고 있어 산패되기가 쉬워 이중결합에 수소를 결합시켜 단일 결합으로 만들어 포화 상태로 변경한 (B)은 분자식이 C30H62이 화장품 오일에 사용된다.

Answer
224. ③ 225. ④ 226. (A) 스쿠알렌, (B)스쿠알란

제2과목 화장품 제조 및 품질관리

227. 동물유래 왁스 중에서 향유고래에 얻어지는 왁스는?(   )

① 리놀린
② 카르나우바왁스
③ 경납
④ 세레신
⑤ 밀납

→해설 라놀린은 양피지선, 밀납은 벌집에서 유래된 동물유래 왁스이며 세레신은 오조케라이트라는 광물 유래 왁스임. 카르나우바왁스는 야자유에서 얻어지는 식물 유래 왁스임.

228. 에멀전의 안정성을 높이기 위해 외상의 점도를 증가시키는 데 사용되는 것으로 그 유래가 식물성이며 해초 추출물이 아닌 것은?(   )

① 알진
② 한천
③ 카라기난
④ 잔탄검
⑤ 알리제이트

→해설 잔탄검은 미생물 유래의 다당류에 해당함.

229. 일반적으로 무기자차 선크림을 제조할 때 주로 사용하는 성분으로 해당하는 것을 모두 고르시오(2개)

① 디메칠설페이트
② 징크옥사이드
③ 쿠마린
④ 징크피리치온
⑤ 티타늄디옥사이드

→해설 디메칠설페이트는 사용 불가능한 원료임. 쿠마린은 착향제의 성분으로서 알레르기 유발 성분이며 징크피리치온은 비듬 및 가려움을 해소하기 위한 성분으로 주로 샴푸와 린스에 사용됨.

230. 다음에 설명한 내용에 해당 되지 않는 것은?(   )

> 분자 내에 하이드록실기(-OH)를 가지고 있으며 이 하이드록실기의 -H를 다른 물질에게 주어서 다른 물질을 환원시켜 산화를 막는 물질

Answer   227. ③ 228. ④ 229. ②, ⑤ 230. ⑤

① BHT
② 유비퀴논
③ BHA
④ 이데베논
⑤ 디소듐이디티에이

→해설   디소듐이디티에이(disodium EDTA)는 금속이온봉쇄제로서 칼슘과 철 등과 같은 금속이온이 작용할 수 없도록 격리하여 제품의 향과 색상이 변하지 않도록 막고 보존능을 향상 시키는 데 도움을 주는 물질로서 0.03~0.10% 사용됨.

231. 색소에 대한 설명으로 옳지 않은 것은?(   )

① 염료, 안료, 천연색소로 분류된다.
② 안료는 물이나 기름에 녹지 않는 불용성 색소이다.
③ 천연색소에는 라이코펜, 커큐민, 타르색소 등이 포함된다.
④ 염료는 물이나 기름, 알코올 등에 용해되어 기초용 및 방향용으로 사용된다.
⑤ 무기자차 선크림에 사용되는 징크옥사이드는 백색안료이다.

→해설   타르색소는 합성색소임.

232. 다음은 무엇에 대한 설명인가?(   )

타르색소를 기질에 흡착, 공침 또는 단순한 혼합물이 아닌 화학적 결합에 의하여 확산시킨 색소를 말한다. 물에 녹기 쉬운 염료를 알루미늄 등의 염 등을 가하여 물에 녹지 않는 불용화 시킨 유기안료

→해설   유기안료로서 색상과 안정성이 안료와 염료의 중간 정도임.

233. 색조 화장품에서 사용되는 안료는 파우더의 사용감과 제형을 구성하는 시능(bulking agent)의 체질 안료와 색을 표현하는 백색안료, 착색안료, 펄안료로 구분할 수 있다. 이중에서 체질 안료로서 부드러운 펴발림성이 좋고 사용감(silk feeling)을 나타내는 것은?(   )

① 탤크
② 실리콘
③ 마이카
④ 티타네이티드마이카
⑤ 레이크

→해설   부드러운 사용감을 나타내는 것은 실리콘이며 탤크는 체질안료이며 벌킹제로 사용됨. 마이

Answer   231. ③   232. 레이크(lake)   233. ②

카는 체질안료이며 펄효과 및 화사함을 나타냄. 티타네이티드마이카는 펄 안료로서 진주광택을 마지막으로 레이크는 착색안료로서 유기계의 합성 안료이며 색상으로서 작용을 함.

234. 향료를 추출하는 방법 중에서 우지나 돈지에 꽃을 흡착시켜서 추출하는 방법으로 옳은 것은?( )

① 냉침법
② 냉각 압착법
③ 수증기 증류법
④ 용매 추출법
⑤ 초임계추출법

→해설 우지나 돈지에 꽃을 흡착하여 향을 추출하는 방법은 흡착법임. 흡착법의 종류로는 냉침법, 온침법이 있음. 냉각압착법은 누르는 압착에 의해서 추출하며 주로 오렌지나 레몬과 같은 시트러스 계열의 추출에 이용함. 수증기 증류법은 수증기를 동반하여 증류, 향료성분의 끓는 점 차이를 이용한 방법이며 주로 라벤더나 페퍼민트 오일 등을 사용함. 용매추출법은 열에 불안정한 향을 추출할 때 사용되며 휘발성 용매를 이용하여 향성분을 추출하는 것임.

235. 다음은 천연 향료 중 무엇을 가리키는가?( )

> 실온에서 콘크리트, 포마드 또는 레지노이드를 에탄올로 추출하여 향을 지닌 생성물

① 올레오레진
② 앱솔루트
③ 발삼
④ 에센셜오일
⑤ 팅크쳐

→해설 올레오레진은 주로 휘발성이며 수지 성분으로 이루어진 삼추출물이며 솔올레오르진이 대표적임. 발삼은 benzoic 또는 cinnamic 유도체를 함유하고 있는 천연 올레오르진이며 페루발삼, 토르발삼, 벤조인, 스타이랙스가 대표적임. 에센셜오일은 수증기 증류법이나 냉각압착법, 건식증류법으로 생성된 식물성 원료로부터 얻은 생성물이며 정유라고도 함. 로즈 페퍼민트 오일, 라벤더 오일 등이 있음. 팅크쳐는 천연 원료를 다양한 농도의 에탄올에 침지시켜 얻은 용액으로 벤조인 팅크쳐 등이 있음.

236. 활성 성분은 화장품 성분 중에서 향균, 미백, 주름개선 등에 도움을 주는 것을 말한다. 그중에서 미백의 기능으로 티로시나제를 억제하는 효과를 가지는 성분은? ( )

① 덱스판테놀

Answer 234. ① 235. ② 236. ④

② 알란토인
③ 클림바졸
④ 알부틴
⑤ 레티놀

→해설 덱스 판테놀은 탈모증상을 완화하는 효과가 있고 알란토인 자극 완화 및 상처 치유 효과가 있음. 클림바졸은 비듬 억제 효과를 가지고 레티놀은 지용성이며 주름개선 효과가 있음.

237. 다음 (   )안에 들어갈 알맞은 말은?(   )

> 다른 계면 활성제와 복합물을 이루면서 피부 표면에 라멜라 상태로 존재하여 피부의 수분을 유지시켜주는 역할을 한다

238. 색조 화장품은 베이스와 포인트 메이크업으로 구별되는데 이중 베이스 메이크업의 설명으로 옳지 않은 것은?(   )

① 베이스메이크업은 기초화장이라고도 한다.
② 베이스메이크업의 종류에는 쿠션, 파운데이션 등이 포함되며 파우더류는 포함되지 않는다.
③ 메이크업베이스의 역할은 인공피지막을 형성하여 피부를 보호한다.
④ 안료가 5~7% 정도가 함유되는 것의 종류로는 메이크업베이스와 비비크림 쿠션이 있다.
⑤ 안료가 14~20% 정도가 함유되는 것은 스킨커버이다.

→해설 파우더도 베이스메이크업 제품으로 사용되며 안료가 98~99%가 사용됨. 피부의 땀이나 피지를 흡착이나 억제시켜서 화장붕괴를 예방하고 빛을 난반사하여 피부를 화사하게 표현하게 해줌.

239. 화장품에 사용할 수 없는 원료로서 세정 및 각질제거 증에 남아있는 5mm 크기 이하의 고체 플라스틱을 말하며 최근 환경오염으로 문제를 일으키는 성분은 무엇인가?
(   )

240. 착향제의 구성성분 중에서 알레르기 유발성분이 아닌 것은?(   )

① 쿠마린
② 리나롤
③ 파네솔

Answer 237. 세라마이드 238. ② 239. 미세플라스틱 240. ⑤

④ 참나무이끼추출물
⑤ 알부틴

→해설 알부틴은 알레르기 유발 성분이 아니며 미백 효과를 가진 성분임.

241. 화장품 관리사항 중 화장품 취급 및 보관 방법에 대한 설명으로 옳지 않은 것은? ( )

① 화장품 원료 및 벌크제품 등의 취급 및 보관 방법은 CGMP의 제 13조와 19조에서 규정을 준수한다.
② 원자재, 반제품, 벌크제품은 나쁜 영향을 미치지 않는 조건에서 보관하여야 하며 보관기간을 설정해야 한다.
③ 원자재, 반제품, 벌크제품은 벽에 바닥과 벽에 닿지 않게 보관한다.
④ 원료가 재포장 될 때는 같은 기존의 용기와 라벨링을 하지 않아도 된다.
⑤ 주기적인 재고조사가 필요하다.

→해설 원료 및 포장재가 재포장 될 때는 기존의 용기와 같은 용기에 동일한 라벨링을 해야 함.

242. 화장품 보관 및 출고에 대한 사항 중에서 파레트에 적재된 모든 완제품에 표시될 사항이 아닌 것은?( )

① 명칭 또는 확인코드
② 품질유지를 위한 보관조건
③ 제품의 무게
④ 제품번호
⑤ 불출상태

→해설 제품의 무게는 적지 않아도 되는 사항임.

243. 화장품 사용 시의 주의사항 중에서 개별사항이 아닌 것은?( )

① 모발용 샴푸는 사용 후 씻어내지 않으면 탈모 및 탈색의 원인이 된다.
② 외음부 세정제는 정해진 용량을 지켜서 사용해야 한다.
③ 알파 하이드록시애시드 즉 AHA는 자외선차단제와 사용하면 안 된다.
④ 고압가스를 사용하지 않는 분무형 제품들은 얼굴에 직접 사용하지 말고 손에 덜어 사용한다.
⑤ AHA 성분이 10%이상이면 꼭 표시를 해야 한다.

→해설 AHA는 햇빛에 의한 피부 감수성을 증가시킬 수 있어서 자외선차단제와 함께 사용함.

Answer
241. ④ 242. ③ 243. ③

244. 위해사례 판단 및 보고에서 위해여부 판단이 아닌 것은?( )

① 위해여부 판단은 가, 나, 다 등급으로 나눈다.
② 가등급은 화장품에 사용할 수 있는 원료를 사용한도 이상을 포함한 제품
③ 나등급은 화장품에 사용할 수 없는 원료를 사용한 화장품
④ 나등급은 기능성 효과를 나타내는 주원료 함량이 기준치에 미달하는 화장품
⑤ 다등급은 맞춤형화장품조제관리사를 두지 않고 판매한 맞춤형화장품

→해설 화장품에 사용할 수 없는 원료를 사용한 화장품은 가등급에 해당함.

245. 다음 중 판매 금지 사유에 해당하는 것은?( )

① 영업 등록을 하지 않는 자가 화장품 제조 또는 수입하여 유통 및 판매를 하는 경우
② 맞춤형 화장품판매업의 신고를 하지 않고 맞춤형 화장품을 판매하는 경우
③ 맞춤형화장품조제관리사 자격증을 가지지 않으면 화장품 내용물을 소분 판매하는 경우
④ 화장품 표시 및 기재 사항을 훼손 또는 위조 변조하는 경우
⑤ 기능성 화장품 심사를 받지 않고 보고서를 제출하지 않는 기능성 화장품을 판매하는 경우

→해설 5번은 영업 금지 사유에 해당함.

246. 제조업자가 제조한 화장품이 위해 우려가 있다는 사실을 알게 되어 제품을 회수하는 것을 가리키는 말은?

① 일탈
② 리콜
③ 불만처리
④ 변경관리
⑤ 내부감사

→해설 일탈은 생성 공정 중에서 일탈이 발생하면 품질 보증자의 승인을 받아 조치 즉 재작업이나 재처리 폐기 등의 일탈을 조치를 하고 일탈 발생부서는 시정 및 예방조치를 취해야 함. 불만처리의 경우 제품에 대한 모든 불만을 취합하고 제기된 불만을 신속하게 조사 조치를 취하고 모든 사항을 기록하고 유지해야 함. 변경관리는 제품 품질에 영향을 주는 원자재 및 제조공정들을 변경할 경우 이를 문서화 하고 품질보증책임자의 승인 아래 이뤄져야 활동임. 내부검사는 품질보증체계가 계획된 사항에 부합한지 주기적인 검사를 실시하고 내부감사 계획 및 실행에 관한 문서화된 절차를 수립하고 유지해야 함.

Answer 244. ② 245. ⑤ 246. ②

247. 다음 중 계면활성제의 종류와 그 적용제품이 잘못 짝지어진 것은?.

① 비이온 - 기초화장품
② 양이온 - 베이비샴푸
③ 음이온 - 샴푸, 바디워시, 손세척제
④ 실리콘계 - 파운데이션, 비비크림
⑤ 천연 - 기초화장품

→해설 양이온 계면활성제는 살균·소독작용이 있고 대전방지효과와 모발에 대한 컨디셔닝 효과가 있어서 헤어컨디셔너, 린스 등의 제품에 사용됨. 양쪽성 계면활성제는 피부자극이 적고 세정 작용이 있어서 베이비샴푸, 저자극샴푸 등의 제품에 사용됨.

248. 고급알코올의 원료명과 화학구조식이 바르게 짝지어진 것은?( )

① 에틸알코올 - $C_2H_{50}H$
② 이소프로필알코올 - $C_5H_{80}H$
③ 라우릴알코올 - $C_{18}H_{370}H$
④ 미리스틸알코올 - $C_{12}H_{250}H$
⑤ 베헤닐알코올 - $C_{14}H_{290}H$

→해설 이소프로필알코올 - $C_3H_{70}H$, 라우릴알코올 - $C_{12}H_{250}H$, 미리스틸알코올 - $C_{14}H_{290}H$, 베헤닐알코올 - $C_{22}H_{450}H$

249. 다음 유지에 관한 설명 중 옳지 않은 것은?( )

① 피부를 부드럽게 하는 유연제로 사용된다.
② 수분의 증발을 억제하여 보습효과를 준다.
③ 식물성 오일의 특징은 피부흡수가 빠르고 사용감이 가볍다.
④ 합성오일은 산패되지 않고 사용감이 가볍다
⑤ 탄소수가 증가할수록 지방에 가까워진다.

→해설 식물성 오일은 피부에 대한 친화성이 우수하지만 피부흡수가 느리고 산패되기 쉬우며 특이 취가 있고 사용감이 무거움. 반면 동물성 오일은 피부흡수가 빠르고 사용감이 무거움.

250. 다음 중 점증제의 출발물질과 원료가 바르게 짝지어진 것은?.

ㄱ. 나무삼출물, 나무레진 - 아라비아고무나무검, 가티검
ㄴ. 종자추출물 - 알진, 아가검
ㄷ. 과일추출물 - 펙틴

Answer 247. ② 248. ① 249. ③ 250. ④

ㄹ. 다당류 - 잔탄검, 덱스트란
ㅁ. 해초추출물 - 구아검, 로커스트검

① ㄱ, ㄴ, ㄷ
② ㄴ, ㄷ, ㄹ
③ ㄱ, ㄴ, ㅁ
④ ㄱ, ㄷ, ㄹ
⑤ ㄷ, ㄹ, ㅁ

→해설 ㄴ. 종자추출물 - 구아검, 로커스트검, 퀸스시드검, 실리엄시드검, 타마린드씨검
ㅁ. 해초추출물 - 카라기난, 알진 알리제이트, 아가검

251. 다음 실리콘에 관한 설명 중 옳지 않은 것은?( )

① 구성원소에는 Si, O, C, H 가 있다.
② 실리콘은 고분자 물질이고 실리콘(silicon)은 이산화규소이며, 실리카(silica)는 규소이다.
③ 퍼발림성이 우수하고 발수성, 광택, 콘디셔닝, 무독성, 무자극성의 특성으로 기초 화장품, 색조 화장품 등에서 널리 사용된다.
④ 실리케이트는 실리카에 소량의 금속이 섞여 있는 물질이다.
⑤ 실리콘은 실록산 결합을 가지는 화합물이다

→해설 실리콘은 고분자 물질이고 실리콘(silicon)은 규소이며, 실리카(silica)는 이산화규소임.

252. 다음 중 산화방지제가 아닌 것은?( )

① EDTA
② BHT
③ TBHQ
④ BHA
⑤ 코엔자임Q10

→해설 EDTA(ethylenediaminetetraacetic acid)는 금속이온 봉쇄제로 칼슘과 철 등과 같은 금속이온이 작용할 수 없도록 격리하여 제품의 향과 색상이 변하지 않도록 막고 보존능을 향상시키는 데 도움을 주는 물질임.

제2과목 화장품 제조 및 품질관리

253. 다음 향료에 관한 내용 중 옳지 않은 것은?( )

① 제품의 이미지와 원료 특이취 억제를 위해 제형에 따라 0.1~1.0%까지 사용된다.
② 냉각 압착법은 시트러스 계열의 향료추출에 사용된다.
③ 에센셜 오일은 신선한 식물성 원료를 수용매로 추출하여 얻은 콘크리트 추출물이다.
④ 팅크처는 천연원료를 다양한 농도의 에탄올에 침지시켜 얻은 용액이다.
⑤ 용매추출법은 열에 불안정한 향을 추출할 때 사용한다.

→해설 에센셜 오일은 수증기 증류법, 냉각압착법, 건식증류법으로 생성된 식물성 원료로부터 얻은 생성물이며 정유라고도 함. 신선한 식물성 원료를 비수용매로 추출하여 얻은 추출물은 콘크리트임.

254. 다음 중 활성성분과 그 기능이 옳게 짝지어진 것은?( )

① 클림바졸 – 미백
② 알부틴 – 주름개선
③ 레티닐팔미테이트 – 항산화
④ 징크피리치온 – 비듬억제
⑤ 알로에 – 자극완화

→해설 클림바졸 – 비듬억제, 알부틴 – 미백, 레티닐팔미테이트 – 주름개선, 알로에 – 염증완화, 진정작용, 상처치유

255. 다음 기초화장품에 관한 내용 중 옳지 않은 것은?( )

① 화장수는 유연화장수와 수렴화장품으로 분류된다.
② 피부를 청결히 하고 유분과 수분을 공급하여 건강한 피부를 유지하는 데 사용된다.
③ 영양액의 종류에는 에센스와 세럼이 해당한다.
④ 영양크림은 피부두께가 얇은 부위에 영양공급과 탄력감을 부여한다.
⑤ 유액은 끈적이지 않는 가벼운 사용감과 빠른 흡수로 피부에 유분과 수분을 공급한다.

→해설 영양크림은 세안 후, 제거된 천연피지막을 회복해주어 피부를 외부환경으로부터 보호하고 피부의 생리기능을 도와줌. 나아가 활성성분이 피부트러블을 개선시켜주기도 함. 한선, 피지선이 없고 피부두께가 얇은 눈 주위 피부에 영양공급과 탄력감을 부여하는 화장품은 아이크림임.

256. 다음 중 화장품의 함유 성분별 사용 시의 주의사항 표시 문구를 잘못 나타낸 것은?

① 살리실릭에시드 및 그 염류 함유 제품– 만3세 이하 어린에게는 사용하지 말 것.

Answer 253. ③ 254. ④ 255. ④ 256. ⑤

② 스테아린산아연 함유 제품 – 사용 시 흡입되지 않도록 주의할 것
③ 아이오도프로피닐부틸카바메이트 함유 제품 – 만3세 이하 어린에게는 사용하지 말 것.
④ 알루미늄 및 그 염류 함유제품 – 신장질환이 있는 사람은 사용 전에 의사와 상의할 것.
⑤ 카민 또는 코치닐추출물 함유 제품 – 눈에 들어갔을 때는 즉시 씻어낼 것

→해설 카민 또는 코치닐추출물 함유 제품 – 이 성분에 과민하거나 알레르게가 있는 사람은 신중히 사용 해야함.

257. 계면활성제의 자극이 큰 순서대로 옳게 나열한 것은?(   )

① 비이온 〉 양쪽성 〉 음이온 〉 양이온
② 양쪽성 〉 음이온 〉 양이온 〉 비이온
③ 양쪽성 〉 양이온 〉 음이온〉 비이온
④ 양이온 〉 음이온 〉 비이온 〉 양쪽성
⑤ 양이온 〉 음이온 〉 양쪽성 〉 비이온

→해설 자극이 가장 작은 비이온계면활성제는 기초화장품류에서 주로 사용됨.

258. 다음 HLB에 관한 설명 중 옳지 않은 것은?(   )

① 비이온계면활성제의 친수와 친유의 정도를 일정범위 내에서 계산으로 표현한 값이다.
② HLB값이 4-6일 때 친유형 유화제로 쓰인다.
③ HLB 값이 18-20일 때 분산제, 습윤제로 쓰인다.
④ HLB 값이 15-18일 때 가용화제로 쓰인다.
⑤ HLB 값이 8-18일 때 친수형 유화제로 쓰인다

→해설 HLB 값이 7-9일 때 분산제, 습윤제의 용도로 쓰임.

259. 다음 왁스에 관한 설명 중 옳지 않은 것은?(   )

① 고급지방산과 고급알코올의 에스테르인 왁스는 대부분이 고체이다.
② 탄화수소 중에서 단단한 고체물질은 왁스에 포함되지 않는다.
③ 파라핀 왁스의 출발물질은 석유이다.
④ 세레신의 출발물질은 오조케라이트이다.
⑤ 밀납의 출발물질은 벌집이다.

→해설 왁스는 대부분 고체이지만 고급지방산과 고급알코올의 종류에 따라 반고체(페이스트상)이기도 하며 탄화수소 중에서 단단한 고체물질은 왁스로 함께 분류됨.

Answer 257. ⑤ 258. ③ 259. ②

260. 다음 보존제에 관한 설명 중 옳지 않은 것은?( )

① 미생물의 생육조건을 제거하거나 조절하여 미생물 성장을 억제하는 물질이다.
② "화장품 안전기준 등에 관한 규정 별표2"에 있는 원료만을 화장품에서 배한 한도 내에서 사용할 수 있다.
③ 포름알데히드 계열의 보존제로 이미다졸리디닐우레아, 디아졸리디닐우레아, 쿼터늄-15가 있다.
④ 벤조익에시드가 pH5.1이상에서 해리되어 보존능을 상실하는 단점을 보완하기 위하여 파라 벤이 개발되었다.
⑤ 파라벤은 미생물의 세포벽에 있는 효소의 활성을 봉쇄하는 역할을 한다.

→해설 벤조익에시드가 pH5.1이하에서 해리되어 보존능을 상실하는 단점을 보완하기 위하여 파라벤이 개발되었음.

261. 다음 중 휴멕턴트가 아닌 것은?( )

① 폴리올
② 트레할로오스
③ 우레아
④ 페트롤라튬
⑤ 베타인

→해설 페트롤라튬은 폐색제에 해당함.

262. 다음 화장품 전성분 표시 지침 중 ( )에 알맞은 것만으로 짝지어진 것은?

제3조(대상) 전성분 표시는 모든 화장품을 대상으로 한다. 다만, 다음 각 호의 화장품으로서 전성분 정보를 즉시 제공할 수 있는 전화번호 또는 홈페이지 주소를 대신 표시하거나, 전성분 정보를 기재한 책자 등을 매장에 비치한 경우에는 전성분 표시 대상에서 제외할 수 있다.

> 1. 내용량이 (가)g 또는 (가) ml 이하인 제품
> 2. 판매를 목적으로 하지 않으며, 제품 선택 등을 위하여 사전에 소비자가 시험·사용하도록 제조 또는 수입된 제품 : 견본품이나 증정용
> 제5조(글자 크기) 전성분을 표시하는 글자의 크기는 (나)포인트 이상으로 한다.
> 제6조(표시의 순서) 성분의 표시는 화장품에 사용된 함량순으로 많은 것부터 기재한다. 다만, 혼합원료는 개개의 성분으로서 표시하고, (다)% 이하로 사용된 성분, 착향제 및 착색제에 대해서는 순서에 상관없이 기재할 수 있다.

Answer 260. ④ 261. ④ 262. ①

	(가)	(나)	(다)
①	50	5	1
②	60	5	1
③	70	5	2
④	80	9	2
⑤	100	9	3

263. 다음 색조화장품의 종류와 안료의 함량(%)이 잘못 짝지어진 것은?( )

① 메이크업베이스 – 5~7%
② 비비크림 – 5~7%
③ 파운데이션 – 12~15%
④ 스킨커버 – 20~30%
⑤ 파우더류 – 98~99%

➜해설 스킨커버의 안료 함량은 14~20%임.

264. 다음 우수화장품 제조 및 품질관리기준 제 13조(보관관리)에 관한 세부적인 사항 중 옳지 않은 것은?( )

① 보관 조건은 각각의 원료와 세부 요건에 따라 적절한 방식으로 정의되어야 한다.
② 원료 및 포장재의 특징 및 특성에 맞도록 보관, 취급되어야 한다.
③ 특수한 보관 조건은 적절하게 준수, 모니터링 되어야 한다.
④ 원료와 포장재가 재포장될 때, 원래의 용기와 동일하게 표시되어야 한다.
⑤ 원료와 포장재가 재포장될 경우, 원래의 용기와 라벨링은 동일하지 않아도 된다.

➜해설 원료와 포장재가 재포장될 때, 새로운 용기에는 원래와 동일한 라벨링이 있어야 함.

265. 화장품 사용 시의 주의사항 중 개별사항에 관한 내용 중 옳지 않은 것은? ( )

① 팩 – 눈 주위를 피하여 사용할 것
② 외음부 세정제 – 임신 중에는 사용하지 말고, 필요시에는 분만 직전에만 외음부 주위에 사용할 것
③ 체취 방지용 제품 – 털을 제거한 직후에는 사용하지 말 것
④ 미세한 알갱이가 함유되어 있는 스크러브세안제 – 알갱이가 눈에 들어갔을 때에는 물로 씻어내기
⑤ 모발용 샴푸 – 사용 후 물로 씻어내지 않으면 탈모 또는 탈색의 원인이 될 수 있으므로 주의해야 한다.

Answer 263. ④ 264. ⑤ 265. ②

→해설 외음부 세정제는 임신 중에는 사용하지 않는 것이 바람직하며, 분만 직전의 외음부 주위에는 사용하지 말아야 함.

266. 다음 중 다등급 위해성 화장품에 해당하지 않는 것은?( )

① 전부 또는 일부가 변패된 화장품
② 병원성 미생물에 오염된 화장품
③ 신고를 하지 아니한 자가 판매한 맞춤형 화장품
④ 화장품에 사용할 수 없는 원료를 사용한 화장품
⑤ 사용기한 또는 개봉 후 사용기간을 위조·변조한 화장품

→해설 가등급 위해성 화장품에는 화장품에 사용할 수 없는 원료를 사용한 화장품, 사용한도가 정해진 원료를 사용한도 이상으로 포함한 화장품이 해당함.

267. 다음 색소들을 천연색소와 합성색소로 분류하시오.
( ) ( )

카라멜, 타르색소, 진주가루, 안료, 티타네이티드마이카, 안토시아닌류, 라이코펜

268. 다음 기초화장품 품목 중 유분량이 큰 순으로 나열하시오.

영양크림, 마사지크림, 영양액, 유액

→해설 마사지크림(50% 이상)〉영양크림(10-30% 이상)〉유액(5-7% 이상)〉영양액(3-5% 이상)

269. 다음은 무엇에 대한 설명인가?( )

물속에 계면활성제를 투입하면 계면활성제의 소수성에 의해 계면활성제가 친유부를 공기쪽으로 향하여 공기와 액체 표면에 분포하고 표면이 포화되어 더 이상 계면활성제가 표면에 있을 수 없으면 물속에서 자체적으로 친유부가 물가 접촉하지 않도록 계면활성제가 회합되는 회합체

270. 다음 ( )안에 알맞은 말은?( )

( ) 구조를 가지는 식물성 오일은 피부에 촉촉한 사용감을 주지만 지방산의 분자량이 커서 무거운 사용감을 주기도 하여 가벼운 사용감을 주는 분자량이 작은 지방산이 붙은 ( )가 합성되어 기초화장품과 메이크업화장품에서 널리 사용되고 있다.

Answer
266. ④ 267. 천연색소 - 카라멜, 진주가루, 안토시아닌류, 라이코펜, 합성색소 - 타르색소, 안료, 티타네이티드마이카 268. 마사지크림〉영양크림〉유액〉영양액 269. 미셀(micelle) 270. 트리글리세라이드

271. 다음 ( )안에 알맞은 말은?( )

(A) : 분자 내에 수분을 잡아당기는 친수기가 주변으로부터 물을 잡아당겨 수소결함을 형성하여 수분을 유지시켜 준다.
(B) : 폐색막을 형성하여 수분증발을 막는다.

272. 다음 중 비이온 계면활성제가 아닌 것은?( )

① 소르비탄(sorbitan) 계열
② 레시틴(lecithin)
③ POE 계열
④ 글리세릴모노트레아레이트 (glyceryl monostearate)
⑤ 폴리글리세린(poltgltceryl) 계열

→해설 레시틴(lecithin)은 천연계면활성제에 해당하며 기초화장품에 적용됨.

273. 다음 중 화장품의 원료와 거리가 먼 것은?( )

① 산화질소
② 왁스
③ 실리콘
④ 에스테르 오일
⑤ 탄화수소

→해설 산화질소는 화장품의 원료에 해당하지 않음.

274. 다음에서 설명하는 화장품 원료를 적으시오.( )

지방산과 고급알콜의 중화반응인 에스테르 반응에 의해서 만들어진 물질로 –COO– 를 가진 액상의 화장품 원료.
 –ate로 원료명이 끝나게 되며 아이소프로필미리스테이트, 아이소프로필팔미테이트 등이 대표적이다.

275. 다음 중 화장품 원료의 설명이 잘못 짝지어진 것을 고르시오.

① 유지 – 오일과 지방을 합쳐서 부르는 말로 수분의 증발을 억제한다.
② 왁스 – 고급지방산과 고급알코올의 에스테르(ester)이며 대부분 고체이다.

Answer
271. (A) 휴멕턴트(humectant), (B) 폐색제 272. ② 273. ① 274. 에스테르 오일
275. ③

③ 실리콘 - 펴발림성이 우수하지만 독성과 자극성이 있어 널리 사용되지 못한다.
④ 보존제 - 미생물의 생육조건을 조절하여 미생물의 성장을 억제하는 물질.
⑤ 향료 - 향료는 화장품에서 이미지와 특이취를 억제하기위해 0.1~1.0%까지 사용.

→해설 실리콘은 펴발림성이 우수하고 실키한 사용감, 발수성, 광택, 컨디셔닝, 무독성, 무자극성, 낮은 표면장력으로 널리 사용됨.

276. 다음 중 기능성화장품 주성분의 역할·기능이 아닌 것은?( )

① 피부를 곱게 태워주거나 자외선으로부터 피부를 보호하는 데 도움을 준다.
② 피부의 미백에 도움을 준다.
③ 모발의 색상을 변화시키는 기능
④ 체모를 제거하는 기능
⑤ 체취를 제거하는 기능

→해설 기능성화장품의 주성분에는 체취를 제거하는 기능이 포함되지 않음.

277. 다음은 무엇에 대한 설명인가?

> 칼슘과 철 등과 같은 금속이온이 작용할 수 없도록 격리하여 제품의 향과 색상이 변하지 않도록 막고 보존능을 향상시키는데 도움을 주는 물질로 제형 중에서 0.03~0.10% 사용된다. 주로 이디티에이, 디소듐이디티에이, 트리소듐이디티에이, 테트라소듐이디티에이가 사용되며 소듐이 결합된 이디티에이는 물에 가용으로 디소듐이디티에이가 화장품에 많이 사용된다.

278. 다음은 계면활성제에 대한 설명이다. 잘못 짝지어진 것은?( )

용도	HLB값	제품
① 친유형(W/O) 유화제	4~6	비비크림, 파운데이션
② 분산제, 습윤제	10~15	마스카라, 아이새도, 파운데이션
③ 친수성(O/W) 유화제	8~18	크림, 로션
④ 가용화제	15~18	스킨로션, 토너
⑤ 용제	18~24	향수, 토닉

→해설 분산제, 습윤제의 HLB값은 7~9임.

279. 다음 중 헥토라이트의 주요성분이 아닌 것은?( )

① Na
② Si

Answer 276. ⑤ 277. 금속이온봉쇄제 278. ② 279. ⑤

③ O
④ OH
⑤ Al

→해설 Al은 벤토나이트의 주요성분임.

280. 다음 중 파운데이션의 기능이 아닌 것은?(   )

① 인공피지막을 형성하여 피부 보호
② 피부결점(모공, 잔주름, 검버섯, 상처흔적) 커버
③ 건조한 외부환경으로부터 피부 보호
④ 자외선 차단, 피부색 보정
⑤ 피부요철 보정(얼굴의 윤곽을 수정)

→해설 1번은 메이크업베이스, 메이크업 프라이머의 기능임.

281. 다음은 폼클렌징에 대한 설명이다. (   )안에 알맞은 말은?(   )

> 비누화반응 (㉠ + ㉡)에 의해 제조됨.
> 강력한 세정력, 피부보습 제공, 저자극으로 건조함과 피부가 당기는 것을 방지한다.

282. 다음 중 전성분의 표시를 전화번호 또는 홈페이지 주소, 전성분 정보가 기재된 책자 등으로 대체할 수 있는 제품이 아닌 것을 고르시오.

① 견본품
② 증정용
③ 내용량이 50g 이하
④ 내용량이 50ml 이하
⑤ 인터넷 구매 용품

→해설 인터넷 구매 용품은 전성분의 표시를 대체할 수 있는 제품에 해당하지 않음.

283. 다음 〈대화〉에서 맞춤형화장품에 대한 설명을 잘못한 사람은 누구인가?(   )

> 짱구 : 나는 내가 만든 완제품 화장품에 다른 화장품의 내용물을 혼합해서 맞춤형화장품을 만들었어!
> 철수 : 그래? 그럼 나는 내가 만든 화장품에 아무 원료나 혼합해서 맞춤형화장품을 판매해야지.
> 훈이 : 나는 수입한 화장품을 소분해서 만들 거야! 그렇게 만들어도 맞춤형화장품이니까!

Answer 280. ① 281. (ㄱ)지방산, (ㄴ)가성가리 282. ⑤ 283. ②

> 유리 : 유리는 직접 만든 화장품에 수입한 화장품을 혼합해서 나한테 맞는 맞춤형화장품을 만들 거야.
> 맹구 : 나는 수입한 벌크제품에 짱구가 만든 화장품을 혼합해서 만들어야지.

① 짱구
② 철수
③ 훈이
④ 유리
⑤ 맹구

→해설 맞춤형화장품은 제조 또는 수입된 화장품의 내용물(완제품, 벌크제품, 반제품)에 다른 화장품의 내용물 또는 식품의약품안전처장이 정하는 원료를 추가하여 혼합한 화장품을 말함.

284. 다음 중 품질 성적서에 대한 설명으로 옳지 않은 것은?(   ).

① 맞춤형화장품 판매업자가 맞춤형화장품의 내용물 및 원료의 입고 시 품질관리 여부를 확인 하고 책임판매업자가 제공하는 품질성적서를 구비하도록 요구한다.
② 내용물 품질관리 여부를 확인할 때, 제조번호, 사용기한, 제조일자, 시험결과를 주의 깊게 검토해야 한다.
③ 내용물의 시험결과는 맞춤형화장품 식별번호 및 맞춤형화장품 사용기한에 영향을 준다.
④ 원료의 품질관리 여부를 확인할 때, 제조번호, 사용기한을 주의 깊게 검토해야 한다.
⑤ 원료의 제조번호, 사용기한이 맞춤형화장품 식별번호에 영향을 준다.

→해설 식별번호 및 맞춤형화장품 사용기한에 영향을 주는 것은 제조번호, 사용기한, 제조일자임.

285. 다음 중 화장품 사용제한 원료를 모두 고른 것은?(   )

| ㄱ. 하이포산틴 |
| ㄴ. 갈란타민 |
| ㄷ. 나프탈렌 |
| ㄹ. 글리세라이드 |
| ㅁ. 아다팔렌 |

① ㄱ, ㄴ, ㄷ
② ㄱ, ㄷ, ㅁ
③ ㄴ, ㄷ, ㄹ
④ ㄴ, ㄷ, ㅁ
⑤ ㄷ, ㄹ, ㅁ

→해설 하이포산틴은 펄안료로, 글리세라이드는 제팬왁스로 이용됨.

Answer 284. ③ 285. ④

286. 다음 중 알레르기 유발 물질과 주의사항 표시 문구가 바르게 짝지어진 것은? ( )

① 과산화수소 – 과산화수소를 함유하고 있으므로 눈에 접촉을 피하고 눈에 들어갔을 때는 즉시 씻어낼 것
② 스테아린산아연 – 스테아린산아연을 함유하고 있으므로 사용 시 이 성분에 과민한 사람은 신중히 사용할 것
③ 알루미늄 및 그 염류 – 알루미늄 및 그 염류를 함유하고 있으므로 이 성분에 과민하거나 알레르기가 있는 사람은 신중히 사용할 것
④ 포름알데하이드 – 포름알데하이드를 함유하고 있으므로 신장질환이 있는 사람은 사용 전에 의사와 상의할 것
⑤ 카민 – 카민을 함유하고 있으므로 흡입되지 않도록 주의할 것

→해설 스테아린산아연 – 스테아린산아연을 함유하고 있으므로 사용 시 흡입되지 않도록 주의할 것, 알루미늄 및 그 염류 – 알루미늄 및 그 염류를 함유하고 있으므로 신장질환이 있는 사람은 사용 전에 의사와 상의할 것, 포름알데하이드 – 포름알데하이드를 함유하고 있으므로 이 성분에 과민한 사람은 신중히 사용할 것, 카민 – 카민을 함유하고 있으므로 이 성분에 과민하거나 알레르기가 있는 사람은 신중히 사용할 것.

287. 다음 중 화장품 취급방법에 대한 설명 중 옳지 않은 것은?( )

① 설정된 보관기한이 지나면 바로 폐기하여야 한다.
② 원자재, 시험 중인 제품 및 부적합품은 각각 구획된 장소에서 보관하여야 한다. 다만, 서로 혼동을 일으킬 우려가 없는 시스템에 의하여 보관되는 경우에는 그러하지 아니한다.
③ 특수한 보관 조건은 적절하게 준수, 모니터링 되어야 한다.
④ 원료 및 포장재의 특징 및 특성에 맞도록 보관, 취급되어야 한다.
⑤ 원료와 포장재가 재포장될 경우, 원래의 용기와 동일하게 표시되어야 한다.

→해설 설정된 보관기한이 지나면 사용의 적절성을 결정하기 위해 재평가시스템을 확립하여야 하며, 동 시스템을 통해 보관기한이 경과한 경우 사용하지 않도록 규정해야 함.

288. 다음 중 파레트에 적재된 완제품에 표시될 필요가 없는 것은?( )

① 명칭 또는 확인 코드
② 제조번호
③ 제품의 품질을 유지하기 위해 필요할 경우, 보관 조건
④ 불출 상태
⑤ 출고일자

Answer 286. ① 287. ① 288. ⑤

→해설 파레트에 적재된 모든 완제품은 명칭(또는 확인 코드), 제조번호, 불출 상태 및 제품의 품질을 유지하기 위해 필요할 경우, 보관 조건을 표시하여야 함.

289. 다음은 일반적인 화장품의 사용방법이다. ( )안에 들어갈 말로 알맞은 것은?

- 화장품 사용 시에는 깨끗한 손으로 사용한다.
- 사용 후 항상 뚜껑을 바르게 닫는다.
- 화장에 사용되는 도구는 항상 깨끗하게 사용한다[(A) 사용]
- 화장품은 (B) 장소에 보관한다.
- 변질된 제품은 사용하지 않는다.

	A	B
①	알칼리세제	서늘한
②	알칼리세제	건조한
③	중성세제	서늘한
④	중성세제	건조한
⑤	산성세제	건조한

→해설 화장에 사용되는 도구는 항상 깨끗하게 사용한다(중성세제 사용).
화장품은 서늘한 장소에 보관함.

290. 다음 중 화장품 사용 시의 주의사항이 잘못 짝지어진 것은?(   )

① 스크러브세안제 – 알갱이가 눈에 들어갔을 때에는 물로 씻어내고, 이상이 있는 경우에는 전문의와 상담할 것
② 외음부 세정제 – 만 3세 이하 어린이에게는 사용하지 말 것
③ 체취 방지용 제품 – 털을 제거한 직후에는 사용하지 말 것
④ 팩 – 두피를 피하여 사용할 것
⑤ 헤어스트레이트너 제품 – 특이체질, 생리 또는 출산 전후이거나 질환이 있는 사람 등은 사용을 피할 것

→해설 팩 사용 시의 주의사항은 '눈 주위를 피하여 사용할 것'임.

291. 다음은 염모제 사용 전의 주의사항이다. ( )안에 알맞은 말을 적으시오.

염색 2일전(48시간 전)에는 다음의 순서에 따라 매회 반드시 (   )을/를 실시하여 주십시오.

Answer
289. ③ 290. ④ 291. 패취테스트(patch test)

( )은/는 염모제에 부작용이 있는 체질인지 아닌지를 조사하는 테스트입니다. 과거에 아무 이상이 없이 염색한 경우에도 체질의 변화에 따라 알레르기 등 부작용이 발생할 수 있으므로 매회 반드시 실시하여 주십시오.

292. 다음은 탈염·탈색제 사용시의 주의사항이다. ( )에 알맞은 말은?

제품 또는 머리 감는 동안 제품이 눈에 들어가지 않도록 하여 주십시오. 눈에 들어갔을 시에는 절대로 손으로 비비지 말고 미지근한 물로 15분 이상 씻어 흘려 내리고 곧바로 안과 전문의의 진찰을 받으십시오. 임의로 (㉠)을 사용하는 것은 삼가 주십시오.

293. 다음 중 패치테스트의 순서로 바르게 나타낸 것은?( )

ㄱ. 제품 소량을 취해 정해진 용법대로 혼합하여 실험액을 준비합니다.
ㄴ. 테스트 부위의 관찰은 테스트액을 바른 후 30분 그리고 48시간 후 총 2회를 반드시 행합니다.
ㄷ. 팔의 안쪽 또는 귀 뒤쪽 머리카락이 난 주변의 피부를 비눗물로 잘 씻고 탈지면으로 가볍게 닦습니다.
ㄹ. 실험액을 부위에 동전 크기로 바르고 자연건조시킨 후 그대로 48시간 방치합니다.

① ㄱ-ㄴ-ㄷ-ㄹ
② ㄴ-ㄷ-ㄹ-ㄱ
③ ㄱ-ㄷ-ㄴ-ㄹ
④ ㄷ-ㄱ-ㄹ-ㄴ
⑤ ㄷ-ㄱ-ㄴ-ㄹ

294. 다음 〈대화〉 중 다등급 위해성 화장품에 대한 설명이 아닌 것은?( )

짱구 : '다'등급 위해성 화장품은 전부 또는 일부가 변패된 화장품을 말해.
철수 : 그래? 나는 그거 말고 병원성 미생물에 오염된 화장품이 '다'등급인 건 알고 있어.
훈이 : 법 제9조(안전용기·포장 등)에 위반될 경우에도 '다'등급으로 분류될 거야.
유리 : 이물이 혼입 되었거나 부착된 화장품 중 보건위생상 위해를 발생할 우려가 있는 화장품도 '다'등급 위해성 화장품이야.
맹구 : 응. 마찬가지로 맞춤형화장품조제관리사를 두지 않고 판매한 맞춤형화장품도 '다'등 급으로 분류 돼.

① 짱구
② 철수

Answer 292. 안약 293. ③ 294. ③

③ 훈이
④ 유리
⑤ 맹구

→해설 법 제9조(안전용기·포장 등)에 위반되는 화장품 또는 유통화장품 안전관리기준에 적합하지 않은 화장품 의 경우 나등급 위해성 화장품으로 분류됨. 위생성 등급이 가등급인 화장품은 시작한날부터 15일이내, 나 또는 다등급인 화장품은 시작한 날부터 30일 이내로 기재하여야함.

295. 다음 중 회수의무자에 대한 설명으로 옳지 않은 것은?(   )

① 회수한 화장품을 폐기하려는 경우 폐기신청서를 지방식품의약품안전청장에게 제출해야 한다.
② 회수대상화장품의 회수를 완료한 경우에는 회수종료신고서를 지방식품의약품안전청장에게 제출해야 한다.
③ 폐기신청서에 회수계획서 사본, 회수확인서 원본을 첨부해야 한다.
④ 회수종료신고서에 회수확인서 사본, 폐기확인서 사본(폐기한 경우에만 해당), 평가보고서 사본을 첨부해야 한다.
⑤ 회수 종료일은 제품의 위해성 등급에 따라 회수를 시작한 날부터 15~30 이내로 정해야 한다.

→해설 회수한 화장품을 폐기하려는 경우에는 폐기신청서에 회수계획서 사본, 회수확인서 사본의 서류를 첨부하여 지방식품의약품안전청장에게 제출하고 법령에 따라 폐기하여야 함.

296. 다음 중 영업의 금지에 해당하는 사항이 아닌 것은?(   )

① 일부가 변패된 화장품을 진열
② 병원미생물이 오염된 화장품을 판매할 목적으로 제조
③ 사슴의 뿔 또는 가축의 뼈와 그 추출물을 사용한 제품을 판매할 목적으로 수입
④ 사용기한 또는 개봉 후 사용기간을 위조한 화장품을 판매할 목적으로 제조
⑤ 보건위생상 위해가 발생할 우려가 있는 비위생적인 조건에서 제조된 것을 진열

→해설 코뿔소 뿔 또는 호랑이 뼈와 그 추출물을 사용한 제품은 판매할 목적으로 제조, 수입, 보관, 진열을 금지함.

Answer 295. ③ 296. ③

제 3 과목

[유통화장품의 안전관리]

[유통화장품의 안전관리]

1. 다음 중 맞춤형 화장품 작업장의 조건으로 옳은 것을 모두 고른 것은?( )

> ㄱ. 맞춤형 화장품의 소분·혼합 장소와 판매·상담 장소의 분리
> ㄴ. 청결하게 유지되어있는 작업대, 바닥, 벽, 천장 및 창문
> ㄷ. 적절한 환기시설이 마련되어있는 장소
> ㄹ. 세척시설의 설치가 되어있는 장소

① ㄱ, ㄴ
② ㄱ, ㄷ, ㄹ
③ ㄴ, ㄷ
④ ㄴ, ㄹ
⑤ ㄴ, ㄷ, ㄹ

→해설 맞춤형 화장품의 소분·혼합 장소와 판매·상담 장소는 구분·구획이 권장됨. 구획은 동일 건물 내의 작업소, 작업실이 벽, 칸막이, 에어커튼 등에 의해 나누어져 교차오염 또는 외부 오염물질의 혼입이 방지될 수 있도록 되어 있는 상태임. 구분은 선이나 줄, 그물망, 칸막이 등에 의하거나 충분한 간격을 두어 착오나 혼동이 일어나지 않도록 되어 있는 상태를 말함. 반면에 분리는 별개의 건물로 되어 있고 충분히 떨어져 공기의 입구와 출구가 간섭받지 아니한 상태이거나 동일 건물인 경우에는 벽에 의하여 별개의 장소로 나누어져 작업원의 출입 및 원자재의 반출입 구역이 별개이고 공기조화장치가 별도로 설치되어 공기가 완전히 차단된 상태를 말함. 분리와 구획, 구분의 의미는 다름.

2. 방충 대책의 구체적인 예가 아닌 것은?( )

> 작업원A: 폐수구에 트랩을 답시다.
> 작업원B: 창문은 차광하고 야간에 빛이 밖으로 새어나가지 않게 합시다.
> 작업원C: 해충, 곤충의 조사와 구제를 실시합시다.
> 작업원D: 실내압을 실외보다 낮게 합시다.
> 작업원E: 청소와 정리정돈을 합시다.

① 작업원A
② 작업원B
③ 작업원C
④ 작업원D
⑤ 작업원E

→해설 실내압을 외부(실외)보다 높게 해야 함(공기조화장치).

Answer 1. ⑤ 2. ④

3. 다음 중 방충방서 절차의 순서를 나열한 것으로 옳은 것은?( )

현상파악 → ( ) → ( ) → ( ) → ( )

ㄱ. 현상파악
ㄴ. 제조시설의 방충체제 확립
ㄷ. 모니터링
ㄹ. 방충체제 유지

① ㄴ → ㄷ → ㄱ → ㄹ
② ㄴ → ㄹ → ㄷ → ㄱ
③ ㄷ → ㄱ → ㄴ → ㄹ
④ ㄷ → ㄴ → ㄱ → ㄹ
⑤ ㄷ → ㄹ → ㄴ → ㄱ

→해설 방충방서 절차는 현상파악 → 제조시설의 방충체제 확립 → 방충체제유지 → 모니터링 → 현상파악 순임.

4. 소독제에 대한 설명으로 옳지 않은 것은?( )

① 병원 미생물을 사멸시키기 위해 인체의 피부, 점막의 표면이나 기구, 환경의 소독을 목적으로 사용하는 화학물질의 총칭으로, 기구 등에 부착한 균에 대해 사용하는 약제이다.
② 사용 농도에서 독성이 없어야 한다.
③ 에탄올 70%, 벤질알코올 70%가 주로 사용된다.
④ 제품이나 설비와 반응하지 않아야 한다.
⑤ 5분 이내의 짧은 처리에도 효과를 보여야 한다.

→해설 소독제에는 에탄올 70%, 아이소프로필알코올 70%가 주로 사용됨.

5. 작업장의 청소와 세척의 원칙으로 옳지 않은 것은?( )

① 책임(청소담당자, 청소결과확인자)을 명확하게 한다.
② 구체적인 육안판정기준 같은 판정기준을 정한다.
③ 청소결과를 표시한다.
④ 사용기구를 정해 놓는다.
⑤ 간단한 절차를 정해 놓는다.

→해설 구체적인 절차를 정해 놓아야 함.

Answer 3. ② 4. ③ 5. ⑤

6. 다음 중 맞춤형 화장품 작업장 내 직원의 위생 조건으로 옳은 것을 모두 고른 것은?( )

> ㄱ. 소분
>   • 혼합할 때는 위생복(방진복)과 위생모자(방진모자, 일회용모자) 그리고 일회용 마스크를 착용하는 것이 필수다.
> ㄴ. 소분·혼합 전에 손을 세척하고 필요시, 소독한다.
> ㄷ. 피부 외상이나 질병이 있는 직원은 소분
>   • 혼합 작업을 하지 않는다.
> ㄹ. 소분·혼합하는 직원은 이물이 발생할 수 있는 포인트 메이크업을 하지 않는 것이 권장된다.

① ㄱ, ㄹ
② ㄱ, ㄴ, ㄷ
③ ㄴ, ㄷ
④ ㄴ, ㄷ, ㄹ
⑤ ㄷ, ㄹ

→해설 소분·혼합할 때는 위생복(방진복)과 위생모자(방진모자, 일회용모자)를 착용하며 필요시에는 일회용 마스크를 착용함.

7. 화장품 작업장 내 직원의 위생으로 옳지 않은 것은?( )

① 작업소 및 보관소 내의 모든 직원은 화장품의 오염을 방지하기 위해 규정된 작업복을 착용해야 하고 음식물 등을 반입해서는 아니 된다.
② 작업복은 오염여부를 쉽게 확인할 수 있는 밝은 색의 면재질이 권장된다.
③ 피부에 외상이 있거나 질병에 걸린 직원은 건강이 양호해지거나 화장품의 품질에 영향을 주지 않는다는 의사의 소견이 있기 전까지는 화장품과 직접적으로 접촉되지 않도록 격리되어야 한다.
④ 적절한 위생관리 기준 및 절차를 마련하고 제조소 내의 모든 직원이 위생관리 기준 및 절차를 준수할 수 있도록 교육훈련을 해야 한다. 신규 직원에 대하여 위생교육을 실시하며, 기존 직원에 대해서도 정기적으로 교육을 실시한다.
⑤ 방문객 또는 안전 위생의 교육훈련을 받지 않은 직원이 화장품 제조, 관리, 보관을 실시하고 있는 구역으로 출입하는 일은 피해야 한다.

→해설 작업복은 오염여부를 쉽게 확인할 수 있는 밝은 색(예, 흰색)의 폴리에스터 재질이 권장됨.

Answer
6. ④ 7. ②

8. 화장품과 직접 접촉하는 작업을 해도 되는 작업자는?( )

> 작업자A: 저번부터 콧물이 심하게 납니다.
> 작업자B: 병원에 갔더니 감기를 진단받았습니다.
> 작업자C: 어제 과도한 음주로 인해 숙취가 심합니다.
> 작업자D: 오늘 부딪혀서 멍이 심하게 들었습니다.
> 작업자E: 우울증이 심하고 고민이 많습니다.

① 작업자A
② 작업자B
③ 작업자C
④ 작업자D
⑤ 작업자E

→해설 작업자B와 같은 전염성 질환의 발생 또는 그 위험이 있는 자(감기, 감염성 결막염, 결핵, 세균성 설사, 트라코마 등), 작업자A와 같은 콧물 등 분비물이 심하거나 화농성 외상 등에 의하여 화장품을 오염시킬 가능성이 있는 자, 작업자 C와 E 같은 과도한 음주로 인한 숙취, 피로 또는 정신적인 고민 등으로 작업 중 과오를 일으킬 가능성이 있는 자 같은 건강상의 문제가 있는 작업자는 화장품과 직접 접촉하는 작업을 해서는 안 됨.

9. 작업장 출입을 위해 준수해야 할 사항으로 옳지 않은 것은?( )

① 개인 사물은 작업실 내 작업에 방해가 되지 않도록 구석에 보관한다.
② 반지, 목걸이, 귀걸이 등 생산 중 과오 등에 의해 제품 품질에 영향을 줄 수 있는 것은 착용하지 않는다.
③ 생산, 관리 및 보관 구역 또는 제품에 부정적 영향을 미칠 수 있는 기타 구역 내에서는 비위생적 행위들을 금지한다.
④ 화장실을 이용한 작업자는 손 세척 또는 손 소독을 실시하고 작업실에 입실한다.
⑤ 포인트메이크업을 한 작업자는 화장품을 지운 후에 입실한다.

→해설 개인 사물은 지정된 장소에 보관하고, 작업실 내로 가지고 들어오지 않아야 함.

10. 작업복 관리에 대한 설명으로 옳지 않은 것은?( )

① 작업자는 작업종류 혹은 청정도에 맞는 적절한 작업복(방진복), 모자와 작업화를 착용하고 필요한 경우는 마스크, 장갑을 착용한다.
② 작업복은 주기적으로 세탁하거나 오염 시에 세탁한다.
③ 작업복을 작업장 내에 세탁기를 설치하여 세탁하거나 외부업체에 의뢰하여 세탁한다.
④ 작업장 내에 세탁기가 설치된 경우에는 화장실에 세탁기를 설치하지 않는 것을 권장한다.

Answer
8. ④ 9. ① 10. ④

⑤ 작업복의 정기 교체주기를 정해야 하며, 작업복은 먼지가 발생하지 않는 무진 재질의 소재로 되어야 한다.

→해설 작업장 내에 세탁기가 설치된 경우에는 화장실에 세탁기를 설치하지 않는 것은 권장하지 않음.

11. 설비 세척의 원칙으로 옳지 않은 것은?( )

① 위험성이 없는 용제(물이 최적)로 세척한다.
② 세척 후는 반드시 "판정"한다.
③ 세제를 사용하여 세척한다.
④ 브러시 등으로 문질러 지우는 것을 고려한다.
⑤ 세척 후에는 세척 완료 여부를 확인할 수 있는 표시를 한다.

→해설 가능한 한 세제를 사용하지 않으며 세제(계면활성제)를 사용할 경우 다음의 위험성이 있음. (세제는 설비 내벽에 남기 쉽다. 잔존한 세척제는 제품에 악영향을 미침. 세제가 잔존하고 있지 않은 것을 설명하기에는 고도의 화학 분석이 필요함).

12. 다음은 무엇에 대한 설명인가?( )

> 터빈형의 날개를 원통으로 둘러싼 구조이며, 통 속에서 대류가 일어나도록 설계되어 균일하고 미세한 유화 입자가 형성된다. 고정된 고정자와 고속 회전이 가능한 운동자 사이의 간격으로 내용물이 대류 현상으로 통과되며 강한 전달력을 받는다. 즉 전달력, 충격 및 대류에 의해서 균일하고, 미세한 유화 입자를 얻을 수 있다.

① 교반기
② 호모믹서
③ 헨셀믹서
④ 아토마이저
⑤ 프로펠러믹서

13. 혼합기에 대한 설명으로 옳은 것은?( )

① 회전형과 고정형으로 나뉘며 회전형은 용기 자체가 회전하는 것으로 원통형, 이중 원추형, 정입방형, 피라미드형, V-형 등이 있으며, 고정형은 용기가 고정되어 있고, 내부에서 스크루형, 리본형 등의 교반장치가 회전한다.
② 회전 속도는 240~3,600rpm으로 화장품 제조에서 분산 공정의 특성에 맞게 선택해 사용하고 있다.
③ 밀폐된 진공 상태의 유화 탱크에 용해탱크원료가 자동 주입된 후 교반 속도, 온도 조절, 시간 조절, 탈포, 냉각 등이 컨트롤패널로 자동 조작이 가능한 장치이다.

Answer 11. ③ 12. ② 13. ①

④ 초음파 발생장치로부터 나오는 초음파를 시료에 조사하는 방법과 진동이 있는 관 내부로 시료를 흘려보낼 때 초음파가 발생하도록 하는 장치이다.
⑤ 나노분산, 혼합물 용해 및 추출 등에 사용되며 균질화 및 유화에 사용된다.

> **해설** 2번은 교반기, 3번은 진공 유화기, 4, 5번은 초음파 유화기에 대한 설명임. 혼합기는 회전형과 고정형으로 나뉘며 회전형은 용기 자체가 회전하는 것으로 원통형, 이중 원추형, 정입방형, 피라미드형, V-형 등이 있으며, 고정형은 용기가 고정되어 있고, 내부에서 스크루형, 리본형 등의 교반장치가 회전함.

14. 분쇄기에 대한 설명으로 옳지 않은 것은?( )

① 분쇄기로 아토마이저, 비드밀과 제트밀이 널리 사용된다.
② 제트밀은 단열 팽창 효과를 이용하여 수 기압 이상의 압축 공기 또는 고압 증기 및 고압 가스를 생성시켜 분사 노즐로 분사시키면 초음속의 속도인 제트 기류를 형성하는데, 이를 이용하여 입자끼리 충돌시켜 분쇄하는 방식이다.
③ 볼밀은 한쪽은 고정되고 다른 한쪽은 고속으로 회전하는 두 개의 소결체의 좁은 틈으로 시료를 통과시킨다.
④ 콜로이드 밀은 고정자 표면과 고속 운동자의 작은 간격에 액체를 통과시켜 전단력에 의해 분산·유화가 일어난다.
⑤ 분쇄 공정은 혼합 공정에서 예비 혼합된 분체 입자를 분쇄기에 의해 분체의 응집을 풀고, 크기를 완전히 균일하게 분쇄하는 작업 과정이다.

> **해설** 볼밀은 대표적인 파우더 분쇄 설비로 생산성, 소음, 설치공간 등에 단점이 있어 최근에는 사용되지 않고 있음. 탱크 속의 볼이 탱크와 회전하면서 충돌 또는 마찰 등에 의해서 분산되는 장치로 실험실용부터 생산용이 있으며, 일반적으로 생산용은 20~50mm 정도의 볼을 원통형의 탱크에 제품과 함께 넣고 돌리는 방식임. 한쪽은 고정되고 다른 한쪽은 고속으로 회전하는 두 개의 소결체의 좁은 틈으로 시료를 통과시키는 것은 콜로이드 밀에 대한 설명임.

15. 설비별 점검할 주요항목을 바르게 연결한 것으로 옳지 않은 것은?( )

① 제조탱크(제조가마): 내부의 세척상태 및 건조상태 등
② 회전기기(교반기, 호모믹서, 혼합기, 분쇄기 등): 세척상태 및 작동유무, 윤활오일, 게이지 표시유무, 비상정지스위치 등
③ 밸브: 밸브의 원활한 개폐유무
④ 이송펌프(원심펌프, centrifugal pumps): 펌프 압력 및 가동상태
⑤ 공조기: 전도도(비저항), UV램프수명시간, 필터교체주기 등

> **해설** 공조기는 필터압력, 송풍기운전상태, 구동밸프의 장력, 베어링 오일, 이상소음, 진동유무 등을 점검해야 하며, 전도도(비저항), UV램프수명시간, 정제수온도, 필터교체주기, 연수기탱크의 소금량, 순환펌프 압력 및 가동상태 등을 점검할 설비는 정제수제조장치임.

Answer 14. ③ 15. ⑤

16. 원자재 용기 및 시험기록서의 필수적인 기재 사항으로 옳지 않은 것은?( )

① 원자재 공급자가 정한 제품의 품질
② 원자재 공급자가 정한 제품명
③ 원자재 공급자명
④ 수령일자
⑤ 공급자가 부여한 제조번호 또는 관리번호

→해설 원자재 공급자가 정한 제품명, 원자재 공급자명, 수령일자, 공급자가 부여한 제조번호 또는 관리번호가 원자재 용기 및 시험기록서의 필수적인 기재 사항임.

17. 다음 중 원료 및 포장재의 확인이 포함해야 하는 정보로 옳은 것을 모두 고른 것은?( )

> ㄱ. 공급자명
> ㄴ. CAS번호(적용 가능한 경우)
> ㄷ. 공급자가 명명한 제품명과 다르다면, 해당 공급자명과 뱃치정보
> ㄹ. 기록된 양

① ㄱ, ㄷ
② ㄱ, ㄴ, ㄷ
③ ㄱ, ㄴ, ㄹ
④ ㄴ, ㄷ
⑤ ㄴ, ㄷ, ㄹ

→해설 원료 및 포장재의 확인은 인도문서와 포장에 표시된 품목·제품명, 만약 공급자가 명명한 제품명과 다르다면, 제조 절차에 따른 품목·제품명 그리고/또는 해당 코드번호, CAS번호(적용 가능한 경우), 적절한 경우, 수령 일자와 수령확인번호, 공급자명, 공급자가 부여한 뱃치 정보, 만약 다르다면 수령 시 주어진 뱃치 정보, 기록된 양의 정보를 포함해야 함.

18. 다음 중 완제품의 입고, 보관 및 출하 절차의 순서를 바르게 나열한 것은?( )

> ( ) → ( ) → ( ) → ( ) → ( ) → 보관 → 출하
>
> ㄱ. 검사 중(시험 중) 라벨 부착
> ㄴ. 합격라벨 부착
> ㄷ. 포장 공정
> ㄹ. 입고대기구역보관

Answer 16. ① 17. ③ 18. ②

ㅁ. 완제품시험 합격

① ㄱ→ㄴ→ㅁ→ㄹ→ㄷ
② ㄷ→ㄱ→ㄹ→ㅁ→ㄴ
③ ㄷ→ㄹ→ㄱ→ㅁ→ㄴ
④ ㄹ→ㄱ→ㅁ→ㄷ→ㄴ
⑤ ㄹ→ㄱ→ㅁ→ㄴ→ㄷ

→해설 완제품의 입고, 보관 및 출하절차는 포장공정 → 검사 중(시험 중) 라벨 부착 → 입고대기구역 보관 → 완제품시험 합격 → 합격라벨 부착 → 보관 → 출하 순임.

19. 다음 중 안전관리 기준에 적합한 제품으로 옳은 것을 모두 고른 것은?( )

ㄱ. pH 5.5인 기초화장용 제품류 로션
ㄴ. pH 2.9인 샴푸
ㄷ. 대장균이 검출된 화장품
ㄹ. 수은이 2㎍/g 검출된 제품

① ㄱ
② ㄱ,ㄴ
③ ㄱ,ㄷ
④ ㄴ
⑤ ㄴ,ㄷ

→해설 영·유아용 제품류(영·유아용 샴푸, 영·유아용 린스, 영·유아 인체 세정용 제품, 영·유아 목욕용 제품 제외), 눈 화장용 제품류, 색조 화장용 제품류, 두발용 제품류(샴푸, 린스 제외), 면도용 제품류(셰이빙 크림, 셰이빙 폼 제외), 기초화장용 제품류(클렌징 워터, 클렌징 오일, 클렌징 로션, 클렌징 크림 등 메이크업 리무버 제품 제외) 중 액, 로션, 크림 및 이와 유사한 제형의 액상제품은 pH 기준이 3.0~9.0 이어야 함. 다만, 물을 포함하지 않는 제품과 사용한 후 곧바로 물로 씻어 내는 제품은 제외함. 즉, ㄱ. pH 5.5인 기초화장용 제품류 로션 은 pH 3.0~9.0 기준을 만족하고 ㄴ. pH 2.9인 샴푸는 물로 씻어내는 제품이므로 pH 조건이 없음. ㄷ. 대장균이 검출된 화장품 처럼 대장균, 녹농균, 황색포도상구균이 검출되면 안전관리 기준에 적합하지 않고 수은은 1㎍/g이하가 검출되어야 안전관리 기준에 적합함.

20. 폐기처리(제22조)에 대한 설명으로 옳지 않은 것은?( )

① 품질에 문제가 있거나 회수·반품된 제품의 폐기 또는 재작업 여부는 품질보증책임자에 의해 승인되어야 한다.
② 재입고 할 수 없는 제품의 폐기처리규정을 작성하여야 하며 폐기 대상은 따로 보관하고 규정에 따라 신속하게 폐기하여야 한다.

Answer
19. ② 20. ④

③ 오염된 포장재나 표시사항이 변경된 포장재는 폐기한다.
④ 기준일탈이 된 완제품 또는 벌크제품은 재작업할 수 없다.
⑤ 기준일탈 제품이 발생했을 때는 미리 정한 절차를 따라 확실한 처리를 하고 실시한 내용을 모두 문서에 남긴다.

→해설 기준 일탈이 된 완제품 또는 벌크제품은 재작업 할 수 있음. 재작업이란 뱃치 전체 또는 일부에 추가 처리(한 공정 이상의 작업을 추가하는 일)를 하여 부적합품을 적합품으로 다시 가공하는 일임.

21. 다음 중 안전용기·포장대상 품목으로 옳은 것을 모두 고른 것은?(　　)

> ㄱ. 아세톤을 함유하는 네일 에나멜 리무버
> ㄴ. 어린이용 오일 등 개별포장 당 탄화수소류를 10퍼센트 이상 함유하고 운동점도가 21센티스톡스(섭씨 40도 기준) 이하인 비에멀젼 타입의 액체상태 제품
> ㄷ. 아세톤을 함유하는 네일 폴리시 리무버
> ㄹ. 개별포장당 메틸살리실레이트를 5퍼센트 이상 함유하는 고체상태의 제품

① ㄱ, ㄷ
② ㄱ, ㄹ
③ ㄱ, ㄴ, ㄷ
④ ㄴ, ㄷ
⑤ ㄴ, ㄷ, ㄹ

→해설 개별포장 당 메틸살리실레이트를 5% 이상 함유하는 액체상태의 제품이어야 함.

22. 용기종류와 이에 대한 설명을 바르게 연결한 것으로 옳지 않은 것은?(　　)

① 밀폐용기: 일상의 취급 또는 보통 보존상태에서 외부로부터 고형의 이물이 들어가는 것을 방지하고 고형의 내용물이 손실되지 않도록 보호할 수 있는 용기를 말한다.
② 밀폐용기: 밀폐용기로 규정되어 있는 경우에는 기밀용기도 쓸 수 있다.
③ 기밀용기: 일상의 취급 또는 보통 보존상태에서 액상 또는 고형의 이물 또는 수분이 침입하지 않고 내용물을 손실, 풍화, 조해 또는 증발로부터 보호할 수 있는 용기를 말한다.
④ 기밀용기: 기밀용기로 규정되어 있는 경우에는 차광용기도 쓸 수 있다.
⑤ 차광용기: 광선의 투과를 방지하는 용기 또는 투과를 방지하는 포장을 한 용기를 말한다.

→해설 기밀용기는 일상의 취급 또는 보통 보존상태에서 액상 또는 고형의 이물 또는 수분이 침입하지 않고 내용물을 손실, 풍화, 조해 또는 증발로부터 보호할 수 있는 용기를 말함. 기밀용기로 규정되어 있는 경우에는 밀봉용기도 쓸 수 있음.

Answer   21. ③ 22. ④

23. 자재 검사에 대한 설명으로 옳지 않은 것은?( )

① 자재의 기본 사양 적합성과 청결성을 확보하기 위하여 매 입고 시에 무작위 추출한 검체에 대하여 육안검사를 실시하고, 그 기록을 남긴다.
② 자재의 외관 검사에는 재질 확인, 용량, 치수 및 용기 외관의 상태 검사 뿐만 아니라, 인쇄 내용도 검사한다. 인쇄 내용은 소비자에게 제품에 대한 정확한 정보를 전달하는데 목적이 있으므로 입고 검수 시 반드시 검사해야 한다.
③ 위생적 측면에서 자재 외부 및 내부에 먼지, 티 등의 이물질 혼입 여부도 검사해야 한다.
④ 식품의약품안전처에서 화장품 용기(자재) 시험방법에 대한 단체 표준 14개를 제정하였다.
⑤ 담당자의 실수나 자재 제조업체의 실수로 치명적인 오타나 제품 정보의 누락으로 법에서 규정하는 표시 기준을 위반할 수 있으므로 검사가 필요하다.

→해설 대한화장품협회에서 화장품 용기(자재) 시험방법에 대한 단체 표준 14개를 제정함.

24. 화장품 용기 시험방법과 이에 대한 내용을 바르게 연결한 것으로 옳은 것은? ( )

① 내용물에 의한 용기의 변형을 측정하는 시험방법: 내용물에 의한 용기의 변형을 측정하는 시험 방법
② 유리병 내부 압력 시험방법: 화장품 용기 유리병의 급격한 온도 변화에 대한 내구력을 측정하는 방법
③ 펌프 누름 강도 시험방법: 스프레이 펌프의 분사 패턴을 측정하기 위한 참고 시험 방법
④ 감압 누설 시험방법: 액상의 내용물을 담는 용기의 마개, 펌프, 패킹 등의 밀폐성을 시험하는 방법
⑤ 내용물에 의한 용기의 변형 시험방법: 내용물이 충진된 용기 및 용기를 이루는 각종 재료들의 내한성, 내열성 시험 방법

→해설 1번은 내용물에 의한 용기의 변형 시험방법에 대한 설명임. 2번은 유리병의 열 충격 시험방법에 대한 설명임. 유리병 내부 압력 시험방법은 화장품 용기의 유리병 내부 압력 시험 방법임. 3번은 펌프 분사 형태 시험방법에 대한 설명임. 펌프 누름 강도 시험방법은 펌프 용기의 화장품을 펌핑 시 펌프 버튼의 누름 강도를 측정하는 시험 방법임. 5번은 내용물에 의한 용기의 변형을 측정하는 시험방법임.

25. 다음은 무엇에 대한 설명인가?( )

> 화장품 용기의 포장 재료인 유리, 금속 및 플라스틱의 유기 및 무기 코팅 막 및 도금의 밀착성 시험 방법이다.

① 라벨 접착력 시험방법
② 접착력 시험방법
③ 크로스컷트 시험방법
④ 낙하 시험방법
⑤ 용기의 내열성 및 내한성 시험방법

26. 다음 중 맞춤형 화장품 작업장에 대한 설명으로 옳지 않은 것은?( )

① 맞춤형 화장품의 소분·혼합 장소와 판매·상담 장소는 구분·구획이 권장된다.
② 적절한 환기시설이 권장된다.
③ 동일 건물 내 하나의 공기조화장치를 설치하고 벽이나 칸막이로 실분리 하는 것이 권장된다.
④ 소분·혼합 전·후 작업자의 손 세척 및 장비 세척을 위한 세척시설의 설치가 권장된다.
⑤ 방충·방서에 대한 대책이 마련되고 정기적으로 방충·방서를 점검하는 것이 권장된다.

→해설 동일 건물인 경우 벽에 의해 별개의 장소로 나누어 공기조화정치를 별도로 설치해 공기를 완전히 차단해야 함.

27. 작업장을 선이나 줄, 그물망 등에 의하거나 충분한 간격을 두어 착오나 혼동이 일어나지 않도록 하는 것을 의미하는 용어는?( )

① 분리
② 구분
③ 구획
④ 분별
⑤ 차단

28. 다음은 무엇에 대한 설명인가?( )

> 접촉면에서 바람직하지 않은 오염 물질을 제거하기 위해 사용하는 화학물질 또는 이틀의 혼합액으로 용매, 산, 염기 등이 주로 사용되며, 환경문제와 작업자의 건강 문제로 인해 수용성 물질이 많이 사용된다.

① 세제(detergent)
② 소독제(disinfectant)
③ 혼합제(combined mixture)
④ 용매(solvent)
⑤ 방부제(preservative)

Answer 26. ③ 27. ② 28. ①

29. 맞춤형 화장품 작업장 내 위생관리로 옳지 않은 것은?( )

① 소분·혼합할 때 착용하는 위생모자로 일회용모자도 가능하다.
② 소분·혼합 전에 손을 세척하고 필요시에는 소독한다.
③ 피부 외상이나 질병이 있는 직원은 작업 시 안전글러브를 반드시 착용한다.
④ 소분·혼합할 때는 위생복(방진복)과 위생모자(방진모자)를 착용한다.
⑤ 소분·혼합하는 직원은 이물이 발생할 수 있는 포인트 메이크업을 하지 않는 것이 권장된다.

→해설 피부외상이나 질병이 있는 직원은 소분작업을 하지 않음.

30. 화장품 작업장 내 직원의 위생관련 항목 규정에 대한 설명으로 옳지 않은 것은?( )

① 작업소 및 보관소 내의 모든 직원은 화장품의 오염을 방지하기 위해 규정된 작업복을 착용해야 한다.
② 제조구역별 접근권한이 없는 작업원 및 방문객은 가급적 제조, 관리 및 보관구역 내에 들어가지 않도록 한다.
③ 직원의 위생관리 기준 및 절차에 직원의 작업 시 복장, 직원 건강상태 확인 등의 규정이 포함되어야 한다.
④ 직원은 작업 중의 위생관리상 문제가 되지 않도록 청정도에 맞는 적절한 작업복, 모자와 신발을 착용한다.
⑤ 작업복은 오염여부를 쉽게 확인할 수 있는 검은색의 면 재질이 권장된다.

→해설 작업복은 오염여부를 쉽게 확인할 수 있는 밝은색의 폴리에스터 재질이 권장됨.

31. 작업장 관련 개인위생에 관한 설명으로 옳은 것은?( )

① 작업자는 제품 품질에 영향을 미칠 수 있는 질병에 걸린 경우 즉시 해당 부서장에게 사유를 보고한다.
② 전염성 질환의 발생 또는 그 위험이 있는 자는 철저한 방진작업을 진행한 뒤 작업한다.
③ 작업자의 건강상태는 연 1회 정기검진으로만 파악된다.
④ 반지, 목걸이, 귀걸이 등의 착용은 제품 품질에 영향을 크게 미치지 않는다.
⑤ 생산, 관리 및 보관 구역 내에서는 껌 씹기나 흡연 등은 불허되며 오직 물음용만이 가능하다.

Answer 29. ③ 30. ⑤ 31. ①

→해설 전염성 질환의 발생 또는 그 위험이 있는 자는 화장품과 직접 접촉하는 작업을 해서는 안 됨. 작업자의 건강상태는 연 1회 정기검진과 작업시작 전 수시로 파악됨. 반지, 목걸이, 귀걸이 등은 생산 중 과오 등에 의해 제품 품질에 영향을 줄 수 있어 착용하지 않음. 생산, 관리 및 보관 구역 내에서는 먹기, 마시기, 껌 씹기나 흡연 등을 해서는 안 됨.

32. 작업복 관리와 관련된 설명으로 옳지 않은 것은?( )

① 작업복은 외부업체에 의뢰하여 세탁하지 않고 반드시 규정에 따라 설치된 작업장 내의 세탁기를 사용하여 세탁한다.
② 작업자는 작업종류 혹은 청정도에 맞는 적절한 작업복을 착용한다.
③ 작업복의 정기 교체주기(1회/6개월)를 정해야 하며, 작업복은 먼지가 발생하지 않는 소재로 되어야 한다.
④ 작업 전에 복장점검을 하고 적절하지 않을 경우는 시정한다.
⑤ 모자와 작업화, 여기에 필요한 경우 마스크나 장갑을 착용할 수 있다.

→해설 작업복은 외부업체 의뢰 세탁이 가능함. '작업장 내 세탁기 관련 규정'은 없음.

33. 설비 및 기구 위생의 관리와 관련된 설명으로 옳은 것은?( )

① 세척기록은 최소 2달간 보관해야 하며, 세척 및 소독된 모든 장비는 건조시켜 보관하는 것이 제조 설비의 오염을 방지할 수 있다.
② 세척 완료 후, 세척 상태에 대한 평가를 실시하고 세척완료라벨을 설비에 부착한다. 만약 세척 유효 기간이 경과했을 때에는 재평가를 실시한다.
③ 세척은 오염 미생물 수를 허용 수준 이하로 감소시키기 위해 수행하는 절차이고, 소독은 제품 잔류물과 흙, 먼지, 기름때 등의 오염물을 제거하는 과정이다.
④ 세척과 소독 주기는 주어진 환경에서 수행된 작업의 종류에 따라 결정한다.
⑤ 화장품 제조를 위해 제조 설비의 세척과 소독은 구두지시에 따라 수행한다.

→해설 1번- 세척기록의 보관기한에 대한 규정은 따로 존재하지 않음. 2번- 세척 유효 기간이 경과했을 때에는 재평가가 아닌 재세척을 실시해야 함. 3번- 세척과 소독의 설명이 뒤바뀌었음. 5번- 세척과 소독은 구두에 따라 진행하면 안 되고 문서화된 절차에 따라 수행해야 함.

34. 설비 세척의 원칙에 대한 규정으로 옳지 않은 것은?( )

① 분해할 수 있는 설비는 분해해서 세척한다.
② 증기 세척이 권장된다.
③ 위험성이 없는 용제(알코올이 최적)로 세척한다.
④ 세척 후에는 세척 완료 여부를 알 수 있는 표시를 한다.
⑤ 세척 후는 반드시 '판정'하며 판정 후의 설비는 건조·밀폐해서 보존한다.

Answer 32. ① 33. ④ 34. ③

→해설 위험성이 없는 최적의 용제는 물로 규정되어 있음.

35. 제조 설비에 대한 설명으로 옳지 않은 것은?( )

① 호모믹서(homo mixer) : 고정된 고정자(stator)와 고속 회전이 가능한 운동자(rotor) 사이의 간격으로 내용물이 대류 현상으로 통과되며 강한 전단력을 받는다.
② 교반기(mixer) : 교반기 설치 위치에 따라 프로펠러형과 임펠러 형으로 나뉘고, 교반기 회전 날개의 종류에 따라 아지믹서, 측면형 교반기, 저면형 교반기로 나뉜다.
③ 혼합기(dispersing mixer) : 혼합기는 회전형과 고정형으로 나뉜다. 회전형은 용기 자체가 회전하는 것이고, 고정형은 용기가 고정되어 있고 내부에서 스쿠루형이나 리본형등의 교반 장치가 회전하는 형태이다.
④ 분쇄기 : 분쇄 공정은 혼합 공정에서 예비 혼합된 분체 입자를 분쇄기에 의해 분체의 응집을 풀어준다.
⑤ 초음파 유화기 : 초음파 발생장치로부터 ㄴ오는 초음파를 시료에 조사하는 방법과 진동이 있는 관 내부로 시료를 흘려보낼 때 초음파가 발생하도록 하는 장치이다.

→해설 교반기 설치 위치(아지믹서, 측면형 교반기, 저면형 교반기)와 날개의 종류(프로펠러형과 임펠러 형)에 따른 종류가 서로 뒤바뀜.

36. 다음은 분쇄기의 종류 중 하나이다. 이것은 무엇에 대한 설명인가?( )

> 단열 팽창 효과를 이용하여 수 기압 이상의 압축 공기 또는 고압 증기 및 고압가스를 생성시켜 분사 노즐로 분사시키면 초음속의 속도의 기류가 형성된다.

① 스윙해머(swing hammer)
② 콜로이드 밀(colloid mill)
③ 제트밀(jet mill)
④ 볼밀(ball mill)
⑤ 비드밀(bead mill)

37. 설비 및 기구의 폐기에 관련된 내용으로 옳지 않은 것은?( )

① 정밀점검 후에 수리가 불가능한 경우에는 설비를 폐기한다.
② 설비점검 시 누유, 누수, 밸브 미작동 등이 발견되면 설비 사용을 금지시키고 '유휴설비' 표시를 한다.
③ 폐기를 결정한 설비는 폐기 전까지 "유휴설비" 표시를 해 설비가 사용되는 것을 방지한다.
④ 오염된 기구나 일부가 파손된 기구는 폐기한다.
⑤ 플라스틱 재질의 기구는 주기적으로 교체하는 것이 권장된다.

Answer 35. ② 36. ③ 37. ②

→해설 설비점검 시 누유, 누수, 밸브 미작동 등이 발견되면 설비 사용을 금지시키고 '점검 중' 표시를 함.

38. 내용물 및 원료관리의 '입출고 및 보관관리' 규정에 대한 설명으로 옳지 않은 것은?( )

① 원자재 용기에 제조번호가 없는 경우 관리번호를 부여하여 보관하여야 한다.
② 원자재의 입고 시 구매 요구서, 원자재 공급업체 성적서 및 현품이 서로 일치해야 한다.
③ 입고된 원자재는 '적합' 또는 '부적합' 으로 상태를 반드시 먼저 표시해야 한다. 다만, 동일 수준의 보증이 가능한 다른 시스템이 있다면 대체 수 있다.
④ 제조업체는 원자재 공급자에 대한 관리감독을 적절히 수행해 입고관리가 철저히 이루어지도록 해야 한다.
⑤ 동일 수준의 보증이 가능한 다른 시스템이 있어도 입고된 원자재는 '적합', '부적합', '검사중' 등으로 상태를 표시해야 한다.

→해설 입고된 원자재는 '적합', '부적합', '검사 중' 등으로 상태를 표시해야 함. 다만 동일 수준의 보증이 가능한 다른 시스템이 있다면 대체할 수 있음.

39. '원료검사' 부분에서 시험검체 채취 및 관리에 대한 설명으로 옳지 않은 것은? ( )

① 검체 검사에서는 원료에 대한 채취 계획을 수립하고, 용기 및 기구를 확보한다.
② 검체 채취 절차는 오염과 변질을 방지하기 위해 필요한 예방 조치를 포함한 검체 채취 방법으로, 검체 채취를 위한 설비기구, 채취량, 검체 확인 정보 등을 포함한다.
③ 사용되지 않는 검체물질은 모두 폐기하고, 검체 채취 지역을 청소 및 소독한다.
④ 검체 채취 지역이 준비되어 있는지 확인하고, 대상 원료를 그 지역으로 옮긴다.
⑤ 검사결과가 규격에 적합한지 확인하고 부적합할 때 일탈 처리 절차를 진행한다.

→해설 사용되지 않은 검체물질은 창고로 반송함.

40. '원료검사' 부분에서 검체의 보관에 대한 설명으로 옳지 않은 것은?( )

① 용기는 밀폐하고, 청소와 검사가 용이하도록 충분한 간격으로 바닥과 떨어진 곳에 보관하고, 원료가 재포장될 경우 원래의 용기와 동일하게 표시한다.
② 재시험에 사용할 수 있을 정도로 충분한 양의 검체를 각각의 원료에 적합한 보관 조건에 따라, 물질의 특성 및 특성에 맞도록 보관한다.
③ 허용 가능한 보관 기간을 결정하기 위한 문서화된 시스템을 확립하고, 적절한 보관 기간을 정한다.

④ 사용기한이 정해지지 않은 원료(펄, 파우더, 색소)는 화장품사 자체적으로 사용기한을 정할 수 없으며, 반드시 화장품제조법에 따른 규정에 따라 기한을 정한다.
⑤ 재시험에 사용할 수 있을 정도로 충분한 양의 검체를 각각의 원료에 적합한 보관 조건에 따라 특성에 맞도록 보관한다.

→해설 사용기한이 정해지지 않은 원료는 회사 자체적으로 사용기한을 정할 수 있음.

41. 검체 보관 시 보관할 검체의 양으로 적합한 것은?( )

① 전 항목 1회 시험량
② 전 항목 2-3회 시험량
③ 전 항목 4-5회 시험량
④ 일부 항목 2-3회 시험량
⑤ 일부 항목 3-5회 시험량

→해설 재시험에 사용할 수 있을 정도로 충분한 양으로 전 항목 2-3회 시험량의 보관이 권장됨.

42. '출고관리'에 대한 설명으로 옳지 않은 것은?( )

① 오직 승인된 작업자만이 원료 및 포장재의 불출 절차를 수행할 수 있다.
② 뱃치에서 취한 검체가 모든 합격 기준에 부합할 대 뱃치가 불출될 수 있다.
③ 원료과 포장재는 불출되기 전까지 사용을 금지하는 격리를 위해 특별한 절차가 이행되어야 한다.
④ 모든 물품을 후입선출 방법으로 출고한다. 다만 후입선출을 하지 못하는 특별한 사유가 있는 경우 선입선출의 과정을 진행 할 수 있다.
⑤ 특별한 환경을 제외하고 재고품 순환은 오래된 것이 먼저 사용되도록 보증해야 한다.

→해설 모든 물품은 선입선출을 기준으로 함. 특별한 사유가 있을 때에 한해 후입선출을 허용함..

43. 완제품의 입고와 보관 및 출하절차의 과정으로 옳은 것은?( )

① 포장공정 - 입고대기구역보관 - 완제품시험 합격 - 보관 - 출하
② 출하 - 보관 - 입고대기구역 보관 - 포장공정 - 완제품시험 합격
③ 입고대기구역 보관 - 완제품시험 합격 - 포장공정 - 보관 - 출하
④ 포장공정 - 완제품시험 합격 - 입고대기구역보관 - 보관 - 출하
⑤ 완제품시험 합격 - 포장공정 - - 입고대기구역보관 - 보관 - 출하

44. '내용물 관리' 중 공정관리에 대한 설명으로 옳지 않은 것은?( )

① 제조공정 단계별로 적절한 관리기준이 규정되어야 하며 그에 미치지 못한 모든 결과는 보고되고 조치가 이루어져야 한다.
② 벌크제품은 품질이 변하지 아니하도록 적당한 용기에 넣어 지정된 장소에서 보관해야 하며 위생관련 문제를 방지하기 위해 용기에는 어떠한 표시도 하지 않는다.
③ 모든 벌크제품은 적절한 용기를 사용해야 한다. 또한 용기는 내용물을 분명히 확인할 수 있도록 표시되어야 한다.
④ 벌크제품을 재보관할 시에는 밀폐하고 원래 보관 환경에서 보관하도록 한다.
⑤ 벌크제품의 최대 보관기한은 설정해야 하며 최대 보관기한이 가까워진 반제품은 완제품 제조하기 전에 품질이상, 변질 여부 등을 확인해야 한다.

→해설 용기 겉면에는 명칭 또는 확인코드, 제조번호 등이 표시되어야 함.

45. 화장품 유형별 시험항목에서 나머지 네 가지와 성격이 다른 한 가지는?( )

① 미생물한도시험
② 수분포함제품 시험(pH)
③ 기능성화장품 시험
④ 화장비누 : 유리알칼리
⑤ 퍼머넌트웨이브용 및 헤어스트레이트너

→해설 미생물한도 시험은 공통시험항목에 속하며 나머지 넷은 유형별 추가 시험항목에 속하는 시험항목임.

46. 다음 성분에 따른 시험방법에 대한 설명으로 잘못 연결된 것은?( )

① 납 : 디티존법, 원자흡광광도법(ASS), 유도결합플라즈마 분광기를 이용하는 방법(ICP)
② 수은 : 수은분해장치를 이용한 방법, 수은분석기를 사용하는 방법
③ 디옥산 : 기체크로마토그래프법의 절대검량선법
④ 메탄올 : 푹신아황산법법, 기체크로마토그래프-질량분석기법
⑤ 포름알데하이드 : 기체크로마토그래프법의 절대검량선법

→해설 포름알데하이드는 액체크로마토그래프법의 절대검량선법을 사용함.

47. 미생물한도 시험방법 중 검체 전처리에 대한 규정으로 옳지 않은 것은? ( )

① 검체조작은 무균조건하에서 실시하여야 하며, 검체는 충분하게 무작위로 선별하여 그 내용물을 혼합하고 검체 제형에 따라 검체를 희석, 용해 또는 현탁시킨다.

Answer 44. ② 45. ① 46. ⑤ 47. ⑤

② 액제나 로션제의 경우 검체 1ml(g)에 변형레틴액체 배지 또는 검증된 배지나 희석액 9ML를 넣어 10배 희석액을 만들고, 희석이 더 필요할 때에는 같은 희석액으로 조제한다.

③ 파우더 및 고형제 : 크림제 및 오일제와 같은 방법으로 희석액을 만들고 분산제만으로 균질화가 되지 않는 경우 검체에 적당량의 지용성 용매를 첨가한 상태에서 멸균된 마쇄기로 잘게 부수어 반죽 형태로 만든다.

④ 크림제 및 오일제 : 검체 1ml(g)에 적당한 분산제 1ml를 넣어 균질화 시키고 변형레틴액체 배지 또는 검증된 배지나 희석액 9ml를 넣어 10배 희석액을 만든다.

⑤ 분산제만으로 균질화가 되지 않는 경우 검체에 적당량의 수용성 용매를 넣어 용해한 뒤 적당한 용해제 10ml를 넣어 균질화 시킨다.

→해설 분산제만으로 균질화가 되지 않는 경우 검체에 적당량의 지용성 용매를 넣어 용해한 뒤 적당한 용해제 10ml를 넣어 균질화 시킴.

48. 미생물시험에서 '특정세균시험법'에 대한 설명으로 옳지 않은 것은?( )

① 대장균 시험은 유당액체배지, 맥콘키한천배지, 에오신메칠렌블루 한천배지(EMB한천배지)를 이용하여 시험한다.
② 녹농균 시험의 경우 카제인대두소화액체배지 또는 엔에이씨한천배지(NAC agar)등을 이용하여 시험한다.
③ 황색포도상구균 시험은 보겔존슨한천배지(Vogel-Johnson ager) 또는 베어드파카한천배지(Baird-Parker ager)를 이용하여 시험한다.
④ 검체의 유.무 하에서 각각 규정된 특정세균시험법에 따라 제조된 검액. 대조액에 시험 균주 100cfu를 개별적으로 접종하여 시험을 진행한다.
⑤ 적합성 시험은 접종균 각각에 대하여 음성으로 나타나야 한다.

→해설 적합성 시험은 접종균 각각에 대하여 양성으로 나타나야 함.

49. 다음은 화장품의 내용량 관련 규정 중 하나이다. 어떤 제품에 대한 설명인가? ( )

> 내용물이 들어있는 용기의 외면을 깨끗이 닦고, 무게를 정밀하게 단 다음 내용물을 완전히 제거하고 물 또는 적당한 유기용매로 용기의 내부를 깨끗이 씻어 말린 다음 용기만의 무게를 정밀히 달아 전후의 무게차를 내용량으로 한다.

① 용량표시제품
② 질량표시제품
③ 성분표시제품
④ 품질표시제품
⑤ 부피표시제품

Answer 48. ⑤ 49. ②

50 화장품 시험 중 'pH시험법'에 대한 설명으로 옳지 않은 것은?(   )

① 검체와 물을 넣어 지방분을 녹이고 흔들어 섞은 다음 냉장고에서 지방분을 응결시켜 여과하는 방법이다.
② 지방층과 물층이 분리되지 않을 때는 측정하지 못한다.
③ pH측정법 중 조작법에서 유리전극은 미리 물 또는 염기성완충액에 수시간 이상 담그어 두고 pH메터는 전원에 연결하고 10분 이상 두었다가 사용한다.
④ 온도보정꼭지가 있는 것은 그 꼭지를 표준완충액의 온도와 같게 하여 그 온도에서의 표 완충액의 pH값이 되도록 제로점 조절꼭지를 조절한다.
⑤ 스킨로션, 토너와 같이 투명한 액상인 경우에는 그대로 측정한다.

해설 지방층과 물층이 분리되지 않을 때도 그대로 사용함.

51. 용기 종류에 따른 설명으로 옳지 않은 것은?(   )

① 밀폐용기는 일상의 취급 또는 보통 보존상태에서 외부로부터 고형의 이물이 들어가는 것을 방지하고, 고형의 내용물이 손실되지 않도록 보호할 수 있는 용기를 말한다.
② 기밀용기는 일상의 취급 또는 보통 보존상태에서 액상 또는 고형의 이물 또는 수분이 침입하지 않고 내용물을 손실, 풍화, 조해 또는 증발로부터 보호할 수 있는 용기를 말한다. 기밀용기로 규정되어 있는 경우 밀봉용기로도 쓸 수 있다.
③ 밀봉용기는 일상의 취급 또는 보통의 보존상태에서 기체 또는 미생물이 침입할 염려가 없는 용기를 말한다.
④ 밀폐용기로 규정되어 있는 경우에도 밀봉용기도 쓸 수 있으며 기밀용기로 규정되어 있는 경우에는 밀폐용기도 쓸 수 있다.
⑤ 차광용기는 광선의 투과를 방지하는 용기 또는 투과를 방지하는 포장을 한 용기를 말한다.

해설 밀폐용기로 규정되어 있는 경우에는 기밀용기도 쓸 수 있으며 기밀용기로 규정되어 있는 경우에는 밀봉용기도 쓸 수 있음.

52. 화장품 용기 시험방법에 대한 설명으로 옳지 않은 것은?(   )

① 펌프 누름 강도 시험방법 – 스프레이 펌프의 분사패턴을 측정하기 위한 참고 시험 방법
② 내용물에 의한 용기의 변형을 측정하는 시험방법 : 내용물이 충진된 용기 및 용기를 이루는 각종 재료들의 내한성, 내열성을 시험하는 방법
③ 낙하 시험방법 – 플라스틱 성형품, 조립 캡, 조립 용기, 거울, 명판 등의 조립 및 접착에 의해 만들어진 화장품 용기의 낙하 시험 방법
④ 크로스컷 시험방법 – 화장품 용기의 포장 재료인 유리, 금속 및 플라스틱의 유기 및 무기 코팅 막 및 도금의 밀착성 시험 방법

Answer 50. ② 51. ④ 52. ①

⑤ 유리병의 열 충격 시험방법 – 화장품 유리병의 급격한 온도변화에 대한 내구력을 측정하는 방법

→해설 펌프 누름 강도 시험방법은 펌프 용기의 화장품을 펌핑 시 펌프 버튼의 누름 강도를 측정하는 시험방법임.

53. 자재검사에 대한 설명으로 옳지 않은 것은?( )

① 매 입고 시에 무작위 추출한 검체에 대해 육안 검사를 실시한다.
② 목적은 자재의 기본 사양 적합성과 청결성을 확보하기 위함이다.
③ 자재의 외관검사에는 인쇄내용은 포함하지 않는다.
④ 자재검사에 대한 기록은 남긴다.
⑤ 자재 외부 및 내부에 먼지, 티 등의 이물질 혼입여부도 검사해야 한다.

→해설 인쇄내용은 제품에 대한 정확한 정보를 전달하는 데 목적이 있으므로 입소 검수 시 반드시 검사해야 함. 또한 담당자의 실수나 자재 제조업체의 실수로 치명적인 오타나 제품 정보의 누락으로 법에서 규정하는 표시 기준을 위반할 수 있으므로 인쇄내용에 대한 검사가 필요함.

54. 다음은 무엇에 대한 설명인가?( )

> 화장품 용기에 표시된 인쇄 문자, 코팅 막 및 라미네이팅의 밀착성을 측정하기 위한 시험방법

① 크로스컷트 시험방법
② 내용물에 의한 용기 마찰 시험방법
③ 유리병 표면 알칼리 용출량 시험방법
④ 접착력 시험방법
⑤ 라벨 접착력 시험방법

55. 다음 ( )에 들어갈 적합한 용어가 바르게 짝지어진 것은?( )

> 맞춤형 화장품의 소문·혼합 장소와 판매·상담 장소에는 다음이 권장된다.
> (㉠): 별개의 건물로 되어 있고 충분히 떨어져 공기의 입구가 출구가 간섭받지 않는 상태
> (㉡): 동일 건물 내의 작업소, 작업실이 벽, 칸막이, 에어커튼 등에 의해 나누어져 교차오염 또는 외부 오염물질의 혼입이 방지될 수 있도록 된 상태
> (㉢): 선이나 줄, 그물망, 칸막이 등에 의하거나 충분한 간격을 두어 착오나 혼동이 일어나지 않도록 되어있는 상태

㉠: 구획 ㉡: 구분 ㉢: 분리

①: 구획 ⓒ: 분리 ⓒ: 구분
①: 분리 ⓒ: 구획 ⓒ: 구분
①: 분리 ⓒ: 분류 ⓒ: 구획
①: 분류 ⓒ: 구획 ⓒ: 분리

→해설 분리는 동일 건물인 경우에는 벽에 의하여 별개의 장소로 나누어져 작업원의 출입 및 원자재의 반출입 구역이 별개이고 공기조화장치가 별도로 설치되어 공기가 완전히 차단된 상태임.

56. 화장품을 제조, 충진, 포장하는 작업장의 시설로 적합하지 않는 것은?( )

① 제조하는 화장품의 종류·제형에 따라 적절히 구획·구분
② 환기가 잘 되고 청결할 것
③ 비상사태를 대비해 외부와 연결된 창문은 잘 열리도록 할 것
④ 작업소 내의 외관 표면은 매끄럽게 설계할 것
⑤ 작업소 내의 외관 표면은 소독제의 부식성에 저항력이 있을 것

→해설 외부와 연결된 창문은 가능한 열리지 않도록 해야 함.

57. 작업소의 방충 대책으로 옳은 것을 모두 고른 것은?( )

ㄱ. 벽, 천장, 창문, 파이프 구멍에 틈이 없도록 한다
ㄴ. 개방할 수 있는 창문을 만든다
ㄷ. 창문은 차광하고 야간에 빛이 밖으로 새어나가지 않게 한다
ㄹ. 배기구, 흡기구에 필터를 단다
ㅁ. 실내압을 외부보다 낮게 한다.

① ㄱ, ㄴ, ㄹ
② ㄱ, ㄷ, ㄹ
③ ㄱ, ㄴ, ㄷ
④ ㄱ, ㄷ, ㅁ
⑤ ㄷ, ㄹ, ㅁ

→해설 개방할 수 있는 창문을 만들지 말아야 함. 실내압을 외부보다 높게 하여 공기 조화장치를 만듬.

58. 작업장 소독제를 선택할 때 고려할 조건으로 옳지 않은 것은?( )

① 사용 기간 동안 활성을 유지해야 한다.
② 가격에 상관없이 좋은 소독제를 사용해야 한다
③ 사용 농도에서 독성이 없어야 한다.

Answer 56. ③ 57. ② 58. ②

④ 제품이나 설비와 반응하지 않아야 한다.
⑤ 광범위한 항균 스펙트럼을 가져야 한다.

→해설 경제적인 소독제를 사용해야 함. 이 외에도 작업장 소독제의 조건은 불쾌한 냄새가 남지 않아야 하고 5분 이내의 짧은 처리에도 효과를 보여야 하며 물에 대한 용해성 및 사용 방법의 간편성 등이 있어야 함.

59. 세척방법 확인 방법인 린스액의 화학분석에 대한 설명으로 옳지 않은 것은?( )

① 상대적으로 복잡한 방법이지만, 수치로서 결과를 확인할 수 있다.
② 호스나 틈새기의 세척판정에 적합하다
③ T℃측정기로 린스액 중의 총유기탄소를 측정하는 방법이 있다
④ 무진포로 문질러 부착물로 확인한다.
⑤ 박층크로마토그래피(TLC)에 의한 간편 정량 방법이 있다.

→해설 천으로 문질러 부착물로 확인하는 세척확인 방법인 닦아내기 판정임. 닦아내기 판정은 천으로 설비 내부의 표면을 닦아내고 천 표면의 잔류물 유무로 세척결과를 판정함.

60. 방문객 또는 안전 위생의 교육훈련을 받지 않은 직원이 제조, 관리, 보관구역으로 출입하기 위한 조건을 모두 고른 것은?( )

> ㄱ. 안전위생 교육훈련 자료에 따라 출입전에 교육훈련을 실시한다.
> ㄴ. 필요한 보호 설비를 갖추고 출입한다.
> ㄷ. 소속, 성명, 방문목적, 동행자 성명 등을 쓴 출입기록을 남긴다
> ㄹ. 안내자와 동행해야 한다.
> ㅁ. 작업복은 더럽혀지지 않도록 검은색이 권장된다

① ㄱ, ㄴ, ㄹ
② ㄱ, ㄷ, ㄹ
③ ㄱ, ㄴ, ㄷ, ㄹ
④ ㄱ, ㄴ, ㄹ, ㅁ
⑤ ㄱ, ㄴ, ㄷ, ㄹ, ㅁ

→해설 작업복은 오염여부를 쉽게 확인할 수 있는 밝은색(예: 흰색)의 폴리에스터 재질이 권장됨. 방문객 또는 안전 위생의 교육훈련을 받지 않은 직원이 제조, 관리, 보관구역으로 출입하기 위해서 안내자가 반드시 동행해야 함.

61. 작업자의 손 세척과 소독에 대한 설명으로 옳은 것은?( )

① 작업자의 손을 세척하는데 고체비누가 사용된다.
② 손 소독제로 라우릴알코올 70%가 주로 사용된다.
③ 시중에서 판매하는 손소독제는 사용하지 않는다.
④ 손 소독제로 에탄올 95%가 주로 사용된다.
⑤ 에탄올 혹은 아이소프로필알코올로 직접 만든 소독제를 사용하기도 한다.

→해설 작업자의 손을 세척하는 데에는 고체가 아닌 액체비누가 사용됨. 손 소독제로는 에탄올 70%, 아이소프로필알코올70%가 주로 사용되며 에탄올 혹은 아이소프로필알코올로 직접 만든 소독제를 사용하거나 시중에서 판매하는 손소독제를 구매하여 사용함.

62. 설비 세척의 원칙으로 옳지 않은 것은?( )

① 물과 같은 위험성이 없는 용제로 세척한다.
② 세제를 이용한 세척이 권장된다.
③ 분해할 수 있는 설비는 분해해서 세척한다.
④ 세척 후는 반드시 '판정'한다.
⑤ 판정 후의 설비는 건조·밀폐해서 보존한다.

→해설 가능한 한 세제를 사용하지 않으며 세제를 사용할 경우 설비 내벽에 남아 제품에 악영향을 미치는 위험성이 있음. 세제가 잔존하고 있지 않다는 것을 설명하기에는 고도의 화학 분석이 필요함. 세제 대신 증기 세척이 권장됨.

63. 교반기에 대한 설명으로 옳지 않은 것은?( )

① 교반기 회전속도에 따라 아지믹서, 측면형 교반기, 저면형 교반기가 있다.
② 회전 날개의 종류에 따라 프로펠러형과 임펠러형으로 나누고 있다.
③ 교반기의 회전속도는 240~3,600rpm으로 화장품 제조에서 분산 공정의 특성에 맞게 선택해 사용한다.
④ 프로펠러형 믹서는 디스퍼라고도 한다.
⑤ 교반의 목적, 액의 비중, 점도의 성질, 혼합 상태, 혼합 시간등을 고려하여 교반기를 편심 설치하거나 중심 설치를 한다.

→해설 교반기의 회전속도가 아니라 교반기의 설치 위치에 따라 아지믹서, 측면형 교반기, 저면형 교반기가 있음.

Answer 61. ⑤ 62. ② 63. ①

제3과목 유통화장품의 안전관리

64. 다음은 어떤 유화기에 대한 설명인가?( )

> 터빈형의 날개를 원통으로 둘러싼 구조로 통 속에서 대류가 일어나도록 설계되어 균일하고 미세한 유화입자가 형성된다. 고정된 고정자와 고속 회전이 가능한 운동자 사이의 간격으로 내용물이 대류현상으로 통과되며 강한 전단력을 받는다.

① 리본믹서
② 호모믹서
③ 프로펠러믹서
④ 아지믹서
⑤ 호모게나이저

→해설 호모믹서는 전단력, 충격 및 대류에 의해서 균일하고 미세한 유화 입자를 얻을 수 있음.

65. 다음 중 회전형 혼합기가 아닌 것은?( )

① V-형 혼합기
② 이중 원추형 혼합기
③ 리본 믹서
④ 피라드형 혼합기
⑤ 정입방형 혼합기

→해설 리본믹서는 고정형 혼합기로 고정형은 용기가 고정되어 있고, 내부에서 스크루형, 리본형 등의 교반장치가 회전함. 회전형은 용기 자체가 회전하는 것으로 원통형, 이중 원추형, 정입방형, 피라미드형, V-형 등이 있음.

66. 다음 중 혼합기에 대한 설명으로 옳지 않은 것은?( )

① 혼합기는 회전형과 고정형으로 나뉜다.
② V-형 혼합기는 드럼의 회전에 의해 혼합물을 연속적으로 세분화한다.
③ 원추형 혼합기는 드럼 내에 개방된 스크루가 자전 및 공전을 동시에 진행하며 혼합운동이 이루어진다.
④ 리본믹서는 고정 드럼 내부에 리본 타입의 교반 날개가 있다.
⑤ 리본믹서의 혼합 속도는 아래로부터 밀어 올려지는 분체의 양으로 결정된다.

→해설 리본믹서는 외측의 분립체는 중앙으로, 내측의 리본은 외측 방향으로 이송하는 것에 의해 대류, 확산 및 전단 작용을 반복하여 혼합이 이루어짐. 혼합속도는 아래로부터 밀어 올려지는 분체의 양으로 결정되는 것은 원추형 혼합기이며 원추형 분체의 상승 운동, 나선 운동 하강운동으로 분류됨.

Answer 64. ② 65. ③ 66. ⑤

67. 분쇄기의 종류와 그 특성이 옳지 않게 짝지어진 것은?( )

① 헨셀믹서 – 임펠러가 고속으로 회전함에 따라 분쇄하는 방식
② 아토마이저 – 스윙해머 방식의 고속회전 분쇄기
③ 비드밀 – 지르콘으로 구성된 비드를 사용하여 이산화티탄과 산화아연 처리에 주로 사용
④ 롤러 – 3단 형태의 3롤 밀이 주로 사용되며 분체나 슬러리상 내용물을 분산 분쇄
⑤ 제트밀 – 한쪽은 고정되고 다른 한쪽은 고속으로 회전하는 두 개의 소결체의 좁은 틈으로 시료를 통과시킨다

→해설 제트밀은 단열 팽창 효과를 이용하여 수 기압 이상의 압축 공기 또는 고압 증기 및 고압가스를 생성시켜 분사 노즐로 분사시키면 초음속 속도인 제트 기류를 형성하는데 이를 이용하여 입자끼리 충돌시켜 분쇄하는 방식임. 5번은 콜로이드 밀에 대한 설명임.

68. 다음은 어떤 제조설비의 점검 주요항목이다. 이 제조시설은 무엇인가?( )

> 전도도(비저항), UV램프수명시간, 정제수온도, 순환펌프 압력 및 가동상태, 필터교체주기, 연수기, 탱크의 소금량 등

① 제조탱크
② 회전기기
③ 정제수제조장치
④ 이송펌프
⑤ 밸브

→해설 제조탱크 – 내부의 세척상태 및 건조상태 등, 회전기기 – 세척상태 및 작동유무, 윤활오일, 게이지 표시유무, 비상정지스위치 등, 이송펌프 – 펌프압력 및 가동상태, 밸브 – 밸브의 원활한 개폐유무

69. 다음의 정보를 포함해야 하는 입고관리에 해당하는 단계는?( )

> 인도문서와 포장에 표시된 품목·제품명
> 만약 공급자가 명명한 제품명과 다르다면, 제조 절차에 따른 품목·제품명 그리고/또는 해당 코드번호
> CAS번호(적용 가능한 경우)
> 적절한 경우, 수령 일자와 수령확인번호
> 공급자명
> 공급자가 부여한 뱃치 정보, 만약 다르다면 수령 시 주어진 뱃치 정보
> 기록된 양

Answer 67. ⑤ 68. ③ 69. ②

① 원료 및 포장재의 구매 시
② 원료 및 포장재의 확인
③ 원료와 포장재의 관리
④ 원자재 용기 및 시험기록서의 필수적인 기재 사항
⑤ 제조업자의 원자재 공급자에 대한 관리감독

→해설 제품의 품질에 영향을 줄 수 있는 결함을 보이는 원료와 포장재는 결정이 완료될 때까지 보류 상태로 있어야 함. 원료 및 포장재의 상태는 적절한 방법으로 확인되어야 함. 이 때 원료 및 포장재의 확인은 위의 정보를 포함해야 함.

70. 시험 검체의 채취 및 관리에 대한 설명으로 옳지 않은 것은?( )

① 검체 채취 계획을 수립하고 용기 및 기구를 확보한다.
② 검체 채취 지역이 준비되어 있는지 확인하고 대상 원료를 그 지역으로 옮긴다.
③ 시험용 검체는 오염되거나 변질되지 않도록 채취한다.
④ 재시험에 사용할 수 있도록 충분한 양의 검체를 보관한다.
⑤ 사용기한이 정해지지 않은 원료는 자체적으로 사용기한을 정하며 10번까지 사용기한을 연장할 수 있다.

→해설 사용기한이 정해지지 않은 원료는 화장품사 자체적으로 사용기한을 정하고 사용기한 만료 1~2개월 전에 재시험하여 규격에 적합하면 사용기한을 연장하여 원료를 사용할 수 있음. 사용기한 연장횟수는 1~5번까지로 정해야 하며 이 모든 절차가 규정되어 있어야 함.

71. 완제품의 입고, 보관 및 출하 절차에 해당하는 단계를 순서 없이 나타낸 것이다. 순서를 바르게 배열한 것은?( )

| ㄱ. 입고대기구역보관 |
| ㄴ. 합격라벨 부착 |
| ㄷ. 완제품시험합격 |
| ㄹ. 출하 |
| ㅁ. 보관 |
| ㅂ. 포장공정 |
| ㅅ. 검사 중 라벨 부착 |

① ㄱ→ㄷ→ㄴ→ ㅁ→ ㅅ→ㅂ→ㄹ
② ㅅ→ㄷ→ㄴ→ ㄱ→ ㅂ→ㅁ→ㄹ
③ ㅂ→ㅅ→ㄱ→ ㄷ→ ㄴ→ㅁ→ㄹ
④ ㅂ→ㄱ→ㅅ→ ㄷ→ ㄴ→ㅁ→ㄹ

→해설 완제품의 입고, 보관 및 출하 절차는 포장공정 → 검사 중(시험 중) 라벨 부착 → 입고대기구

Answer
70. ⑤ 71. ④

역보관 → 완제품시험합격 → 합격라벨 부착 → 보관 → 출하 순서로 진행됨.

72. 벌크제품의 재보관에 대한 설명으로 옳지 않은 것은?( )

① 남은 벌크는 재보관하고 재사용할 수 있다.
② 변질되기 쉬운 벌크는 조금씩 나누어서 보관한다.
③ 밀폐한 후 원래 보관환경에서 보관하고 다음 제조시 우선적으로 사용한다.
④ 재보관 시 내용을 명기하고 재보관임을 표시한 라벨을 부착한다.
⑤ 일반적으로 재보관은 권장하지 않으며 여러 번의 재보관과 재사용의 반복을 피한다.

→해설 변질되기 쉬운 벌크는 재사용하지 않음. 여러 번 재보관하는 벌크는 조금씩 나누어서 보관함. 여러 번 사용하는 벌크제품은 구입 시에 소량씩 나누어서 보관하고 재보관의 횟수를 줄임.

73. 비의도적으로 첨가될 수 있는 미생물한도 기준이 올바른 것을 모두 고른 것은? ( )

> ㄱ. 총호기성 생균수는 영유아용 제품류 및 눈화장용 제품류의 경우 1000개/g(mL)이하
> ㄴ. 물휴지의 경우 세균 및 진균수는 각각 100개/g(mL)이하
> ㄷ. 기타 화장품의 경우 세균 및 진균수는 1,000개/g(mL)이하
> ㄹ. 녹농균은 10개/g(mL)이하

① ㄱ, ㄴ
② ㄴ, ㄹ
③ ㄷ, ㄹ
④ ㄴ, ㄷ
⑤ ㄱ, ㄷ

→해설 총호기성 생균수는 영유아용 제품류 및 눈화장용 제품류의 경우 500개/g(mL) 이하임. 녹농균, 대장균, 황색포도상구균은 불검출되어야 함.

74. 비의도적 유래물질의 검출 허용한도가 적용되는 제품이 옳지 않게 짝지어진 것은?( )

① 납/비소/수은 - 기초화장품류
② 안티몬/카드뮴 - 색조화장품류
③ 디옥산 - 피이지/피오이 포함 계면활성제 사용 제품
④ 메탄올- 스킨로션/토너/향수/헤어토닉과 같은 알코올 함유 제품
⑤ 알데하이드 - 세정화장품류

→해설 알데하이드는 보존제인 디아졸리디닐우레아/디엠디엠하이단토인/쿼터늄-15 사용 제품에서 실시함. 이 외에 프탈레이트류는 손발톱용 제품/향수/두발용 제품에서 실시함.

75. 부적합품인 원료, 자재, 벌크제품 및 완제품에 대한 폐기처리에 대한 설명으로 옳지 않은 것은?( )

① 제조일로부터 1년이 경과하지 않았거나 사용기한이 1년 이상 남아 있는 경우는 재작업한다.
② 재작업 실시 시 발생한 모든 일들을 재작업 제조기록서에 기록한다.
③ 재작업은 해당 재작업의 절차를 상세하게 작성한 절차서를 준비해서 실시한다.
④ 표시사항이 변경된 포장재는 폐기한다
⑤ 기준일탈이 된 완제품 또는 벌크제품은 재작업할 수 없다

→해설 기준일탈이 된 완제품 또는 벌크제품을 재작업할 수 있음. 기준일탈제품은 적 합판정기준을 만족시키지 못할 경우에 발생함. 기준일탈 제품이 발생했을 때는 미리 정한 절차를 따라 확실한 처리를 하고 실시한 내용을 모두 문서에 남긴다. 재작업은 뱃치 전체 또는 일부에 추가 처리를 하여 부적합품을 적합품으로 다시 가공하는 일임.

76. 다음 중 안전용기·포장 대상 품목에 해당하는 것을 모두 고른 것은?( )

> ㄱ. 아세톤을 함유하는 네일 에나멜 리무버
> ㄴ. 광물성 오일을 10% 이상 함유하는 액체상태의 제품
> ㄷ. 개별포장 당 탄화수소류를 10% 이상 함유하고 운동 점도가 21cst(섭씨 40도 기준) 이하인 에멀젼 타입
> ㄹ. 개별포장당 메틸살리실레이트를 5% 이상 함유하는 액체상태의 제품

① ㄱ, ㄴ
② ㄴ, ㄹ
③ ㄱ, ㄹ
④ ㄴ, ㄷ
⑤ ㄱ, ㄷ

→해설 어린이용 오일 등 개별포장 당 탄화수소류를 10% 이상 함유하고 운동 점도가 21cst(섭씨 40도 기준) 이하인 에멀젼 타입이 아니라 비에멀젼 타입의 액체상태의 제품이 해당함. 광물성 오일을 10% 이상 함유하는 액체상태의 제품은 안전용기·포장 대상 품목에 해당하지 않음.

77. 포장용기 중 밀폐용기에 대한 설명으로 옳은 것은?( )

① 일상의 취급 또는 보통 보존상태에서 수분이 침입하지 않는 용기

Answer
75. ⑤ 76. ③ 77. ⑤

② 일상의 취급 또는 보통 보존상태에서 기체 또는 미생물이 침입할 염려가 없는 용기
③ 내용물을 손실, 풍화, 조해 또는 증발로부터 보호할 수 있는 용기
④ 밀폐용기로 규정되어 있는 경우에는 차광용기도 쓸 수 있다.
⑤ 밀폐용기로 규정되어 있는 경우에는 기밀용기도 쓸 수 있다.

→해설 밀폐용기는 일상의 취급 또는 보통 보존상태에서 고형의 이물이 들어가는 것을 방지하고 내용물이 손실되지 않도록 보호할 수 있는 용기를 말함. 밀폐용기로 규정되어 있는 경우에는 기밀용기로 쓸 수 있음. 1, 3번은 기밀용기에 대한 설명, 2번은 밀봉용기에 대한 설명임.

78. 자재 검사를 실시할 때 검사해야 하는 사항을 모두 고른 것은?(   )

> ㄱ. 입고 시 무작위 추출한 검체에 대한 육안 검사 실시, 기록
> ㄴ. 재질확인, 용량, 치수 및 용기 외관의 상태 검사
> ㄷ. 자재의 인쇄내용(치명적 오타나 정보 누락)
> ㄹ. 허용 가능한 보관 기간 결정 후 기록
> ㅁ. 제조일로부터 1년이 경과하지 않았거나 사용기한이 1년 이상 남아있는지 검사

① ㄱ, ㄴ, ㄹ
② ㄱ, ㄷ, ㄹ
③ ㄱ, ㄴ, ㄷ
④ ㄱ, ㄴ, ㅁ
⑤ ㄱ, ㄴ, ㄷ, ㅁ

→해설 자재 검사에는 검체에 대한 육안검사, 재질확인, 용량, 치수와 같은 외관검사 뿐만 아니라 인쇄내용도 검사함. 치명적 오타나 정보 누락은 표시 기준을 위반할 수 있으므로 반드시 검사해야 함. 또한 외부 및 내부에 먼지, 티 등의 이물질 혼입 여부도 검사해야 함.

79. 화장품 용기 시험방법에 대한 설명이 옳지 않게 짝지어진 것은?(   )

① 내용물 감량 시험방법: 화장품 용기에 충진된 내용물의 건조 감량을 측정
② 유리병의 열 충격 시험방법: 화장품 용기 유리병의 급격한 온도 변화에 의한 용기의 변형을 측정
③ 크로스컷 시험방법: 화장품 용기의 포장 재료인 유리, 금속 및 플라스틱의 유기 및 무기 코팅 막 및 도금의 밀착성 시험
④ 감압 누설 시험방법: 액상의 내용물을 담는 용기의 마개, 펌프, 패킹 등의 밀폐성을 시험
⑤ 내용물에 의한 용기 변형 시험방법: 내용물에 의한 용기의 변형을 측정

→해설 유리병의 열 충격 시험방법은 화장품 용기 유리병의 급격한 온도 변화에 대한 내구력을 측정하는 시험방법임.

Answer 78. ③ 79. ②

80 맞춤형 화장품 작업장의 위생관리에 대한 설명으로 옳지 않은 것은?(   )

① 맞춤형 화장품의 소분·혼합 장소와 판매·상담 장소는 구분 및 구획이 권장된다.
② 적절한 환기시설이 권장된다.
③ 작업대, 바닥, 벽, 천장 및 창문은 청결하게 유지되어야 한다.
④ 소분·혼합 전·후 작업자의 손 세척 장치는 필수지만 장비 세척 시설의 설치는 권장 사항이 아니다.
⑤ 방충·방서에 대한 대책이 마련되고 정기적으로 방충·방서를 점검하는 것이 권장된다.

→해설 이러한 내용은 없으며, 소분·혼합 전·후 작업자의 손 세척 및 장비 세척을 위한 세척시설의 설치가 권장됨.

81. 작업소의 위생에 대한 설명으로 옳지 않은 것은?(   )

① 곤충, 해충이나 쥐를 막을 수 있는 대책을 마련하고 정기적으로 점검 및 확인한다.
② 제조, 관리 및 보관 구역 내의 바닥, 벽, 천장 및 창문은 항상 청결하게 유지되어야 한다.
③ 제조 시설이나 설비의 세척에는 사용하는 제품의 제한이 없다.
④ 제조시설이나 설비는 적절한 방법으로 청소해야 하며, 필요한 경우 위생관리 프로그램을 운영한다.
⑤ 쥐나 해충을 막기 위해 폐수구에 트랩을 단다.

→해설 세척에 사용되는 세제 또는 소독제는 효능이 입증된 것을 사용하고 잔류하거나 적용하는 표면에 이상을 초래하지 아니하여야 함.

82. 작업장에 사용하는 소독제의 특성 중 옳지 않은 것은?(   )

① 사용 기간 동안 활성을 유지해야 한다.
② 짧은 처리에서만 효과적이어야 한다.
③ 부식성과 소독제의 향취가 좋아야 한다.
④ 경제적이어야 한다.
⑤ 광범위한 항균 스펙트럼을 가져야 한다.

→해설 5분 이내의 짧은 처리에도 효과적이어야 하나, 단기 사용에만 사용하는 것은 아님.

83. 작업장을 세척한 후 확인하는 방법 중 다음에 해당하는 것을 쓰시오.

수치로서 결과를 확인할 수 있는 방법으로 호스나 틈새기의 세척판정에는 적합하므로 반드시 절차를 준비해 두고 필요할 때에 실시한다. 이것의 최적 정량 방법은 HPLC법,

Answer
80. ④ 81. ③ 82. ② 83. 린스액의 화학분석

> 박층크로마토그래피에 의한 간편 정량, TOC측 정기로 이것 중의 총유기탄소를 측정, UV로 확인하는 방법이 있다.

84. 작업장 세제의 특징으로 옳지 않은 것은?( )

① 산, 염기, 세제 등이 주로 사용된다.
② 환경 문제와 작업자의 건강 문제로 인해 수용성 세정제가 사용된다.
③ 세척제는 안정성이 낮다.
④ 세정력이 우수하고 헹굼이 용이해야 한다.
⑤ 기구 및 장치의 재질에 부식성이 없어야 한다.

→해설 세척제의 안정성은 높아야 함.

85. 맞춤형 화장품 작업장 내 직원의 위생으로 옳지 않은 것은?( )

① 소분·혼합할 때는 위생복과 위생모자를 착용한다.
② 소분·혼합할 때는 방진용 마스크를 착용하되 일회용 마스크는 사용하지 않는다..
③ 소분·혼합 전에 손을 세척하고 필요 시, 소독한다.
④ 피부 외상이나 질병이 있는 직원은 소분·혼합 작업을 하지 않는다.
⑤ 소분·혼합하는 직원은 이물이 발생할 수 있는 포인트 메이크업을 하지 않는 것이 권장된다.

→해설 필요시에 일회용 마스크를 사용함.

86. 화장품 작업장 내 직원의 위생으로 옳지 않은 것은?( )

① 적절한 위생관리 기준 및 절차를 마련하고 제조소 내 모든 직원은 이를 준수해야함
② 작업복은 주기적으로 세탁하고 정기적으로 교체해야한다.
③ 작업복은 훼손이 심한 경우 교체한다.
④ 작업 전에 복장점검을 하고 적절하지 않은 경우에는 시정한다.
⑤ 작업복 등은 목적과 오염도에 따라 세탁을 하고 필요에 따라 소독한다.

→해설 훼손이 일어난 경우 즉시 교체함.

87. 작업장의 개인위생 점검에 대하여 옳지 않은 것은?( )

① 작업자의 건강상태는 정기(1회/월 이상 정기검진) 및 수시(작업시작 전)로 파악된다.
② 작업자는 제품 품질에 영향을 미칠 수 있다고 판단되는 질병이나 외상을 입은 경우 해당 부서장에게 사유를 보고해야 한다.
③ 화장실을 이용한 작업자는 손 세척 또는 손 소독을 실시하고 작업실에 입실한다.

Answer 84. ③ 85. ② 86. ③ 87. ①

④ 운동 등에 의한 오염을 제거하기 위해서 작업장 진입 전 샤워 설비가 비치된 장소에서 샤워 및 건조 후 입실한다.
⑤ 개인 사물은 지정된 장소에 보관하고, 작업실 내로 가지고 들어오지 않는다.

→해설 정기 검진은 연 1회 이상임.

88. 다음 ( )에 알맞은 말은?

> 작업자의 손을 세척하는데 사용되는 손세척제로 ( )가 사용된다.

89. 작업장에서 작업복을 관리할 때 옳지 않은 것은?( )

① 작업자는 작업종류 혹은 청정도에 맞는 적절한 작업복, 모자와 작업화를 착용한다.
② 작업자는 필수로 마스크, 장갑을 착용한다.
③ 작업복은 주기적으로 세탁하거나 오염 시에 세탁한다.
④ 작업복을 작업장 내에 세탁기를 설치하여 세탁하거나 외부업체에 의뢰하여 세탁한다.
⑤ 작업복의 정기 교체주기를 정해야 하며, 작업복은 먼지가 발생하지 않는 무진 재질을 사용한다.

→해설 필요시에만 마스크과 장갑을 착용함.

90. 작업장 내 설비 및 기구 세척에 대해 옳지 않은 것은?( )

① 제품 잔류물과 흙, 먼지, 기름때 등의 오염물을 제거하는 과정이다.
② 오염 미생물 수를 허용 수준 이하로 감소시키기 위해 수행하는 절차이다.
③ 화장품 제조를 위해 제조 설비의 세척은 문서화된 절차에 따라 수행한다.
④ 세척의 주기는 주어진 환경에서 수행된 작업의 종류에 따라 결정한다.
⑤ 세척완료 후, 세척상태에 대한 평가를 실시하고 세척완료라벨을 설비에 부착한다.

→해설 2번은 소독에 대한 설명임.

91. 설비 세척의 원칙으로 옳지 않은 것은?( )

① 위험성이 없는 용제(물)로 세척한다.
② 증기 세척을 권장한다.
③ 세척 후에는 반드시 판정한다.
④ 판정 후의 설비는 물로 헹군 뒤 보존한다.
⑤ 세척 후에는 세척 완료 여부를 확인할 수 있는 표시를 한다.

→해설 판정 후의 설비는 건조 및 밀폐해서 보존함.

Answer 88. 액체비누 89. ② 90. ② 91. ④

92. 설비의 종류와 설명으로 알맞게 짝지어지지 않은 것은? ( )

① 교반기	회전 날개의 종류에 따라 프로펠러형과 임펠러형으로 나누고 있다.
② 진공 유화기	밀폐된 진공 상태의 유화탱크에 유상원료 자동 주입 후 자동 조작이 가능하다.
③ 분쇄기	혼합 공정에서 예비 혼합된 분체 입자를 분쇄기에 의해 분체의 응집을 풀고, 크기를 완전히 균일하게 분쇄하는 과정이다.
④ 제트밀	단열 팽창 효과를 이용항여 수 기압 이상의 압축 공기를 이용하여 입자끼리 충동시키며 분쇄하는 방식이다.
⑤ 볼밀	3단 형태의 롤 밀이 주로 사용되며 분체나 슬러리상 내용물을 분산시키는데 사용된다.

→해설 5번 설명은 롤러에 대한 설명임.

93. 설비 관리에 대한 설명으로 옳지 않은 것은? ( )

① 제조 설비는 주기적으로 점검하고 그 기록을 보관한다.
② 직접적인 제조시설만 주기적으로 점검한다.
③ 이송펌프는 펌프 압력 및 가동상태를 주로 점검해야한다.
④ 설비 점검 시, 누유, 누수, 밸브 미작동 등 발견되면 설비 사용을 금지시키고 "점검중" 표시를 한다.
⑤ 정밀 점검 후에 수리가 불가능한 경우, 설비를 폐기하고 폐기 전까지 "유휴설비" 표시한다.

→해설 직접적인 제조시설을 아니지만 제조를 지원하는 시설인 정제수 제조장치, 압축 공기장치 및 공기조화장치에 대하여도 주기적인 점검이 필요함.

94. 다음은 무엇에 대한 설명인가? ( )

> 이것은 회전형과 고정형으로 나뉘는 설비이다. 회전형은 용기 자체가 회전하는 것으로 원통형, 이중 원추형, 정입방형, 피라미드형 등이 있고, 고정형은 용기가 고정되어 있고, 내부에서 스크루형, 리본형 등의 교반 장치가 회전한다.

95. 화장품의 내용물 및 원료 관리 중 입고관리에 대한 설명으로 옳지 않은 것은? ( )

① 원자재 용기에 제조번호가 없는 경우 관리번호를 부여하여 보관한다.
② 제조업자는 원자재 공급자에 대한 관리감독을 적절히 수행하여 입고관리가 철저히 이루어지도록 해야 한다.

Answer 92. ⑤ 93. ② 94. 혼합기(dispersing mixer) 95. ④

③ 원자재 입고절차 중 육안 확인 시 물품에 결함이 있는 경우 입고를 보류하고 격리보관 및 폐기, 원자재 공급업자에게 반송해야한다.
④ 원자재 용기 및 시험 기록서에 원자재 공급자명, 수령일자를 기재한다.
⑤ 원자재의 입고 시 구매요구서, 원자재 공급업체 성적서 및 현품이 서로 일치해야 한다.

→해설 원자재 공급자가 정한 제품명, 원자재 공급자명, 수령일자, 공급자가 부여한 제조번호 또는 관리 번호를 기재해야 함.

96. 원료 검사 중 검체 채취 방법 및 검사에 대한 설명 중 옳지 않은 것은?( )

① 원료에 대한 검체 채취 계획은 수립하고, 용기 및 기구를 확보한다.
② 대상 원료를 지역으로 옮긴 뒤 계획은 수립한다.
③ 승인된 절차에 따라 검체를 채취하고, 검체 용기에 라벨링한다.
④ 검사 결과가 규격에 적합한지 확인하고, 부적합할 때 일탈 처리 절차를 진행한다.
⑤ 사용되지 않은 물질은 창고로 반송, 검체는 실험실로 운반하고, 검체 채취 지역을 청소 및 소독 한다.

→해설 검체 채취 지역이 준비되어 있는지 확인하고, 대상 원료를 그 지역으로 옮겨야 함.

97. 원자재의 출고관리에 대한 세부사항으로 옳지 않은 것은?( )

① 오직 승인된 자만이 원료 및 포장재의 불출 절차를 수행할 수 있다.
② 뱃치에서 취한 검체가 모든 합격 기준에 부합할 때 뱃치가 불출될 수 있다.
③ 원료와 포장재는 불출되기 전까지 사용을 금지하는 격리를 위해 특별한 절차가 이행되어야 한다.
④ 재고품 순환은 반드시 오래된 것이 먼저 사용해야 한다.
⑤ 모든 물품은 원칙적으로 선입선출 방법으로 출고한다.

→해설 특별한 환경에서는 반드시 오래된 것으로 먼저 사용하지 않아도 됨.

98. 완제품의 입고, 보관 및 출하 절차를 올바르게 나열한 것은?( ).

> ㉠ 입고 대기 구역보관
> ㉡ 완제품 시험 합격
> ㉢ 검사 중(시험 중) 라벨 부착
> ㉣ 보관
> ㉤ 합격라벨 부착

포장 공정 → (㉠ ㉢ ㉡ ㉤ ㉣) → 출하

Answer 96. ② 97. ④ 98. ③

① ㄴ-ㄷ-ㄹ-ㅁ-ㄱ
② ㄷ-ㄹ-ㄱ-ㄴ-ㅁ
③ ㄷ-ㄱ-ㄴ-ㅁ-ㄹ
④ ㄷ-ㄴ-ㄱ-ㅁ-ㄹ
⑤ ㄱ-ㄴ-ㄷ-ㄹ-ㅁ

→해설 포장공정 - 검사 중 라벨 부착 - 입고대기구역보관 - 완제품시험 합격 - 합격 라벨 부착 - 보관 - 출하

99. 벌크제품의 재보관에 대한 세부적인 사항으로 옳지 않은 것은?( )

① 밀폐한다.
② 다음 제조 시에는 우선적으로 사용한다.
③ 변질되기 쉬운 벌크는 가장 빠르게 재사용한다.
④ 여러 번 재보관하는 벌크는 조금씩 나누어 보관한다.
⑤ 재보관 시에는 내용을 명기하고 재보관임을 표시한 라벨 부착이 필수다.

→해설 변질되기 쉬운 벌크는 재사용하지 않음.

100. 다음은 무엇에 대한 설명인가?( )

이 시험법은 에탄올법과 염화 바륨법으로 나누어졌다. 에탄올 법은 플라스크에 에탄올을 넣고 환류 냉각기를 연결한 뒤, 가열하여 끓인다. 냉각기에서 분리시킨 뒤 지시약을 넣어 중화시킨 뒤 적정하는 방법이고, 염화바륨법은 모든 연성 칼륨 비누 또는 나트륨과 칼륨이 혼합된 비누를 사용하여 역시 적정을 통한 중화시키는 방법이다.

101. 화장품의 폐기 처리에 대한 법으로 옳지 않은 것은?( )

① 품질에 문제가 있거나 회수·반품된 제품의 폐기 또는 재작업 여부는 품질보증책임자에 의해 승인되어야 한다.
② 재작업은 변질·변패 또는 병원미생물에 오염되지 아니한 경우에 한다.
③ 재작업은 제조일로부터 3년이 경과하지 않았거나 사용기한이 3년 이상 남아있는 경우에 해당한다.
④ 폐기 처리는 원료와 자재, 벌크제품과 완제품이 적합판정기준을 만족시키지 못할 경우 "기준일탈 제품"이 된다.
⑤ 오염된 포장재나 표시사항이 변경된 포장재는 폐기한다.

→해설 재작업은 제조일로부터 1년이 경과하지 않았거나 사용기한이 1년 이상 남아있는 경우에 해당한다.

Answer 99. ③ 100. 유리 알칼리 시험법 101. ③

102. 다음 ( )에 들어간 말을 쓰시오.

안전용기·포장대상 기준
일회용 제품, 용기 입구 부분이 펌프 또는 방아쇠로 작동되는 (   )
(   )은 안전용기·포장대상에서 제외한다.

103. 용기 종류에 대한 설명으로 옳게 짝지어진 것은?(   )

① 밀폐용기 : 일상의 취급 또는 보통 보존상태에서 외부로부터 고형의 이물이 들어가는 것을 방지하고 고형의 내용물이 손실되지 않도록 보호할 수 있는 용기
② 기밀용기 : 일상의 취급 또는 보통의 보존상태에서 기체 또는 미생물이 침입할 염려가 없는 용기
③ 밀봉용기 : 광선의 투과를 방지하는 용기 또는 투과를 방지하는 포장을 한 용기
④ 차광용기 : 일상의 취급 또는 보통 보존상태에서 외부로부터 고형의 이물이 들어가는 것을 방지하고 고형의 내용물이 손실되지 않도록 보호할 수 있는 용기
⑤ 밀폐용기 : 광선의 투과를 방지하는 용기 또는 투과를 방지하는 포장을 한 용기

→해설 2번의 설명은 밀봉용기, 3번의 설명은 차광용기, 4번의 설명은 기밀용기임.

104. 화장품 용기 시험 방법으로 옳지 않은 것은?(   )

① 감압 누설 시험방법 : 액상의 내용물을 담는 용기의 마개, 펌프, 패킹 등의 밀폐성을 시험하는 방법
② 낙하 시험 방법 : 플라스틱 성형품, 조립 캡, 조립 용기, 거울, 명판 등의 조립 및 접착에 의해 만들어진 화장품 용기의 낙하 시험방법
③ 접착력 시험방법 : 화장품 용기에 표시된 인쇄 문자, 코팅 막 및 라미네이팅의 밀착성을 측정하기 위한 시험 방법
④ 내용물 감량 시험 방법 : 화장품 용기에 충진된 내용물의 건조 감량을 측정하기 위한 시험 방법
⑤ 유리병의 내부 압력 시험방법 : 화장품 용기 유리병의 급격한 온도 변화에 대한 내구력을 측정하는 시험방법

→해설 5번의 설명은 유리병의 열 충격 시험 방법에 대한 것임. 유리병 내부 압력 시험 방법은 화장품 용기의 유리병 내부 압력 시험 방법임.

105. 다음은 무엇에 대한 용어인가?(   )

별개의 건물로 되어 있고 충분히 떨어져 공기의 입구와 출구가 간섭받지 아니한 상태이거나 동일 건물인 경우에는 벽에 의하여 별개의 장소로 나누어져 작업원의 출입 및 원자

Answer
102. 분무용기 제품, 압축 분무용기 제품(에어로졸 제품 등) 103. ① 104. ⑤ 105. ①

> 재의 반출입 구역이 별개이고 공기조화장치가 별도로 설치되어 공기가 완전히 차단된 상태

① 분리
② 구획
③ 구분
④ 구역
⑤ 분별

→해설 구획 - 동일 건물 내의 작업소 및 작업실이 벽, 칸막이 등에 의해서 나누어져 교차오염 또는 외부 오염물질의 혼입이 방지되어 있는 상태, 구분 - 선이나 줄, 그물망, 칸막이 등에 의하거나 충분한 간격을 두어 착오나 혼동이 일어나지 않도록 되어 있는 상태

106. 화장품 작업장의 시설에 대한 설명으로 옳지 않은 것은?( )

① 작업소는 제조하는 화장품의 종류제형에 따라 적절히 구획·구분되어 있어 교차오염 우려가 없을 것
② 환기가 잘 되고 청결할 것
③ 외부와 연결된 창문은 가능한 열리지 않도록 할 것
④ 작업소 내의 외관 표면은 가능한 매끄럽게 설계하고 청소, 소독제의 부식성에 저항력이 있어야 한다.
⑤ 천정 주위의 대들보, 파이프, 덕트 등은 청소가 용이할 수 있게 잘 보이도록 설계한다.

→해설 천정 주위의 대들보, 파이프, 덕트 등은 가급적 노출되지 않도록 설계해야 함.

107. 다음 중 방충·방서의 절차를 순서대로 나열한 것은?( )

> ㄱ. 현상파악
> ㄴ. 모니터링
> ㄷ. 제조시설의 방충체제 확립
> ㄹ. 방충체제 유지

① ㄱ → ㄴ → ㄷ → ㄹ
② ㄴ → ㄷ → ㄱ → ㄹ
③ ㄹ → ㄱ → ㄷ → ㄴ
④ ㄱ → ㄷ → ㄹ → ㄴ
⑤ ㄷ → ㄱ → ㄴ → ㄹ

→해설 방충·방서는 현상파악 → 제조시설의 방충체제 확립 → 방충체제 유지 → 모니터링 → 현상파악의 순서로 진행됨.

Answer 106. ⑤ 107. ④

108. 다음은 방문객이 화장품 제조, 관리, 보관 장소에 출입했을 때의 조치 사항이다. ( )안에 알맞은 말로 바르게 짝지어진 것은?( )

> 안전 위생의 교육훈련을 받지 않은 사람들이 제조, 관리, 보관구역으로 출입하는 경우에는 안전 위생 교육훈련 자료에 따라 출입 전에 (㉠)을 실시한다.
> 방문객 제조, 관리, 보관구역으로 들어가면 반드시 (㉡)해야 한다.
> 방문객의 (㉢)을 남겨야 한다.

	㉠	㉡	㉢
①	교육훈련	동행	출입기록
②	교육훈련	동행	개인정보
③	교육훈련	체험	출입기록
④	세척	동행	출입기록
⑤	세척	동행	개인정보

109. 다음 중 제품 잔류물과 흙, 먼지, 기름때 등의 오염물을 제거하는 과정을 가리키는 용어는?( )

① 세탁
② 소독
③ 세제
④ 세척
⑤ 청소

→해설 소독 - 오염 미생물 수를 허용 수준 이하로 감소시키기 위해 수행하는 절차.
세제 - 세척을 위해 사용하는 화학물질 또는 이들의 혼합액.

110. 작업장에서 이용하는 세제 선정의 조건이 아닌 것은?( )

① 높은 안정성
② 우수한 세정력
③ 기호성 향기
④ 저렴한 가격
⑤ 헹굼이 용이

→해설 작업장 세제는 안정성이 높아야 하며, 세정력이 우수하며, 헹굼이 용이하고, 기구 및 장치의 재질에 부식성이 없고, 가격이 저렴해야 함.

Answer 108. ① 109. ④ 110. ③

111. 다음 중 청소와 세척의 원칙을 모두 고른 것으로 바르게 짝지어진 것은?( )

> ㄱ. 책임(청소담당자, 청소결과확인자)을 명확하게 한다.
> ㄴ. 사용기구를 정해 놓는다.
> ㄷ. 맡은 청소구역은 순환하며 진행한다.
> ㄹ. 유사시를 대비하여 대리책임자를 지정한다.
> ㅁ. 청소결과를 표시한다.

① ㄱ, ㄴ, ㄷ
② ㄴ, ㄷ, ㄹ
③ ㄱ, ㄴ, ㅁ
④ ㄴ, ㄷ, ㅁ
⑤ ㄷ, ㄹ, ㅁ

112. 다음 중 작업자의 위생관리 방법에 대한 설명으로 가장 부적절한 것은?( )

① 소분·혼합할때 머리카락이 들어가지 않도록 두발을 단정히 유지해야 한다.
② 소분·혼합전에 손을 세척하고 필요 시, 소독한다.
③ 피부 외상이나 질병이 있는 직원은 소분·혼합 작업을 하지 않는다.
④ 소분·혼합하는 직원은 이물이 발생할 수 있는 포인트 메이크업을 하지 않는 것이 권장된다.
⑤ 소분·혼합할 때는 위생복(방진복)과 위생모자(방진모자, 일회용모자)를 착용한다.

→해설 작업자의 위생관리 방법에는 ②~⑤ 만이 권장됨. 때문에 두발을 반드시 단정이 유지해야 하는 것은 아님.

113. 다음 중 설비 세척의 방법으로 거리가 먼 것은?( )

① 위험성이 없는 용제로 세척한다.
② 증기세척을 권장한다.
③ 세척 후에는 반드시 "판정"한다.
④ 세척 후에는 세척 완료 여부를 표시한다.
⑤ 브러시 등으로 문질러 지우는 것을 권장한다.

→해설 설비가 브러시 등에 의해 흠집이 날 수 있어 브러시의 이용은 고려해야 함.

Answer
111. ③ 112. ① 113. ⑤

114. 다음은 무엇에 대한 설명인가?( )

> 터빈형의 날개를 원통으로 둘러싼 구조이며, 통 속에서 대류가 일어나도록 설계되어 균일하고 미세한 유화 입자가 형성된다. 고정된 고정자와 고속 회전이 가능한 운동자 사이의 간격으로 내용물이 대류 현상으로 통과되며 강한 전단력을 받는다. 즉 전단력, 충격 및 대류에 의해서 균일하고 미세한 유화 입자를 얻을 수 있는 장치이다.

① 교반기(mixer)
② 호모믹서(homo mixer)
③ 리본미서(ribbon mixer)
④ 혼합기(dispersing mixer)
⑤ 분쇄기

115. 다음 〈그림〉의 명칭과 설명이 바르게 짝지어진 것은?( )

① v-형 혼합기 - 드럼의 회전에 의해 드럼 내부의 혼합물을 연속적으로 세분화 하여 혼합하는 장치
② 초음파 유화기 - 초음파를 시료에 조사하는 방법과 진동이 있는 관 내부로 시료를 흘려보낼 때 초음파가 발생하도록 하는 장치
③ 리본믹서(ribbon mixer) - 고정 드럼 내부에 이중의 리본 타입의 교반 날개가 있고, 대류,
④ 아토마이저(atomizer) - 스윙해머 방식의 고속 회전 분쇄기
⑤ 분쇄기(colloid mill) - 고정자 표면과 고속 운동자의 작은 간격에 액체를 통과시켜 전단력에 의한 분산유화 유발 장치

Answer
114. ② 115. ②

116. 다음 중 작업복 관리 방법과 거리가 먼 것은?(   )

① 작업자는 작업 종류 혹은 청정도에 맞는 적절한 작업복, 모자와 작업화를 착용하고 필요할 경우 마스크, 장갑을 착용한다.
② 작업복은 주기적으로 세탁하거나 오염 시에 세탁한다.
③ 작업복을 작업장 내에 세탁기를 설치하여 세탁하거나 외부업체에 의뢰하여 세탁한다.
④ 작업장 내에 세탁기를 설치할 경우 편의를 위해서 화장실에 세탁기를 설치해도 무관하다.
⑤ 작업복의 정기 교체주기를 정해야 하며, 작업복은 먼지가 발생하지 않는 무진 재질의 소재로 되어야 한다.

→해설 작업장 내에 세탁기를 설치할 경우 화장실에 세탁기를 설치하는 것은 권장하지 않음.

117. 다음 중 원료와 포장재의 관리에 필요한 사항이 아닌 것은?(   )

① 중요도 분류
② 수요자 결정
③ 보관 환경 설정
④ 사용기한 설정
⑤ 정기적 재고관리

→해설 원료와 포장재의 관리에 필요한 사항은 수요자 결정이 아닌 공급자 결정임.

118. 다음 중 시험용 검체의 용기에 기재하는 사항이 아닌 것은?(   )

① 명칭 또는 확인 코드
② 제조 번호
③ 검체 채취 일자
④ 채취자 정보
⑤ 원료 보관조건

→해설 시험용 검체의 용기에는 명칭 또는 확인코드, 제조 번호, 검체 채취 일자, 원료 제조번호, 원료 보관조건 등을 기재하여야 함.

119. 다음 중 원료 및 포장재의 확인에 포함되지 않는 정보는 어느 것인가?(   )

① CAS번호(적용 가능한 경우)
② 제조 과정
③ 공급자명

Answer 116. ④ 117. ② 118. ④ 119. ②

④ 기록된 양
⑤ 수령 일자와 수령확인번호

해설 원료 및 포장재의 확인에는 제조 과정이 포함될 필요가 없음.

120. 다음은 출고관리에 대한 세부적인 사항이다. ( )안에 알맞은 바르게 나열한 것은?( )

> 오직 승인된 자만이 원료 및 포장재의 (㉠) 절차를 수행할 수 있다.
> (㉡)에서 취한 검체가 모든 합격 기준에 부합할 때 (㉡)가 불출될 수 있다.
> 특별한 환경을 제외하고, 재고품 순환은 (㉢) 것이 먼저 사용되도록 보증해야 한다.

	㉠	㉡	㉢
①	불출	뱃치	오래된
②	불출	뱃치	최근
③	불출	검체실	오래된
④	제조	검체실	최근
⑤	제조	뱃치	최근

121. 다음은 무엇에 대한 설명인가?( )

> 재시험이나 고객불만 사항의 해결을 위하여 사용한다.
> 제품을 그대로 보관하며, 각 뱃치를 대표하는 검체를 보관한다.
> 제품이 가장 안정한 조건에서 보관한다.
> 각 뱃치별로 제품 시험을 2번 실시할 수 있는 양을 보관한다.

① 시험용 검체
② 보관용 검체
③ 완제품 검체
④ 실험용 검체
⑤ 검사용 검체

해설 보관용 검체는 유사시에 재시험이나 고객불만 사항의 해결을 위해 보관하는 검체임.

122. 다음 중 물휴지의 안전관리 기준으로 잘못 짝지어진 것은?( )

① 비소 - 10㎍/g 이하
② 카드뮴 - 5㎍/g 이하
③ 포름알데하이드 - 2000㎍/g 이하

④ 수은 - 1㎍/g 이하
⑤ 세균 및 진균 수 - 각각 100개/g(ml) 이하

→해설 포름알데하이드 : 2000㎍/g 이하포름알데하이드는 안전기준이 2000㎍/g 이하지만 물휴지의 경우에는 20㎍/g 이하임.

123. 다음 중 완제품 관리 항목이 아닌 것은?(   )

① 보관
② 검체채취
③ 제품 시험
④ 시험용 검체
⑤ 합격 및 출하 판정

→해설 완제품 관리 항목에는 시험용 검체가 아닌 보관용 검체가 포함됨.

124. 다음 중 유통화장품의 안전관리 시험방법이 잘못 짝지어진 것은?(   )

① 납 - 디티존법
② 디옥산 - 기체크로마토그래프법의 절대검량선법
③ 포름알데하이드 - 액체크로마토그래프법의 절대검량선법
④ 비소 - 비색법
⑤ 카드뮴 - 푹신아황산법

→해설 푹신아황산법은 메탄올 성분의 안전관리 시험방법으로, 카드뮴의 경우에는 ICP-MS, AAS, ICP를 이용함.

125. 다음은 미생물한도에 대한 안전관리 시험방법 중 제품별 검체의 전처리 과정이다. 크림제와 오일제의 경우에 해당하는 것은?(   )

ㄱ. 검체 1 ml(g)에 변형레틴액체배지 또는 검증된 배지나 희석액 9 ml를 넣어 10배 희석액을 만들고 더 필요할 때에는 같은 희석액으로 조제한다.
ㄴ. 검체 1 ml(g)에 적당한 분산제 1 ml를 넣어 균질화 시키고 변형레틴액체배지 또는 검증된 배지나 희석액 8 ml를 넣어 10배 희석액을 만들고 희석이 더 필요할 때에는 같은 희석액으로 조제한다. 분산제만으로 균질화가 되지 않는 경우 검체에 적당량의 지용성 용매를 첨가하여 용해한 뒤 적당한 분산제 1 ml를 넣어 균질화 시킨다.
ㄷ. 검체 1 g에 적당한 분산제를 1 ml를 넣고 충분히 균질화 시킨 후 변형레틴액체배지 또는 검증된 배지 및 희석액 8 ml를 넣어 10배 희석액을 만들고 희석이 더 필요할 때에

는 같은 희석액으로 조제한다. 분산제만으로 균질화가 되지 않을 경우 적당량의 지용성 용매를 첨가한 상태에서 멸균된 마쇄기를 이용하여 검체를 잘게 부수어 반죽 형태로 만든 뒤 적당한 분산제 1 ml를 넣어 균질화 시킨다. 추가적으로 40℃에서 30분 동안 가온한 후 멸균한 유리구슬을 넣어 균질화 시킨다.

① ㄱ
② ㄴ
③ ㄷ
④ ㄱ, ㄴ
⑤ ㄴ, ㄷ

→해설 크림제와 오일제는 같은 ㄴ의 방법으로 전처리를 실시하여 미생물 한도 시험을 진행함.

126. 다음 재작업에 대한 설명 중 옳지 않은 것은?(   )

① 재작업은 사용기한이 1년 이내로 경과된 경우에 실시할 수 있다.
② 재작업 처리의 실시는 품질보증책임자가 결정한다.
③ 재작업은 해당 재작업의 절차를 상세하게 작성한 절차서를 준비해서 실시한다.
④ 재작업 실시 시에는 발생한 모든 일들을 재작업 제조기록서에 기록한다.
⑤ 제품 안정성 시험을 실시하는 것이 바람직하다.

→해설 재작업은 변질, 변패 또는 병원미생물에 오염되지 않고, 제조일로부터 1년이 경과하지 않았거나 사용기한이 1년 이상 남아있는 두 가지 경우가 모두 만족될 때 실시할 수 있음.

127. 다음 설명하는 용기의 명칭은?(   )

일상의 취급 또는 보통 보존상태에서 외부로부터 고형의 이물이 들어가는 것을 방지하고 고형의 내용물이 손실되지 않도록 보호할 수 있는 용기를 말한다.

① 기밀용기
② 밀봉용기
③ 밀폐용기
④ 차광용기
⑤ 계량용기

→해설 기밀용기 - 일상의 취급 또는 보통 보존상태에서 액상 또는 고형의 이물 또는 수분이 침입하지 않고 내용물을 손실, 풍화, 조해, 또는 증발로부터 보호할 수 있는 용기를 말함. 밀봉용기 - 일상의 취급 또는 보통의 보존상태에서 기체 또는 미생물이 침입할 염려가 없는 용기를 말함. 차광용기 - 광선의 투과를 방지하는 용기 또는 투과를 방지하는 포장을 한 용기를 말함.

Answer 126. ① 127. ③

128. 다음 중 자재 검사에 대한 설명 중 옳지 않은 것은? (　)

① 자재의 기본 사양 적합성과 청결성을 확보하기 위하여 매 입고 시에 무작위 추출한 검체에 대하여 육안 검사를 실시하고, 그 기록을 남긴다.
② 자재의 외관 검사에는 인쇄 내용을 제외한 재질 확인, 용량, 치수 및 용기 외관의 상태를 검사한다.
③ 위생적 측면에서 자재 외부 및 내부에 먼지, 티 등의 이물질 혼입 여부도 검사해야 한다.
④ 대한화장품협회에서 화장품 용기 시험방법에 대한 단체 표준 14개를 제정하였다.
⑤ 담당자의 실수나 자재 제조업체의 실수로 제품 정보의 누락이 발생할 수 있어 인쇄내용을 검사해야 한다.

→해설 자재의 외관 검사에는 재질 확인, 용량, 치수 및 용기 외관의 상태 검사뿐만 아니라 인쇄 내용도 검사함.

129. 다음은 화장품 용기 시험방법에 대한 내용이다. 잘못 짝지어진 것은?

① 내용물 감량 - 용기에 충진된 내용물의 건조 감량을 측정하기 위한 시험
② 감압 누설 - 액상의 내용물을 담는 용기의 마개, 펌프 등의 밀폐성을 시험
③ 내용물에 의한 용기 마찰 - 내용물에 의한 용기의 변형을 측정하는 시험
④ 유리병의 내부 압력 - 화장품 용기의 유리병 내부 압력 시험
⑤ 펌프 분사 형태 - 스프레이 펌프의 분사 패턴을 측정하기 위한 참고 시험

→해설 내용물에 의한 용기 마찰 - 용기 표면의 인쇄 문자, 핫스탬핑, 증착 및 코팅막 등의 내용물에 의한 용기 마찰 시험, 내용물에 의한 용기의 변형 - 내용물에 의한 용기의 변형을 측정하는 시험

130. 다음 중 원자재 용기 및 시험기록서의 필수적인 기재사항이 아닌 것은? (　)

① 원자재 공급자가 정한 제품명
② 원자재 공급자명
③ 수령일자
④ 공급자가 부여한 제조번호 또는 관리번호
⑤ 중요도 분류

→해설 중요도 분류는 원료와 포장재의 관리에 필요한 사항임.

131. 다음 중 완제품 보관소에 필요한 사항이 아닌 것은?( )

① 출입제한
② 오염방지
③ 방충방서 대책
④ 채광
⑤ 온습도 관리

→해설 완제품 보관소는 차광이 필요함.

132. 다음 중 로션, 크림 및 이와 유사한 제형이 액상제품의 pH 기준으로 옳은 것은? ( )

① 2.0~5.0
② 3.0~6.0
③ 3.0~9.0
④ 4.0~6.0
⑤ 4.0~9.0

133. 영·유아용 제품류, 눈화장용 제품류, 물휴지를 제외한 기타 화장품의 미생물한도 기준으로 옳은 것은?( )

① 세균 및 진균수 각각 100개/g(ml) 이하
② 세균 및 진균수 각각 500개/g(ml) 이하
③ 세균수 100개/g(ml) 이하 및 진균수 500개/g(ml) 이하
④ 세균수 500개/g(ml) 이하 및 진균수 1,000개/g(ml) 이하
⑤ 세균 및 진균수 각각 1,000개/g(ml) 이하

134. 다음은 내용량 기준에 대한 설명이다. ( )안에 알맞은 말은?( )

> 제품 3개를 가지고 시험할 때 그 평균 내용량이 표기량에 대하여 ( )이상(단, 화장비누의 경우 건조중량을 내용량으로 함), 기준치를 벗어날 경우 ( )미만일 때는 6개를 더 취하여 시험할 때 9개의 편균 내용량이 ( )이상

① 80%
② 87%
③ 90%
④ 95%
⑤ 97%

Answer 131. ④ 132. ③ 133. ⑤ 134. ⑤

135. 다음 중 비의도적으로 유래된 물질의 검출 허용한도로 옳지 않은 것은?( )

① 점토를 원료로 사용한 분말제품 내 납은 50μg/g(ppm) 이하
② 눈 화장용 제품 내 니켈은 35μg/g 이하
③ 색조화장품 내 니켈은 50μg/g 이하
④ 비소는 10μg/g 이하
⑤ 카드뮴은 5μg/g 이하

→해설 색조화장품 내 니켈은 30μg/g 이하

136. 다음 중 물휴지에서 메탄올과 포름알데히드의 검출 허용한도로 옳은 것은?
( )

	메탄올	포름알데히드
①	0.002(v/v)% 이하	20μg/g 이하
②	0.02(v/v)% 이하	30μg/g 이하
③	0.2(v/v)% 이하	50μg/g 이하
④	0.1(v/v)% 이하	100μg/g 이하
⑤	0.5(v/v)% 이하	5μg/g 이하

137. 다음 중 제조사 설정 자가 시험항목에 해당하는 것은?( )

① 미생물한도
② 포장상태
③ 내용량
④ 주성분함량
⑤ 유리알칼리

→해설 제조사 설정 자가 시험항목은 포장상태와 표시사항 등임.

138. 다음은 염화바륨법에 의한 유리알칼리 함량 계산식을 나타낸 것이다. ( )안에 알맞은 말은?( )

유리알칼리 함량(%) =
0.056 × 사용된 0.1N 염산 용액의 부피(ml) × ( ) × 100/시료의 질량

Answer
135. ③ 136. ① 137. ② 138. 사용된 0.1N염산 용액의 노르말 농도

139. 다음 중 화장품 용기의 포장 재료인 유리, 금속 및 플라스틱의 유기 및 무기 코팅막 및 도금의 밀착성 시험 방법을 가리키는 것은?(　　)

① 유리병 내부 압력 시험방법
② 감압 누설 시험방법
③ 내용물에 의한 용기의 변형 시험방법
④ 크로스컷트 시험방법
⑤ 라벨 접착력 시험방법

140. 다음 중 임펠러가 고속으로 회전함에 따라 분쇄하는 방식의 믹서로 색조화장품 제조에 사용하는 것은?(　　)

① 비드밀
② 아토마이저
③ 헨셀믹서
④ 콜로이드밀
⑤ 볼밀

141. 다음 중 설비별 점검할 주요항목이 잘못 짝지어진 것은?(　　)

① 제조탱크 – 내부의 세척상태 및 건조상태
② 회전기기 – UV램프수명기간
③ 공조기 – 베어링 오일
④ 이송펌프 – 펌프압력 및 가동상태
⑤ 정제수제조장치 – 필터교체주기

> 해설 | 회전기기는 교반기, 호모믹서, 혼합기, 분쇄기 등을 의미하며 이들 기기에는 UV램프가 사용되지 않음.

142. 다음 중 콜로이드밀을 바르게 설명한 것은?(　　)

① 고정자 표면과 고속 운동자의 작은 간격에 액체를 통과시켜 전단력에 의해 분산·유화가 일어난다.
② 탱크 속의 볼이 탱크와 회전하면서 충돌 또는 마찰 등에 의해서 분산되는 장치이다.
③ 3단 형태의 3롤 밀(mill)을 사용해 분체나 슬러지상 내용물을 분쇄·분산시킨다.
④ 단열 팽창 효과를 이용하여 수 기압 이상의 압축 공기 또는 고압 증기 및 고압가스를 생성시켜 분사 노즐로 분사시켜 형성하는 제트기류로 입자끼리 충돌시켜 분쇄한다.
⑤ 지르콘으로 구성된 비드를 사용하여 이산화티탄과 산화아연을 처리하는 데 주로 사용된다.

Answer 139. ④ 140. ③ 141. ② 142. ①

→해설 2번은 볼밀, 3번은 롤러, 4번은 제트밀, 5번은 비드밀에 대한 설명임.

143. 다음 중 청소와 세척의 원칙으로 옳지 않은 것은?( )

① 세제 사용 시 세제명을 정해 놓고 사용하는 세제명을 기록한다.
② 판정기준을 정하되 구체적인 육안판정기준은 배제한다.
③ 심한 오염에 대한 대처방법을 기재해 놓는다.
④ 사용기구를 정해 놓는다.
⑤ 청소담당자와 청소결과확인자 등 책임을 명확하게 한다.

→해설 구체적인 육안판정기준은 유효함.

144. 다음 중 소독제 선택 시 고려해야 할 조건이 아닌 것은?( )

① 사용기간 동안의 활성
② 경제성
③ 광범위한 항균 스펙트럼
④ 부식성 및 소독제의 향취
⑤ 소독 전에 존재하던 미생물을 최소한 80% 이상 사멸시켜야 한다.

→해설 소독 전에 존재하던 미생물을 최소한 99.9% 이상 사멸시켜야 함.

145. 다음 중 소독제로 사용하기 부적합한 것은?( )

① 사용 농도에서 독성이 없다.
② 사용방법이 간편하다.
③ 5분 이내의 짧은 처리에도 효과를 보인다.
④ 제품이나 설비와 반응을 한다.
⑤ 항균 스펙트럼이 넓다.

→해설 제품이나 설비와 반응하지 않아야 함.

146. 다음 중 작업소에 곤충, 해충이나 쥐를 막는 원칙에 해당되지 않는 것은?( )

① 벌레가 좋아하는 것을 제거한다.
② 빛이 밖으로 새어 나가지 않게 한다.
③ 照射 (조사)한다.
④ 해충 따위를 몰아내어 없앤다.
⑤ 벌레나 쥐가 좋아하는 것으로 유인한다.

Answer 143. ② 144. ⑤ 145. ④ 146. ⑤

147. 다음은 기준일탈에 대한 설명이다. 옳지 않은 것은?( )

① 시험결과가 설정된 완제품 시험기준에서 벗어난 경우를 의미한다.
② 기준일탈의 원인을 시험자, 검체채취방법, 시험방법 등에서 조사한다.
③ 기준일탈이 발생하면 재시험, 재검체채취가 이루어진다.
④ 재시험, 재검체채취 이후에도 원인이 밝혀지지 않으면 기준일탈이 확정된다.
⑤ 기준일탈이 확정되어도 제품은 부적합으로 판정되지 않는다.

해설 기준일탈이 확정되면 제품은 부적합으로 판정되고 부적합 라벨이 부착되며 부적합보관소에서 폐기 시까지 보관됨.

148. 다음 중 회수책임자가 이행해야 할 사항이 아닌 것은?( )

① 전체 회수과정에 대한 제조판매업자와의 조정역할
② 회수된 제품은 확인 후 반드시 제조소 내 격리보관 조치
③ 결함 제품의 회수 및 관련 기록 보존
④ 필요한 경우에 한해 회수과정의 주기적인 평가
⑤ 소비자 안전에 영향을 주는 회수의 경우 회수가 원활히 진행되도록 필요한 조치 수행.

해설 회수된 제품은 필요시에 한해 확인 후 제조소 내 격리보관 조치함.

149. 다음 중 화장품 사용 시 주의사항 중 공통사항에 해당하는 것은?( )

① 직사광선을 피해서 보관할 것
② 눈 주위를 피하여 사용할 것
③ 털을 제거한 후에는 사용하지 말 것
④ 눈, 코 또는 입 등에 닿지 않도록 주의하여 사용할 것
⑤ 개봉한 제품은 7일 이내에 사용할 것

150. 다음 중 고압가스를 사용하는 에어로졸 제품(무스 제외) 사용 시 주의사항으로 옳지 않은 것은?( )

① 같은 부위에 연속해서 3초 이상 분사하지 말 것
② 가능하면 인체에서 10센티미터 이상 떨어져서 사용할 것
③ 눈 주위 또는 점막 등에 분사하지 말 것
④ 분사가스는 직접 흡입하지 않도록 주의할 것
⑤ 섭씨 40도 이상의 장소 또는 밀폐된 장소에서 보관하지 말 것

해설 가능하면 인체에서 20센티미터 이상 떨어져서 사용할 것

Answer 147. ⑤ 148. ② 149. ① 150. ②

151. 다음 중 파레트에 적재된 모든 완제품에 표시되어야 하는 사항이 아닌 것은?
( )

① 명칭 또는 확인 코드
② 제조번호
③ 제조연월일
④ 제품의 품질을 우지하기 위해 필요할 경우 보관 조건
⑤ 불출상태

152. 착향제의 구성 성분 중 사용 후 씻어내지 않는 제품에 알레르기 유발성분을 표시해야 하는 경우는?( )

① 0.001% 초과 함유하는 경우
② 0.01% 초과하는 경우
③ 0.1% 초과하는 경우
④ 0.5% 초과하는 경우
⑤ 1.0% 초과하는 경우

153. 다음 중 두발용 제품류(일반화장품)에 과산화수소의 사용한도로 옳은 것은?
( )

① 1%
② 2%
③ 3%
④ 5%
⑤ 사용금지

154. 다음 자외선 차단성분의 사용한도를 바르게 짝지은 것은?( )

① 옥시벤존 5% - 옥토크릴렌 8% - 호모살레이트 25%
② 에칠헥실트리아존 1% - 드로메트리졸트리실록산 10% - 티타늄디옥사이드 25%
③ 에칠헥실트리아존 5% - 시녹세이트 10% - 드로메트리졸 10%
④ 드로메트리졸 1.0% - 시녹세이트 - 5%, - 징크옥사이드 25%
⑤ 옥토크릴렌 8% - 티타늄디옥사이드 12% - 징크옥사이드 25%

Answer 151. ③ 152. ① 153. ③ 154. ④

155. 다음 ( )안에 알맞은 말은?( )

> 제품의 변색방지를 목적으로 그 사용농도가 ( ) 미만인 것은 자외선차단 제품으로 인정하지 아니한다.

① 0.1%
② 0.5%
③ 0.8%
④ 1.0%
⑤ 3.0%

156. 다음 중 핸드크림의 유분량으로 옳은 것은?( )

① 3~5%
② 5~7%
③ 7~10%
④ 10~30%
⑤ 50% 이상

해설 1번은 에센스, 세럼 등의 영양액, 2번은 밀크로션(유액), 5번은 마사지크림의 유분량임. 영양크림, 아이크림, 핸드크림, 베이비크림 모두 유분량이 10~30% 임.

157. 다음 중 체모 제거 기능을 가진 제품의 성분명은?( )

① 치오글리콜산 80%
② 징크피리치온액(50%)
③ 피크라민산
④ 몰식자산
⑤ 카테콜

158. 다음 중 감초에서 추출한 물질로 염증 완화, 항알레르기 작용이 있는 성분명은? ( )

① 글리시리진산
② 아스코빌글루코사이드
③ 나이아신아마이드
④ 레티닐팔미테이트
⑤ 피록톤올아민

Answer 155. ② 156. ④ 157. ① 158. ①

159. 다음은 무엇에 대한 설명인가?( )

> 실온에서 콘크리트, 포마드, 또는 레지노이드를 에탄올로 추출해서 얻은 향기를 지닌 생성물

① 에센셜 오일
② 앱솔루트
③ 콘크리트
④ 발삼
⑤ 레지노이드

160. 다음 중 화장품에서 제품이미지와 원료 특이취 억제를 위해 사용하는 향료의 농도를 바르게 나타낸 것은?( )

① 0.01 ~ 0.1
② 0.1 ~ 0.5
③ 0.1 ~ 1.0
④ 0.5 ~ 1.0
⑤ 0.2 ~ 1.2

Answer 159. ② 160. ③

제 4 과목

[맞춤형화장품의 이해]

[맞춤형화장품의 이해]

1. 다음은 무엇에 대한 설명인가?(　　　　　)

> 고객 개인별 피부특성 및 취향에 따라 맞춤형화장품판매장에서 맞춤형화장품조제관리사가 1) 제조 또는 수입된 화장품의 내용물(완제품, 벌크제품, 반제품)에 다른 화장품의 내용물이나 식품의약품안전처장이 정하는 원료를 추가하여 혼합한 화장품, 2) 제조 또는 수입된 화장품의 내용물을 소분한 화장품이다.

2. 맞춤형화장품판매업자의 준수사항이 아닌 것은?(　　)

① 맞춤형화장품판매업소마다 맞춤형화장품조제관리사를 둘 것
② 둘 이상의 책임판매업자와 계약하는 경우 사전에 각각의 책임판매업자에게 고지한 후 계약을 체결하여야 하며, 맞춤형화장품 혼합·소분 시 책임판매업자와 계약한 사항을 준수할 것
③ 보건위생상 위해가 없도록 맞춤형화장품 혼합·소분에 필요한 장소, 시설 및 기구를 정기적으로 점검하여 작업에 지장이 없도록 위생적으로 관리·유지할 것
④ 맞춤형화장품의 내용물 및 원료의 입고 시 품질관리 여부를 확인하고 맞춤형화장품판매업자가 제공하는 품질성적서를 구비할 것(다만, 책임판매업자와 맞춤형화장품판매업자가 동일한 경우에는 제외한다.)
⑤ 맞춤형화장품 판매 시 해당 맞춤형화장품의 혼합 또는 소분에 사용되는 내용물 및 원료, 사용 시의 주의사항에 대하여 소비자에게 설명할 것

→해설 맞춤형화장품의 내용물 및 원료의 입고 시 품질관리 여부를 확인하고 책임판매업자가 제공하는 품질성적서를 구비할 것(다만, 책임판매업자와 맞춤형화장품판매업자가 동일한 경우에는 제외함).

3. 다음은 맞춤형화장품판매업자의 변경신고에 관련된 설명이다. (　　)에 들어갈 말로 옳은 것은?(　　)

> 맞춤형화장품판매업자는　변경 사유가 발생한 날부터 (㉠)이내
> (다만, 행정구역 개편에 따른 소재지 변경의 경우에는 (㉡)이내)에 맞춤형화장품판매업 변경신고서(전자문서로 된 신고서를 포함)에 맞춤형화장품판매업 신고필증과 해당 서류(전자문서를 포함)를 첨부하여 지방식품의약품안전청장에게 제출하여야 한다.
> 신고 관청을 달리하는　맞춤형화장품판매업소의 소재지 변경의 경우에는 새로운 소재지를 관할하는 지방식품의약품안전청장에게 제출하여야 한다.

Answer　1. 맞춤형화장품　2. ④　3. ②

① ㉠ 25일, ㉡ 95일
② ㉠ 30일, ㉡ 90일
③ ㉠ 35일, ㉡ 85일
④ ㉠ 40일, ㉡ 80일
⑤ ㉠ 45일, ㉡ 75일

4. 다음 중 맞춤형화장품판매업자 변경신고 시 제출서류에 해당하지 않는 것은? ( )

① 법인의 경우에 대표자 양도·양수의 경우 : 주민등록등본
② 법인의 경우에 대표자 상속의 경우 : 가족관계증명서
③ 맞춤형화장품조제관리사 변경의 경우 : 변경할 맞춤형화장품조제관리사의 자격증
④ 맞춤형화장품 사용 계약을 체결한 책임판매업자 변경의 경우 : 책임판매업자와 체결한 계약서 사본 및 소비자피해보상을 위한 보험계약서 사본
⑤ 책임판매업자와 맞춤형화장품판매업자가 동일하고 책임판매업자가 가입하고 있는 경우 : 책임판매업자의 보험계약서 사본

해설 맞춤형화장품판매업자(법인의 경우에는 대표자) 양도·양수의 경우에는 이를 증명하는 서류를 제출해야 함.

5. 다음은 변경신고 처리기간에 관련된 설명이다. ( )안에 들어갈 말로 옳은 것은?( )

맞춤형화장품판매업 변경신고 처리기간: (㉠)
맞춤형화장품조제관리사의 변경신고 처리기간: (㉡)

① ㉠ 7일, ㉡ 10일
② ㉠ 8일, ㉡ 9일
③ ㉠ 9일, ㉡ 8일
④ ㉠ 10일, ㉡ 7일
⑤ ㉠ 11일, ㉡ 6일

6. 피부의 기능에 대한 설명이 잘못 연결된 것은?( )

① 보호기능: 물리적, 화학적 자극과 미생물과 자외선으로부터 신체기관을 보호하고 수분손실을 방지한다.
② 분비기능: 랑거한스세포는 바이러스, 박테리아 등을 포획하여 림프로 보내 외부로 배출한다.
③ 해독기능: 지속적인 박리를 통해 독소물질을 배출한다.

Answer 4. ① 5. ④ 6. ②

④ 호흡기능: 폐를 통한 호흡 이외에 작지만 피부로도 호흡이 이루어지고 있다.
⑤ 비타민D 합성: 자외선을 통해 피지성분인 스쿠알렌을 통해 합성된다.

> **해설** 분비기능은 땀 분비를 통해 신체의 온도조절 및 노폐물을 배출하는 것이고, 랑거한스세포는 바이러스, 박테리아 등을 포획하여 림프로 보내 외부로 배출하는 기능은 면역기능임.

7. 다음 중 각질층의 가장 좋은 상태의 수분 함량은?(   )

① 10%
② 20%
③ 30%
④ 40%
⑤ 50%

> **해설** 각질층의 수분은 15-20%인데 10% 이하로 수분량이 떨어질 경우, 건조함과 소양감(가려움)을 느낌.

8. 다음은 표피의 구조에 관한 것이다. ㉠, ㉡, ㉢, ㉣, ㉤에 들어갈 말로 옳은 것은?(   )

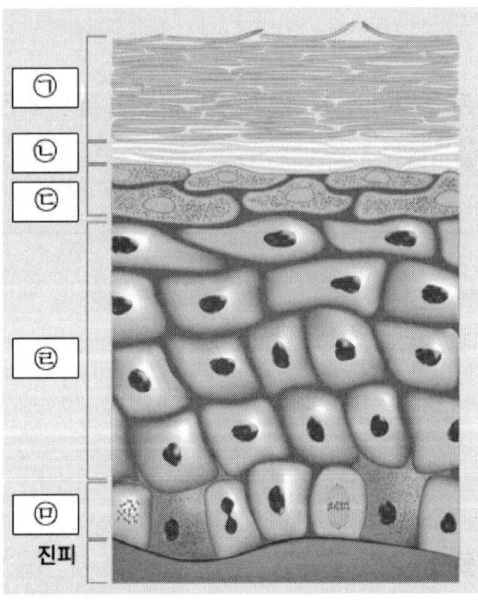

① ㉠ 각질층 ㉡ 투명층 ㉢ 유극층 ㉣ 과립층 ㉤ 기저층
② ㉠ 투명층 ㉡ 각질층 ㉢ 과립층 ㉣ 기저층 ㉤ 유극층

Answer 7. ② 8. ⑤

③ ㉠ 각질층 ㉡ 기저층 ㉢ 투명층 ㉣ 기저층 ㉤ 유극층
④ ㉠ 투명층 ㉡ 유극층 ㉢ 각질층 ㉣ 과립층 ㉤ 기저층
⑤ ㉠ 각질층 ㉡ 투명층 ㉢ 과립층 ㉣ 유극층 ㉤ 기저층

9. 다음은 무엇에 대한 설명인가?(　　)

1) 진피의 유두층으로부터 영양을 공급받는다.
2) 멜라닌형성세포(멜라노사이트)가 존재한다.
3) 각질형성세포(케라티노사이트)가 존재한다.
4) 머켈세포인 촉각상피세포가 존재하여 감각을 인지한다.
5) 세포분열을 통해 표피세포를 생성한다.

10. 다음 중 진피 망상층에 대한 설명으로 옳지 않은 것은?(　　)

① 탄력섬유 70~80%와 교원섬유 2%가 존재한다.
② 피지선이 존재하며 손, 발바닥, 입술, 눈두덩이에는 피지선이 없다.
③ 자기무게의 80~100배 정도의 수분을 끌어당기는 초질(하이알루로닉애씨드)이 존재한다.
④ 혈관이 존재한다.
⑤ 교원섬유, 탄력섬유를 생성하는 섬유아세포가 존재한다.

→해설 교원섬유 70~80%와 탄력섬유 2%가 존재함.

11. 다음은 무엇에 대한 설명인가?(　　　　)

피부에 존재하는 보습성분으로 유리아미노산, 피롤리돈카복실릭애씨드(PCA), 요소(우레아), 알칼리 금속(Na, Ca, K, Mg), 젖산(락틱애씨드), 인산염, 염산염, 젖산염, 구연산, 당류, 기타 유기산이 있으며 각질층의 수분량이 일정하게(15~20%) 유지되도록 돕는 역할을 한다.

12. 다음 중 땀에 관한 설명으로 옳지 않은 것은?(　　)

① 대한선(아포크린선)은 모낭에 연결하여 분비되며 공포·고통과 같은 감정에 의해 분비된다.
② 대한선에서 분비되는 땀에는 지방물질이 포함되어 있어 이 지방물질이 세균에 의해 파괴되어 땀냄새가 나게 된다.
③ 대한선은 몸 전체에 분포(입술, 생식기 제외)하며 손바닥과 발바닥, 이마부위에 풍부하게 존재한다.

Answer
9. 기저층　10. ①　11. 천연보습인자(NMF)　12. ③

④ 소한선(에크린선)은 표피에 직접 땀을 분비하여, 주로 열에 의해 분비된다.
⑤ 땀의 구성성분은 물, 소금, 요소, 암모니아, 아미노산, 단백질, 젖산, 크레아틴 등이다.

→해설 대한선은 겨드랑이, 유두, 항문주위, 생식기부위, 배꼽주위에 분포되어 있음. 소한선은 몸 전체에 분포(입술, 생식기 제외)하며 손바닥과 발바닥, 이마부위에 소한선이 풍부하게 존재하며 냄새가 거의 없음.

13. 여드름의 원인과 관련된 설명으로 옳지 않은 것은?( )

① 유전적 요인으로 남성호르몬인 테스토스테론이 혈류 속에 들어가 피부모낭의 피지선을 자극하여 과다한 피지가 분비.
② 피부상재균의 90%를 차지하는 *Propionibacterium acnes* 호기성 박테리아이다.
③ 스테로이드의 각종 약제
④ 스트레스
⑤ 화장품

→해설 *Propionibacterium acnes*는 피부 상재균의 90%를 차지하는 모낭에 상주하는 혐기성박테리아임.

14. 다음 중 여드름 유발성 물질로 옳은 것을 모두 고른 것은?( )

> ㄱ. 미네랄 오일
> ㄴ. 페트롤라툼
> ㄷ. 라놀린
> ㄹ. 벤조일퍼옥사이드
> ㅁ. 살리실릭애씨드

① ㄱ, ㄹ
② ㄱ, ㄴ, ㄷ
③ ㄱ, ㄴ, ㄹ
④ ㄴ, ㄷ, ㅁ
⑤ ㄷ, ㄹ, ㅁ

→해설 미네랄 오일(유동파라핀), 페트롤라툼(바세린), 라놀린, 올레익애씨드, 라우릴알코올, 코코아버터 등이 여드름 유발성 물질이고, 벤조일퍼옥사이드, 황, 레조르시놀, 살리실릭애씨드, 피지억제작용 추출물(인삼 추출물, 우엉 추출물, 로즈마리 추출물), 비타민 B6(피지분비정상화) 등은 여드름 치료성분임.

15. 모발의 구성성분으로 옳지 않은 것은?( )

① 모발의 안쪽에는 모발 무게에 85~90% 차지하는 모피질과 모수질이 있다.
② 모피질에는 피질세포, 케라틴, 멜라닌이 존재한다.
③ 멜라닌은 티로신으로부터 만들어지는데 검정색과 갈색을 나타내는 페오멜라닌과 빨간색과 금발을 나타내는 유멜라닌으로 분류되며 모발의 색은 페오멜라닌과 유멜라닌의 구성비에 의해 결정된다.
④ 케라틴을 구성하는 아미노산인 시스틴에 있는 디설파이드 결합에 의해 모발형태와 웨이브가 결정되며 환원제를 사용하여 결합을 절단한 후에 산화제를 이용하여 디설파이드 결합을 재구성하여 모발의 모양이나 웨이브 정도를 결정하게 된다.
⑤ 모발의 뿌리 쪽에는 모유두, 모모세포, 색소세포(멜라닌)가 있는 모구가 위치한다.

→해설 멜라닌은 티로신으로부터 만들어지는데 검정색과 갈색을 나타내는 유멜라닌과 빨간색과 금발을 나타내는 유멜라닌으로 분류되며 모발의 색은 유멜라닌과 페오멜라닌의 구성비에 의해 결정됨.

16. 다음 중 모발에 존재하는 결합으로 옳은 것을 모두 고른 것은?( )

ㄱ. 펩티드결합
ㄴ. 염결합
ㄷ. 이온결합
ㄹ. 시스틴결합
ㅁ. 수소결합

① ㄱ, ㄴ, ㅁ
② ㄱ, ㄴ, ㄷ, ㄹ
③ ㄱ, ㄴ, ㄹ, ㅁ
④ ㄴ, ㄷ, ㄹ
⑤ ㄴ, ㄷ, ㄹ, ㅁ

→해설 모발에 존재하는 결합은 염결합, 시스틴결합, 수소결합, 펩티드결합이 있음.

17. 다음 ( )안에 알맞은 말은?( )

(A)에 의해 피지선이 비대해지고 피지분비가 왕성해지며 피부에 이상각화가 일어나 모낭구가 막혀 피지가 배출되지 못하고 정체되고 여기에 *Propionibacterium acnes*가 번식하여 효소를 분비하는데 이 효소가 피지를 분해, 유리지방산을 형성한다. 유리지방산은 모낭벽을 직접 자극하고 진피내로 들어가 염증을 일으킨다. 따라서 여드름 환자의

Answer
15. ③ 16. ③ 17. (A) 안드로겐, (B) 5-리덕타제

모낭에는 정상인에 비하여 P. acnes의 균주수가 많고, 테스토스테론을 보다 강력한 디하이드로테스토스테론으로 전환시키는 (B)의 활성도가 높다.

18. 비듬에 관한 설명으로 옳지 않은 것은?( )

① 비듬은 표피 세포의 각질화에 의해 떨어져 나온 조각으로 피지나 땀, 먼지 등이 붙어 있다.
② 비듬의 발생빈도는 성별이나 계절, 연령 등에 따라 차이를 보이며 온도가 높아 피부가 땀을 많이 흘리게 되어 피지 분비가 증가하는 여름에 비듬발생이 쉽다.
③ 성별로 볼 때, 남성이 압도적으로 비듬의 양이 많아 여성의 3배 정도 된다.
④ 비듬이 심해지면 탈모의 원인이 되며 비듬 원인균은 말라세시아라는 진균이다.
⑤ 비듬치료에 도움이 되는 성분은 징크피리치온, 피록톤올아민, 살리실릭애씨드 등이 있다.

→해설 비듬의 발생빈도는 성별이나 계절, 연령 등에 따라 차이를 보이며 피부가 건조해지기 쉬운 겨울에 비듬발생이 쉬움.

19. 다음 중 혜성이의 피부타입은?

혜성 : 나는 T존에는 피지 분비가 많이 되고 U존에는 피지 분비량이 적은 것 같아. 그래서 T존에 여드름이 많고 기름이 많아. 하지만 U존은 푸석푸석한 것 같고 당김이 심해

① 건성
② 지성
③ 복합성
④ 중성
⑤ 수성

→해설 복합성은 지성과 건성이 함께 존재하는 피부타입으로 피지 분비량이 많은 T존과 피지 분비량이 적은 U존에 존재하여 T존은 번들거리고 여드름이 있으며, U존(양볼, 입 주위, 눈 주위)은 수분이 부족하여 건조함.

20. 피부측정항목과 측정방법이 잘못 연결된 것은?( )

① 피부수분 : 전기전도도를 통해 피부의 수분량을 측정한다.
② 피부건조: 잔주름, 굵은 주름, 거칠기, 각질, 모공크기, 다크써클, 색소침착 등을 현미경과 비전프로그램을 통해 관찰한다.
③ 피부탄력도 : 피부에 음압을 가했다가 원래 상태로 회복되는 정도를 측정한다.

④ 피부유분 : 카트리지 필름을 피부에 일정시간 밀착시킨 후, 카트리지 필름의 투명도를 통해 피부의 유분량을 측정한다.
⑤ 피부색 : 피부의 색상을 측정하여 L*(밝기), a*(빨강-녹색), b*(노랑-청색)로 나타낸다.

→해설 피부건조의 측정방법은 피부로부터 증발하는 수분량인 경피수분손실량(TEWL)을 측정하는 것이며, 피부장벽기능을 평가하는 수치로 이용될 수 있음. 잔주름, 굵은 주름, 거칠기, 각질, 모공크기, 다크써클, 색소침착 등을 현미경과 비전프로그램을 통해 관찰하는 것은 피부표면 측정임.

21. 육안을 통한 관능평가에 사용되는 표준품이 잘못 연결된 것은?( )

① 제품 표준견본: 완제품의 개별포장에 관한 표준
② 벌크제품 표준견본: 성상, 냄새, 사용감에 관한 표준
③ 레벨 부착 위치견본: 완제품의 레벨 부착위치에 관한 표준
④ 충진 위치견본: 내용물을 제품용기에 충진할 때의 액면위치에 관한 표준
⑤ 색소원료 표준견본: 원료의 색상, 성상, 냄새 등에 관한 표준

→해설 색소원료 표준견본은 색소의 색조에 관한 표준이며 원료의 색상, 성상, 냄새 등에 관한 표준은 원료 표준견본임.

22. 다음은 무엇에 대한 설명인가?( )

> 건선(psoriasis)과 같은 심한 피부건조에 의해 각질이 은백색의 비늘처럼 피부표면에 발생하는 것이다.

23. 피부에 생기는 화장품의 부작용의 종류와 현상을 잘못 연결한 것은?( )

① 홍반: 붉은 반점
② 부종: 부어오름
③ 가려움: 소양감
④ 자통: 굳는 느낌
⑤ 작열감: 타는 듯한 느낌 혹은 화끈거림

→해설 자통은 찌르는 듯한 느낌이며 굳는 느낌은 뻣뻣함임.

24. 모발성장주기를 바르게 나타낸 것은?( )

① 초기성장기 - 성장기 - 퇴행기 - 휴지기
② 초기성장기 - 휴지기 - 성장기 - 퇴행기

Answer 21. ⑤ 22. 인설생성 23. ④ 24. ①

③ 초기성장기 – 성장기 – 휴지기 – 퇴행기
④ 초기성장기 – 퇴행기 – 휴지기 – 성장기
⑤ 초기성장기 – 휴지기 – 성장기 – 퇴행기

25. 다음 중 1차 포장 필수 기재항목으로 옳은 것을 모두 고른 것은?(   )

> ㄱ. 화장품의 명칭
> ㄴ. 사용기한
> ㄷ. 영업자의 상호
> ㄹ. 화장품의 설명
> ㅁ. 제조번호

① ㄱ, ㄷ, ㅁ
② ㄱ, ㄴ, ㄷ, ㅁ
③ ㄱ, ㄴ, ㄹ, ㅁ
④ ㄴ, ㄷ, ㄹ
⑤ ㄴ, ㄷ, ㄹ, ㅁ

→해설 1차 포장 필수 기재항목은 화장품의 명칭, 영업자의 상호, 제조번호, 사용기한 또는 개봉 후 사용기간 등임.

26. 다음 중 기능성화장품의 기재·표시가 바르게 된 것은?(   )

① 탈모증상완화기능성화장품
   질병의 예방 및 치료를
   위한 의약품이 아님

② 질병의 예방 및 치료를 위한 의약품이 아님
   탈모증상완화기능성화장품

③ 탈모증상완화기능성화장품
   질병의 예방 및 치료를 위한
   의약품이 아님

④ 탈모증상완화기능성화장품
   질병의 예방 및 치료를 위한
   의약품이 아님

→해설 제19조제4항제7호에 따른 문구(질병의 예방 및 치료를 위한 의약품이 아님)는 "기능성화장품" 글자 바로 아래에 "기능성화장품"글자와 동일한 글자 크기 이상으로 기재·표시해야 함. ①은 "기능성화장품" 글자보다 큰 글자로 기재·표시하였고 ②는 "기능성화장품" 글자 위에 "기능성화장품" 글자보다 작은 글자로 기재·표시하였음. ④는 "기능성화장품" 글자 위에 기재·표시하였음.

Answer
25. ② 26. ③

제4과목 맞춤형화장품의 이해

27. 맞춤형화장품 표시사항으로 옳지 않은 것은?(   )

① 가격(소비자가 잘 확인할 수 있는 위치에 표시)
② 식별번호
③ 책임판매업자 상호
④ 맞춤형화장품판매업자 상호
⑤ 맞춤형화장품제조관리사 성명

→해설 맞춤형화장품 표시사항은 명칭, 가격(소비자가 잘 확인할 수 있는 위치에 표시), 식별번호, 사용기한 또는 개봉 후 사용기간, 책임판매업사 상호, 맞춤형화장품판매업자 상호임.

28. 다음은 무엇에 대한 설명인가?(   )

> 크림상이며 분산매가 유화된 분산질에 분산되는 것을 이용한 제형이다. 주요제조설비는 호모믹서와 아지믹서이며 제품에는 비비크림, 파운데이션, 메이크업베이스, 마스카라, 아이라이너가 있다.

29. 화장품 제형분류에 대한 설명으로 옳지 않은 것은?(   )

① 가용화 제형: 액상이며 물에 대한 용해도가 아주 작은 물질을 가용화제를 이용하여 용해도 이상으로 녹게 하는 것을 이용한 제형이다.
② 유화 제형: 크림상, 로션상이며 서로 섞이지 않는 두 액체 중에서 한 액체가 미세한 입자 형태로 유화제(계면활성제)를 사용하여 다른 액체에 분산되는 것을 이용한 제형이다.
③ 고형화 제형: 고상이며 오일과 왁스에 안료를 분산시켜서 고형화시킨 제형이다.
④ 파우더혼합 제형: 파우더상이며 안료, 펄, 바인더, 향을 혼합한 제형이다.(단, 페이스 파우더만 고형화가 있다.)
⑤ 계면활성제혼합 제형: 액상이며 음이온, 양이온, 양쪽성, 비이온성 계면활성제 등을 혼합하여 제조하는 제형이다.

→해설 파우더혼합 제형은 파우더상이며 안료, 펄, 바인더(실리콘 오일, 에스테르 오일), 향을 혼합한 제형(단, 페이스 파우더는 고형화가 없다.)임. 주요 제조 설비는 헨셀믹서와 아토마이저이며 제품으로는 페이스 파우더, 팩트, 투웨어케익, 치크브러쉬, 아이섀도우가 있음.

30. 다음 (   )안에 들어갈 말은?(   )

> (   )은 서로 섞이지 않는 두 액체 중에서 한 액체(분산상, 내상)가 미세한 입자 형태로 다른 액체(연속상, 외상)에 분산되어 있는 불균일 계로 열역학적으로 불안정하여 경시적으로 회합, 합일, 오스왈트라이프닝 등에 의해 분리된다. (   )을(를) 만드는 반응은

Answer 27. ⑤ 28. 유화분산 29. ④ 30. 에멀젼

비자발적인 반응으로 열에너지와 기계적 에너지가 필요하고 섞이지 않은 두 액체를 섞기 위하여 계면활성제가 필요하다.

31. 다음 〈그림〉에서 ㉠과 ㉡에 적합한 용어를 작성하시오.(   )

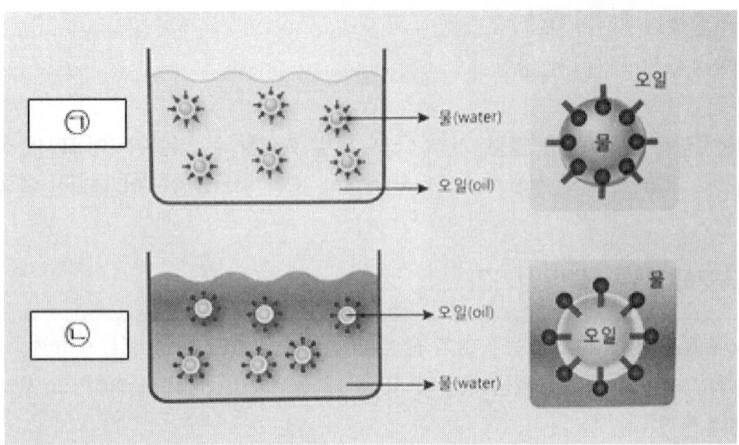

32. 다음 (   )에 적합한 용어를 작성하시오.

화장품의 (   ) 제형은 립스틱, 립밤, 컨실러, 데오트란트가 있으며, 제형을 구성하는 성분은 왁스, 페이스상, 오일, 색소, 보존제, 산화방지제, 향이다. 대표적인 (   ) 제형인 립스틱에서는 제형이 불안정하면 발한, 발분이 발생될 수 있다. 발한은 립스틱 표면 밑에 있는 오일이 립스틱 표면으로 이동하는 것으로 립스틱 표면에 오일이 땀방울처럼 맺히며 35~40°C에서 발생한다. 발한의 원인은 왁스와 오일의 낮은 혼화성이며 오일과 왁스의 중간 상인 반고상 원료가 오일과 왁스의 혼화성을 높여 발한을 억제하기 위하여 처방 중에 사용된다. 발분은 립스틱 표면으로 나온 액체상태 성분이 립스틱 안으로 들어가지 못하고 표면에서 결정화되어 소금꽃처럼 생성된 것으로 지방 성분인 버터류가 처방에 사용될 경우에 주로 발생하여 초코렛 표면의 흰 가루도 동일한 발분현상이다.

33. 화장비누에 대한 설명으로 옳지 않은 것은?(   )

① 식물성 오일의 지방산과 가성소다 혹은 가성가리를 반응시켜 천연비누를 제조하며, 반응물질로 보습제인 글리세린도 형성되는데 천연비누는 이 글리세린이 포함되어 있다.
② 비누공장에서는 비누화 반응을 통해 비누를 제조하지 않고 일반적으로 비누 베이스에 향, 색소, 첨가제를 넣여 녹여서 압출방식으로 제조하는 MP비누를 생산한다.
③ MP비누에는 글리세린이 있어서 단단하고 물러지지 않는다.
④ 글리세린, 알코올, 설탕 등을 첨가하여 고온에서 비누화 반응을 시켜 성형틀에 부어 굳혀서 짧은 숙성기간을 거쳐서 만드는 HP비누가 있고 실온에서 비누화 반응을 시켜 긴 숙성기간을 거쳐 만드는 CP비누가 있다.

Answer   31. (㉠)W/O형 에멀젼 (㉡) O/W형 에멀젼   32. 고형화   33. ③

⑤ 비누화 반응에 사용되는 알칼리는 가성소다와 가성가리가 있으며, 가성소다로 만들어진 비누는 단단하고 가성가리로 만들어진 비누는 가성소다에 비하여 덜 단단한 특징이 있다.

→해설 MP비누에는 글리세린이 없어 단단하여 물러지지 않음. 비누공장에서 비누화 반응을 통해 비누를 제조할 경우에는 글리세린을 별도로 추출하여 화장품 원료로 판매하기 때문에 시중에서 구매하는 화장비누에는 글리세린이 포함되어 있지 않음.

34. 펌제(퍼머넌트 웨이브)에 대한 설명으로 옳지 않은 것은?( )

① 모발의 주성분인 케라틴에는 디설파이드결합을 가지고 있는 시스틴이 있는데 이 디설파이드결합을 환원, 산화시켜서 모발의 웨이브를 형성한다.
② 펌제의 1제(환원제)는 디설파이드결합을 절단하여 시스틴을 시스테인으로 환원시킨다.
③ 디설파이드결합이 절단된 모발은 원하는 형태로 웨이브를 만들 수 있고, 원하는 형태로 모발을 만든 후에 2제(산화제, 중화제)를 사용하여 시스틴을 시스테인으로 산화시켜 모발의 웨이브를 고정한다.
④ 환원제인 1제에는 치오글라이콜릭애씨드와 그 염류 혹은 시스테인, 시스테인염류 또는 아세틸시스테인을 주성분으로 하며, 모발을 팽윤시켜 큐티클층을 열어주는 알칼리제 등이 포함되어 있다.
⑤ 산화제인 2제는 과산화수소, 브롬산나트륨, 과붕산나트륨이 사용되며 과붕산나트륨은 파우더형 염모제에 사용된다.

→해설 디설파이드 결합이 절단된 모발은 원하는 형태로 웨이브를 만들 수 있고, 원하는 형태로 모발을 만든 후에 2제(산화제, 중화제)를 사용하여 시스테인을 시스틴으로 산화시켜 모발의 웨이브를 고정함.

35. 염모제에 대한 설명으로 옳지 않은 것은?( )

① 염모제는 염모력의 지속력에 따라 일시 염모제, 반영구 염모제, 영구 염모제로 분류되며 영구 염모제만이 일반화장품으로 분류되며 일시 염모제, 반영구 염모제는 기능성 화장품이다.
② 일시 염모제는 안료를 사용하여 모피질 내로 염모성분이 침투하지 못하고 모발의 가장 바깥 큐티클층에 안료성분이 일시적으로 부착되어 있어서 모발을 씻어낼 경우 염모효과가 사라진다.
③ 반영구 염모제는 큐티클층과 모피질 내 일부까지 염모성분이 침투하여 염색이 된다.
④ 영구염모제는 식물성 염모제, 금속성 염모제, 산화형 염모제, 비산화형 염모제로 구분할 수 있다.
⑤ 영구염모제는 염색효과가 우수하며 다양하고 밝은 색상 표현이 가능한 산화형 염모제가 주로 사용된다.

Answer 34. ③ 35. ①

→해설 염모제는 염모력의 지속력에 따라 일시 염모제, 반영구 염모제, 영구 염모제로 분류되며 영구 염모제만이 기능성화장품으로 분류되며 일시 염모제, 반영구 염모제는 일반 화장품임.

36. 다음 (   )안에 적합한 용어를 작성하시오.(   )

> (㉠)은(는) 1제(알칼리제, 암모니아수)와 2제(산화제, 과산화수소)로 구성되어 있으며, 모발 내의 멜라닌을 산화시켜 색이 없는 옥시멜라닌으로 바꾼다.

37. 다음 (   )안에 적합한 용어를 작성하시오.(   )

> (㉠)은(는) 빈 공간을 채우거나 빈 곳에 집어넣어서 채운다는 의미로, 화장품의 경우 일정한 규격의 용기에 내용물을 넣어 채우는 작업을 말한다. 피스톤 방식 충전기, 파우치 충전기, 파우더 충전기, Carton 충전기, 액체 충전기, 튜브 충전기의 종류가 있다.

38. 다음 (   )안에 적합한 용어를 작성하시오.(   )

> (㉠)은(는) 반투명의 광택성을 가지며 내약품성이 우수하고 상온에서 내충격성이 있다. 반복되는 굽힘에 강하여 굽혀지는 부위를 얇게 성형하여 일체 경첩으로서 원터치 캡에 이용된다. 크림류 광구병, 캡류에 이용되기도 한다.

39. 용기 형태와 그 특성이 바르게 연결된 것은?(   )

① 세구병: 용기 입구 외경이 비교적 커서 몸체 외경에 가까운 용기이며 크림상, 젤상제품에 사용된다.
② 원통상 용기: 마스카라 용기에 이용되는 가늘고 긴 용기이며 마스카라, 아이라이너, 립글로스 등에 사용된다.
③ 펜슬 용기: 연필과 같이 깎아서 쓰는 나무자루 타입, 샤프펜슬처럼 밀어내어 쓰는 타입으로 립스틱, 스틱파운데이션, 립크림, 데오도란트 스틱 등에 사용된다.
④ 광구병: 병의 입구 외경이 몸체에 비하여 작은 용기이며 화장수, 유액 등에 사용된다.
⑤ 파우더 용기: 본체와 뚜껑이 경첩으로 연결된 용기이며 팩트류, 스킨커버 등 고형분, 크림상 내용물 제품에 사용된다.

→해설 세구병은 병의 입구 외경이 몸체에 비하여 작은 용기이며 화장수, 유액 등에 사용됨. 광구병은 용기 입구 외경이 비교적 커서 몸체 외경에 가까운 용기이며 크림상, 젤상제품에 사용됨. 파우더용기는 캡에 브러시나 팁이 달린 가늘고 긴 자루가 있는 용기이며 파우더, 향료분, 베이비 파우더에 사용됨. 본페와 뚜껑이 경첩으로 연결된 용기이며 팩트류, 스킨커버 등 고형분, 크림상 내용물 제품에 사용되는 것은 팩트 용기임. 펜슬 용기는 연필과 같이 깎아서 쓰는 나무자루 타입, 샤프펜슬처럼 밀어내어 쓰는 타입으로 아이라이너, 아이브라우, 립펜슬 등에 사용됨. 립스틱, 스틱파운데이션, 립크림, 데오도란트 스틱 등에 사용되는 것은 막대 모양 화장품 용기임. 스틱용기는 나선이 내용물 외측에 배치된 타입, 내용물 밑에 나사가 있는 타

Answer   36. 탈색제   37. 충진   38. 폴리프로필렌   39. ②

입, 내용물 중심에 나사봉이 있는 타입으로 구분됨.

40. 다음은 무엇에 대한 설명인가?( )

> 무색 투명한 유리 속에 무색의 미세한 결정(불화규산소다-염화나트륨 등)이 분산되어 빛을 흩어지게 하며 유백색으로 보인다. 입자가 매우 조밀한 것을 옥병, 입자가 큰 것을 앨러배스터라고 한다.

41. 다음 중 일반적인 화장품 원료의 발주 절차의 순서를 바르게 나열한 것은? ( )

> ㄱ. 화장품 원료 사용량 예측(사용량 산출, 재고 관리)
> ㄴ. 원료의 입고
> ㄷ. 원료의 수급 기간을 고려해 최소 발주량 산정해 발주
> ㄹ. 시험 후, 적합 판정된 것만을 선입선출 방식으로 출고

① ㄱ → ㄴ → ㄷ → ㄹ
② ㄱ → ㄷ → ㄴ → ㄹ
③ ㄱ → ㄹ → ㄷ → ㄴ
④ ㄴ → ㄱ → ㄹ → ㄷ
⑤ ㄴ → ㄹ → ㄱ → ㄷ

→해설 화장품 원료 사용량 예측(생산계획서에 의거하여 제품 각각의 원료 사용량을 산출하고, 원료 목록장을 작성하여 재고를 관리함.) → 원료의 수급 기간을 고려하여 최소 발주량을 산정해 발주 → 발주되어 입고된 원료는 시험 후, 적합 판정된 것만을 선입선출 방식으로 출고

42. 다음 내용을 읽고 ( ) 안에 들어갈 적합한 단어는 ? ( )

> 고객 개인별 피부특성 및 취향에 따라 맞춤형화장품판매장에서 ( )가 제소 또는 수입된 화장품의 내용물에 다른 화장품의 내용물이나 식품의약품안전처장이 정하는 원료를 추가하여 혼합한 화장품, 제조 또는 수입된 화장품의 내용물을 소분한 화장품.

43. 다음 중 맞춤형화장품판매업자 준수사항으로 옳지 않은 것은?( )

① 맞춤형화장품판매업소마다 맞춤형화장품조제관리사를 두어야 한다.
② 화장품 혼합·소분 시에 책임판매업자와 계약한 사항을 준수해야 한다.
③ 보건위생상 위해가 없어야 한다.

Answer 40. 유백 유리 41. ② 42. 맞춤형화장품조제관리사 43. ⑤

④ 시설 및 기구를 정기적으로 점검하여야 한다.
⑤ 혼합·소분 시에 사용되는 장비 또는 기기 등은 사용 후에 세척해야 한다.

→해설 맞춤형화장품판매업자는 혼합·소분 시에 사용되는 장비 또는 기기 등은 사용 후 뿐만 아니라 전에도 세척해야 함.

44. 다음 중 맞춤형화장품판매업자의 변경신고에 대한 설명으로 옳지 않은 것은? ( )

① 맞춤형화장품조제관리사 변경의 경우 : 변경할 맞춤형화장품조제관리사의 자격증
② 맞춤형판매업 변경신고 처리기간 : 7일
③ 맞춤형화장품 사용 계약을 체결한 책임판매업자 변경의 경우 : 책임판매업자와 체결한 계약서 사본 및 소비자피해보상을 위한 보험계약서 사본
④ 맞춤형화장품조제관리사의 변경신고 처리기간 : 7일

→해설 맞춤형화장품판매업자의 변경신고에 대하여 맞춤형판매업 변경신고 처리기간은 10일임.

45. 다음 중 피부의 구성에 대한 설명으로 옳지 않은 것은?( )

① 신체기관 중에서 가장 큰 기관이다.
② 피부의 pH는 7이다.
③ 약산성 피부는 미생물로부터 보호하는 역할을 한다.
④ 피부는 표피, 진피, 피하지방으로 이루어져 있다.
⑤ 피부의 재생주기는 28일(20세 기준)이다.

→해설 피부는 약산성의 pH를 가지고 있어 7이 아닌 4~6정도로 유지되고 있음.

46. 다음 중 피부의 기능과 그 설명으로 옳지 않은 것은?( )

① 보호기능 : 물리적, 화학적 자극과 미생물과 자외선으로부터 신체기관을 보호한다.
② 분비기능 : 땀 분비를 통해 신체의 온도조절 및 노폐물을 배출한다.
③ 해독기능 : 피부는 간을 도와서 해독작용을 한다.
④ 면역기능 : 랑거한스세포는 바이러스, 박테리아 등을 포획하여 림프로 보내 외부로 배출한다.
⑤ 호흡기능 : 폐를 통한 호흡 이외에 작지만 피부로도 호흡이 이루어진다.

→해설 피부의 기능 중에서 해독기능은 지속적인 박리를 통해 독소물질의 배출을 행하며 간을 도와서 해독작용을 하지 않음.

Answer 44. ② 45. ② 46. ③

47. 다음은 무엇에 대한 설명인가?( )

> 피부에 존재하는 보습성분으로 유리아미노산, 요소, 젖산, 당류, 기타 유기산이 있으며 각질층의 수분량이 일정하게 유지되도록 돕는다.

48. 다음 중 땀에 대한 설명으로 옳지 않은 것은?( )

① 대한선은 모낭에 연결하여 분포되며 고통, 공포와 같은 감정에 의해 분비된다.
② 땀에는 지방물질이 포함되어 있어 세균에 의해 파괴되어 땀냄새가 나게 된다.
③ 소한선은 표피에 직접 땀을 분비한다.
④ 소한선은 몸 전체에 분포하며 냄새가 매우 심하다.
⑤ 땀의 구성성분은 물, 요소, 암모니아, 아미노산, 단백질, 젖산, 크레아틴산 등이 있다.

→해설 땀 중에서 소한선은 몸 전체에 분포하며 냄새가 거의 없음.

49. 다음은 무엇에 대한 설명인가?( )

> 심상성 좌창으로 사춘기에 발생하는 모낭피지선의 만성 염증성 질환이며 면포, 구진, 농포 형성을 특징으로 하는 질환이다. 발생부위는 코의 양쪽, 이마, 등, 가슴, 볼 등이다.

50. 다음 중 염증성 여드름이 아닌 것은?( )

① 면포
② 구진
③ 뽀루지
④ 농포
⑤ 결절

→해설 비염증성 여드름은 면포이며, 염증성 여드름에는 구진, 뽀루지, 농포, 결절이 있음.

51. 다음 중 여드름의 직접적인 원인으로 옳지 않은 것은?( )

① 유전적 요인
② 테스토스테론이 피지선을 자극
③ 정서적 요인(스트레스, 불면증, 생리불순)
④ 안드로겐 분비 증가
⑤ 스테로이드 성분의 약제

→해설 안드로겐은 피지선을 비대하게 하고 피지분비를 증가시키는 역할을 함. 따라서 모낭구가 막

Answer
47. 천연보습인자 48. ④ 49. 여드름 50. ① 51. ④

히기는 하지만 여드름의 직접적인 원인은 아님. 직접적인 원인으로는 유전적 요인, 테스토스테론인 성 호르몬, 스트레스, 불면증, 생리불순, 스테로이드 성분이 있음.

52. 다음 중 여드름 유발성 물질로 옳지 않은 것은?( )

① 미네랄 오일
② 페트롤라튬
③ 올레익애씨드
④ 불포화지방산
⑤ 코코아 버터

→해설 여드름 유발성 물질에는 미네랄 오일, 페트롤라튬, 올레익애씨드, 코코아 버터, 라우릴알코올 등이 있으며 불포화지방산은 포함되지 않음.

53. 다음 중 여드름 치료에 사용되는 성분으로 옳지 않은 것은?( )

① 벤조일퍼옥사이드
② 황
③ 레조르시놀
④ 살리실릭애씨드
⑤ 올레익애씨드

→해설 여드름 치료에 사용되는 성분에는 벤조일퍼옥사이드, 황, 레조르시놀, 살리실릭 애씨드가 있으며 올레익애씨드는 여드름 유발성 물질임.

54. 다음 중 모발의 생리구조에 대한 설명으로 옳지 않은 것은?( )

① 모발의 안쪽에는 모피질과 모수질이 존재한다.
② 모피질에는 피질세포, 케라틴, 멜라닌이 존재한다.
③ 티로신은 멜라닌으로부터 만들어진다.
④ 모발의 바깥쪽에는 모소피가 모피질을 보호한다.
⑤ 모발의 등전점은 pH 3~5로 유지된다.

→해설 모발의 생리구조 중에서 색을 나타내는 멜라닌은 티로신으로부터 만들어 짐.

55. 다음 중 모발에 대한 설명으로 옳지 않은 것은?( )

① 일반적인 성인에서 탈모되는 양은 40~70개/1일이다.
② 병적인 탈모는 일반적인 과정에서 보다 1개 많은 71개/1일이다.

Answer 52. ④ 53. ⑤ 54. ③ 55. ②

③ 모발에는 염 결합, 시스틴결합, 수소결합, 펩티드결합이 존재한다.
④ 모발의 성장기는 세포의 성장이 빠르게 이루어지며 기간은 5~6년이다.
⑤ 모발의 퇴행기는 성장이 감소하고 상피세포가 죽게 되며 기간은 2~3주이다.

→해설 모발에서 병적으로 진단받는 탈모는 평균 120개/1일임.

56. 다음 중 탈모와 생리과정에 대한 설명으로 옳지 않은 것은?( )

① 남성형 탈모는 탈모의 가장 흔한 형태이다.
② 테스토스테론이 디하이드로테스토스테론(DHT)로 바뀐다.
③ DHT가 모낭을 확장시켜 모발의 두께가 굵어진다.
④ 탈모치료제로는 미녹시딜, 피나스테리드가 존재한다.
⑤ 미녹시딜은 말초신경을 확장시켜 모발이 성장하는데 도움을 준다.

→해설 탈모 과정 중에서 DHT가 모낭을 위축시켜 모발의 두께가 가늘어짐에 따라 모발이 빠지게 되고 탈모가 진행됨.

57. 다음 중 비듬에 대한 설명으로 옳지 않은 것은?( )

① 비듬은 표피 세포의 각질화에 의해 떨어져 나온 조각이다.
② 비듬의 발생빈도는 항상 일정하다.
③ 여성보다 남성이 압도적으로 비듬의 양이 많다.
④ 비듬 원인균은 말라세시아라는 진균이다.
⑤ 비듬치료에 도움이 되는 성분은 징크피리치온이 존재한다.

58. 다음 중 피부타입과 그에 따른 설명으로 옳지 않은 것은?( )

① 건성 : 피부표면이 건조하고 윤기가 없으며 잔주름이 생기기 쉬운 피부이다.
② 지성 : 피지의 분비량이 많아 얼굴이 반들거리고 모공이 넓어 T존에 검은 여드름이 생긴다.
③ 복합성 : 피지 분비량이 많은 T존만이 존재한다.
④ 중성 : 피지와 땀의 분비활동과 피부생리기능이 정상적이며 피부가 깨끗하고 표면이 매끄럽다.
⑤ 복합성 : 지성과 건성이 함께 존재하는 피부타입

→해설 피부타입 중에서 복합성 피부는 지성과 건성이 함께 존재하는 피부타입으로 피지 분비량이 많은 T존과 피지 분비량이 적은 U존이 있음.

Answer
56. ③ 57. ② 58. ③

59. 다음 중 피부측정항목에 대한 측정방법이 올바르게 이루어지지 않은 것은? ( )

① 피부수분 : 전기전도도를 통해 피부의 수분량을 측정한다.
② 피부탄력도 : 피부에 음압을 가했다가 원래 상태로 회복되는 정도를 측정한다.
③ 피부 pH : 피부의 염기성도를 측정하여 pH로 나타낸다.
④ 두피상태 : 두피의 비듬, 피지를 현미경과 비젼프로그램을 통해 확인한다.
⑤ 모발상태 : 모발의 강도, 굵기, 탄력도, 손상정도, 수분량을 측정한다.

→해설 피부측정항목에 대한 측정방법으로 피부 pH는 피부의 산성도를 측정하여 pH로 나타냄.

60. 다음은 무엇에 대한 설명인가?( )

> 여러 가지 품질을 인간의 오감에 의하여 평가하는 제품검사를 말한다.
> 좋고 싫음을 주관적으로 판단하는 기호형과, 표준품(기준품) 및 한도품 등 기준과 비교하여 합격품, 불량품을 객관적으로 평가, 선별하거나, 사람의 식별력 등을 조사하는 분석형의 2가지 종류가 있다.
> 사용감은 원자재나 제품을 사용할 때 피부에서 느끼는 감각으로 매끄럽게 발리거나 바른 후 가볍거나 무거운 느낌, 밀착감, 청량감 등을 말한다.

61. 다음 중 육안을 통한 관능평가에 사용하는 표준품으로 옳게 짝지어지지 않은 것은?( )

① 제품 표준견본 : 미제품의 개별포장에 관한 표준
② 라벨 부착 위치견본 : 완제품의 레벨 부착위치에 관한 표준
③ 충진 위치견본 : 내용물을 제품용기에 충진할 때의 액면위치에 관한 표준
④ 원료 표준견본 : 원료의 색상, 성상, 냄새 등에 관한 표준
⑤ 벌크제품 표준견본 : 성상, 냄새, 사용감에 관한 표준

→해설 육안을 통한 관능평가에 사용하는 표준품 중에서 제품 표준견본은 미제품이 아닌 완제품의 개별포장에 관한 표준

62. 제품평가 측면 중에서 소비자에 의한 평가가 아닌 것은?( ).

① 소비자들이 관찰하거나 느낄 수 있는 변수들에 기초하여 제품 효능과 화장품 특성에 대한 소비자의 인식을 평가하는 시험
② 정확한 관능기준을 가지고 교육을 받은 전문가 패널의 도움을 얻어 실시하는 시험
③ 소비자의 판단에 영향을 미칠 수 있고 제품의 효능에 대한 인식을 바꿀 수 있는 상품명, 디자인, 표시사항 등의 정보를 제공하지 않는 제품 사용시험

Answer
59. ③ 60. 관능평가 61. ① 62. ②

④ 제품의 상품명, 표기사항 등을 알려주고 제품에 대한 인식 및 효능 등이 일치하는지를 조사하는 시험

> **해설** 소비자에 의한 평가에는 소비자에 의하 사용시험과 맹검 사용시험, 비맹검 사용시험이 있음.
> 소비자에 의한 사용시험 : 소비자들이 관찰하거나 느낄 수 있는 변수들에 기초하여 제품 효능과 화장품 특성에 대한 소비자의 인식을 평가하는 것으로 맹검과 비맹검 사용시험으로 분류됨. 맹검 사용시험 : 소비자의 판단에 영향을 미칠 수 있고 제품의 효능에 대한 인식을 바꿀 수 있는 상품명, 디자인, 표시사항 등의 정보를 제공하지 않는 제품 사용시험.
> 비맹검 사용시험 : 제품의 상품명, 표기사항 등을 알려주고 제품에 대한 인식 및 효능 등이 일치하는지를 조사하는 시험. 전문가 패널에 의한 평가 : 정확한 관능기준을 가지고 교육을 받은 전문가 패널의 도움을 얻어 실시하는 시험.

63. 다음 중 맞춤형화장품의 부작용의 종류와 현상으로 잘못 설명된 것은? ( )

① 부종 : 부어오름
② 인설생성 : 건성과 같은 피부건조에 의해 각질이 은백색의 비늘처럼 피부표면에 발생
③ 가려움 : 소양감
④ 작열감 : 타는 듯한 느낌 혹은 화끈거림
⑤ 따끔거림 : 피부자극에 의한 일시적인 피부염

> **해설** 따끔거림은 쏘는 듯한 느낌이며, 피부자극에 의한 일시적인 접촉성 피부염임.

64. 제품 안내 중에서 포장에 기재되는 표시사항이 아닌 것은?( )

① 영업자의 상호 및 주소
② 제조번호
③ 주의사항
④ 사용기한
⑤ 업체 전화번호

> **해설** 제품 안내 중에서 포장에 기재되는 표시사항으로는 영업자의 상호 및 주소, 제조번호, 주의사항, 사용기한이 존재하며 업체 전화번호는 포함되지 않음.

Answer
63. ⑤ 64. ⑤

65. 다음 중 기능성화장품의 범위로 옳지 않은 것은?(　)

① 탈모 증상 완화에 도움을 주는 화장품으로 코팅 등 물리적으로 모발을 굵게 보이게 하는 제품도 포함한다.
② 여드름성 피부를 완화하는 데 도움을 주는 화장품, 다만 인체세정용 제품류로 한정한다.
③ 아토피성 피부로 인한 건조함 등을 완화하는 데 도움을 주는 화장품.
④ 튼살로 인한 붉은 선을 엷게 하는 데 도움을 주는 화장품.

→해설 기능성화장품의 범위 중에서 탈모 증상 완화에 도움을 주는 화장품은 포함되지만 코팅 등 물리적으로 모발을 굵게 보이게 하는 제품은 제외하도록 함.

66. 다음 중 화장품 표시, 광고 표현 중에서 실증자료가 인체 적용시험 자료 제출만 있는 것이 아닌 것은?(　)

① 여드름성 피부에 사용에 적합
② 항균(인체세정용 제품에 한함)
③ 피부 혈행 개선
④ 일시적 셀룰라이트 감소
⑤ 콜라겐 증가, 감소 또는 활성화

→해설 화장품 표시, 광고 표현 중에서 여드름성 피부에 사용에 적합, 항균(인체세정용 제품에 한함), 피부 혈행 개선, 일시적 셀룰라이트 감소는 인체 적용시험 자료 제출만으로 실증자료로 허용되지만 콜라겐 증가, 감소 또는 활성화는 기능성화장품에서 해당 기능을 실증한 자료를 제출해야 함.

67. 다음 중 화장품 광고의 매체 또는 수단으로 표시광고의 범위에 해당되지 않는 것은?(　)

① 신문, 방송 또는 잡지
② 인터넷 또는 컴퓨터통신
③ 가두방송(확성기 등)
④ 팸플릿, 견본 또는 입장권
⑤ 실연(實演)에 의한 광고

68. 맞춤형화장품 안전기준으로 소비자에게 설명해야 하는 것으로 옳지 않은 것은?(　)

① 혼합 또는 소분에 사용되는 내용물 및 원료

Answer　65. ①　66. ⑤　67. ③　68. ④

② 맞춤형화장품에 대한 사용 시 주의사항
③ 맞춤형화장품의 사용기한 혹은 개봉 후 사용기간
④ 맞춤형화장품의 이미지 및 아이디어
⑤ 맞춤형화장품의 특징과 사용법

69. 혼합 및 소분 중에서 유화 제형의 특징과 제품 중에서 옳지 않은 것은?(   )

① 유화 제형은 크림상과 로션상이다.
② 특징으로 서로 섞이지 않는 두 액체 중에서 한 액체가 미세한 입자 형태로 계면활성제를 사용하여 다른 액체에 분되는 것을 이용한 제형이다.
③ 주요제조설비로는 호모믹서가 존재한다.
④ 제품으로는 크림, 유약, 영양액이 존재한다.
⑤ 특징으로 물에 대한 용해도가 아주 크다.

→해설 유화 제형의 특징은 물에 대한 용해도가 작음.

70. 다음 (   )안에 알맞은 말을 쓰시오.(   )

> 에멀젼은 서로 섞이지 않는 두 액체 중에서 한 액체가 미세한 입자 형태로 다른 액체에 분산되어 있는 불균일계로 열역학적으로 불안정하여 경시적으로 회합, 합일, 오스왈트라이프닝 등에 의해 분리된다. 수상, 유상과 계면활성제를 열에너지와 기계적 에너지를 이용하여 균질하게 (㉠)을 만드는 것을 유화라 하고 유화공정에서 사용하는 계면활성제를 (㉡)라 한다.

71. 다음 중 O/W에멀젼 처방 중 점증제의 원료로 옳지 않은 것은?(   )

① 잔탄검
② 글리세린
③ 카보머
④ 하이드록시에딜셀룰로오스
⑤ 알진

→해설 글리세린은 보습제의 원료로 사용됨.

72. 다음 중 화장품의 고형화 제형을 구성하는 성분으로 옳지 않은 것은?(   )

① 왁스
② 페이스상
③ 알코올

④ 오일
⑤ 보존제

→해설 화장품의 고형화 제형을 구성하는 성분에는 왁스, 페이스상, 오일, 보존제, 향, 산화방지제가 있음.

73. 다음 （　）안에 알맞은 말을 쓰시오.

> （　）은 안료를 물이나 오일 등에 고르게 섞는 것으로 （　）공정은 안료젖음, 기계적 처리, （　）으로 이루어지며, 경시적으로 비중이 높은 안료는 침강하게 된다. 이런 안료의 경시적인 침강을 막기 위해 외상의 점도를 높이고 있으며, 안료입자가 응집하지 않고 유상에 잘 분산되도록 안료입자표면을 친유처리하고 있다. 표면처리한 안료를 사용할 경우에 화장의 투명감을 높일 수 있다.

74. 다음 중 화장비누에 대한 설명으로 옳지 않은 것은?（　）

① 식물성 오일의 지방산과 가성소다를 반응시켜 제조한다.
② 반응물질로 보습제인 글리세린이 형성된다.
③ 시중에서 판매하는 화장비누에도 글리세린이 포함된다.
④ 비누화 반응에 사용되는 알칼리는 가성소다와 가성가리가 있다.
⑤ 가성소다로 만들어진 비누는 단단하다.

→해설 비누공장에서 비누화 반응을 통해 비누를 제조할 경우에는 글리세린을 별도로 추출하여 화장품 원료로 판매하기 때문에 시중에서 구매하는 화장비누에는 글리세린이 포함되어 있지 않음.

75. 다음 중 염모제에 대한 설명으로 옳지 않은 것은?（　）

① 염모제는 염모력의 지속력에 따라 분류한다.
② 일시 염모제는 안료를 사용하여 모지필 내로 침투하지 못한다.
③ 반영구 염모제는 모피질 내까지 일부 침투하지만 염색을 할 수는 없다.
④ 영구염모제는 염색효과가 우수하다.
⑤ 영구염모제만이 기능성 화장품으로 분류된다.

→해설 염모제 중에서 반영구 염모제는 모피질 내까지 일부 침투하여 염색이 가능하며 염모효과는 약 2~4주 유지됨.

Answer
73. 분산　74. ③　75. ③

제4과목 맞춤형화장품의 이해

76. 다음 중 향취의 특징으로 잘못 짝지어진 것은?

① 뮤게 : 은방울꽃, 청초한 꽃향
② 그린 : 막 베어낸 풀향기
③ 알데하이드 : 지방산 향, 샤넬 No.5에 처음 사용됨
④ 머스크 : 나무껍질, 향목 등 나무를 연상시키는 은근한 향
⑤ 아로마틱 : 사트러나나플로럴이주된 향, 허브 향

→해설 머스크는 수컷 사향노루의 사향샘에서 만들어지는 향으로 페로몬 향임. 나무껍질, 향목 등 나무를 연상시키는 은근한 향은 우디 향의 특징임.

77. 다음 중 향지속력에 대한 설명으로 옳지 않은 것은?( )

① 탑노트는 처음 느껴지는 향이다.
② 미들노트는 향수의 테마향이다.
③ 베이스노트는 은은한 잔향이다.
④ 탑노트의 지속력은 10분 이내이다.
⑤ 베이스노트의 지속력은 10분~3시간이다.

→해설 베이스노트의 지속력은 3시간 이상이며 휘발성이 작은 것이 특징임.

78. 다음 중 향수의 분류와 부향률이 잘못 짝지어진 것을 고르시오.

① Perfume : 30%이상
② Eau de perfume: 10~15%
③ Eau de toilette : 5~10%
④ Eau de cologne : 3~5%
⑤ shower colonge : 1~3%

→해설 Perfume은 부향률이 15~25%임.

79. 다음 중 작업장 및 시설, 기구에 대한 설명으로 옳지 않은 것은?( )

① 작업장과 시설, 기구를 정기적으로 점검하여 위생적으로 유지, 관리한다.
② 혼합·소분에 사용되는 시설, 기구 등은 사용 후에만 세척하면 된다.
③ 세제·세척제는 잔류하거나 표면에 이상을 초래하지 않는 것을 사용한다.
④ 세척한 시설, 기구는 잘 건조하여 다음 사용 시까지 오염을 방지한다.

→해설 작업장 및 시설, 기구는 혼합·소분에 사용하게 되었을 때 사용 전과 후에 모두 세척해야 함.

Answer
76. ④ 77. ⑤ 78. ① 79. ②

80. 다음 중 용기의 형태와 그 특성에 대한 설명으로 옳지 않은 것은?( )

① 세구병 : 병의 입구 외경이 몸체에 비하여 작은 것
② 광구병 : 용기 입구 외경이 비교적 커서 몸체 외경에 가까운 용기
③ 파우더 용기 : 캡에 브러시나 팁이 달린 가늘고 긴 자루가 있음
④ 팩트 용기 : 마스카라 용기에 이용되는 가늘고 긴 용기
⑤ 펜슬 용기 : 연필과 같이 깎아서 쓰는 나무자루 타입, 샤프펜슬처럼 밀어내어 쓰는 타입

→해설 팩트 용기는 본체와 뚜껑이 경첩으로 연결된 용기를 뜻함. 마스카라 용기에 이용되는 가늘고 긴 용기는 원통상 용기를 의미함.

81. 다음은 무엇에 대한 설명인가?( )

> 무색 투명한 유리 속에 무색의 미세한 결정(불화규산소다-염화나트륨 등)이 분산되어 빛을 흩어지게 하여 유백색으로 보인다. 입자가 매우 조밀한 것을 옥병, 입자가 큰 것을 앨러배스터(Alabaster)라고 한다.

82. 표피의 구성과 각각의 특징이 옳지 않게 연결된 것은?( )

① 각질층 – 죽은 세포와 지질로 구성되어 있다.
② 과립층 – 표피의 대부분을 차지한다.
③ 투명층 – 수분을 흡수하고 죽은 세포로 구성되어 있다.
④ 유극층 – 수분을 많이 함유하고 표피에 영양을 공급한다.
⑤ 기저층 – 진피의 유두층으로부터 영양을 공급받는다.

→해설 과립층은 각화가 시작되는 층임. 표피의 대부분을 차지하는 층은 유극층으로 수분을 많이 함유하고 표피에 영양을 공급하며 항원전달세포인 랑겔한스세포가 존재함.

83. 땀과 피지에 관한 다음 설명 중 옳지 않은 것은?( )

① 피부는 땀과 피지가 각각 형성한 두가지 피지막에 의해 보호되고 있다.
② 땀냄새를 일으키는 물질에는 2-methylphenol, 4-methylphenol 등이 있다.
③ 소한선에서 표피에 직접 땀을 분비한다.
④ 땀의 구성성분은 물, 소금, 요소, 암모니아 등이다.
⑤ 피지막의 조성은 트리글리세라이드, 지방산, 콜레스테롤 등이 있다.

→해설 피부는 땀(수상)과 피지(유상)가 섞여서 형성된 피지막에 의해 보호되고 있으며, 이 피지막이 세안에 의해 제거되었을 때 화장품을 피부에 도포하여 인공피지막을 형성하고 피부를 보호함.

Answer 80. ④ 81. 유백 유리 82. ② 83. ①

84. 다음 중 여드름의 원인이 아닌 것은?( )

① 유전적 요인
② Propionibacterium acnes
③ 정서적 요인
④ 위장장해
⑤ 자극적인 음식 섭취

→해설 여드름의 원인에는 유전적 요인, *Propionibacterium acnes*, 정서적요인, 스테로이드 등의 각종 약제, 화장품, 간기능 이상, 위장장해, 과산화지질, 할로겐화합물 등이 있음.

85. 다음 중 1차 포장 필수 기재항목이 아닌 것은?( )

① 화장품의 명칭
② 영업자의 상호
③ 구성성분
④ 제조번호
⑤ 사용기한 또는 개봉 후 사용기간

86. 맞춤형화장품의 안전기준이 아닌 것은?( )

① 혼합 또는 소분에 사용되는 내용물 및 원료
② 맞춤형 화장품에 대한 사용 시 주의사항
③ 맞춤형 화장품의 사용기한 혹은 개봉 후 사용기간
④ 맞춤형 화장품의 책임판매업자 상호
⑤ 맞춤형 화장품의 특징과 사용법(용법·용량)

→해설 책임판매업자 상호는 맞춤형 화장품에 표시·기재하는 사항이며 소비자에게 설명해야 하는 안전기준은 아님.

87. 다음 화장품의 제형과 각각의 제품이 잘못 짝지어진 것은?( )

① 가용화 제형 – 샴푸, 컨디셔너
② 유화 제형 – 영양액, 에센스
③ 유화분산 제형 – 비비크림, 파운데이션
④ 고형화 제형 – 립스틱, 스킨커버
⑤ 계면활성제혼합 제형 – 바디워시, 손세척제

Answer 84. ⑤ 85. ③ 86. ② 87. ①

→해설 가용화 제형은 물에 대한 용해도가 아주 작은 물질을 가용화제를 이용하여 용해도 이상으로 녹게 하는 것을 이용한 제형으로 화장수, 미스트, 아스트린젠트, 향수 등이 이에 해당함. 샴푸, 컨디셔너는 계면활성제혼합 제형에 해당함.

88. 유화에 관한 설명 중 옳지 않은 것은?( )

① 수상, 유상과 계면활성제를 열에너지와 기계적 에너지를 이용하여 균질하여 에멀젼을 만드는 것을 말한다.
② O/W 에멀젼은 외상이 유상으로 콜드크림, 선크림, 비비크림 등이 해당된다.
③ 에멀젼은 입자 크기에 따라 매크로에멀젼, 마이크로에멀젼으로 분류된다.
④ 천연계면활성제인 레시틴은 천연의 극성 지질에 두 개의 탄화수소 사슬로 구성되어 있다.
⑤ 에멀젼 입자는 브라운 운동을 한다.

→해설 O/W 에멀젼은 외상이 수상으로 일반적인 기초화장품이 해당하며 W/O 에멀젼은 외상이 유상으로 콜드크림, 선크림, 비비크림 등이 해당함.

89. 다음 고형화에 대한 설명으로 옳지 않은 것은?( )

① 발한의 원인은 왁스와 옹리의 낮은 혼화성이다.
② 발분은 립스틱 표면으로 나온 액체상태 성분이 표면에서 결정화된 것이다.
③ 제형을 구성하는 성분에는 왁스, 페이스상, 오일, 색소 등이 있다.
④ 발한은 립스틱의 오일이 아래로 가라앉는 것을 말한다.
⑤ 화장품의 고형화 제형에는 립스틱, 립밤, 데오드란트가 있다.

→해설 발한은 립스틱 표면 밑에 있는 오일이 립스틱 표면으로 이동하는 것으로 립스틱 표면에 오일이 땀방울처럼 맺힘. 제형이 불안정하면 발생함.

90. 다음 향취의 특징이 잘못 짝지어진 것은?( )

① 그린 – 막 베어낸 풀향기
② 머스크 – 수컷 사향노루의 사향새에서 만들어지는 향
③ 푸제르 – 풀이 이슬을 머금은 듯 싱싱한 향
④ 아로마틱 – 허브향
⑤ 플로랄 – 다양한 꽃 향기

→해설 푸제르는 라벤더향, 풀잎처럼 신선한 향기로 남성용은 여성용보다 은은한 편임. 풀이 이슬을 머금은 듯 싱싱한 향은 워터리향에 해당하는 특징임.

Answer 88. ② 89. ④ 90. ③

91. 향수의 노트에 관한 설명으로 옳지 않은 것은?(　　)

① 탑, 미들, 베이스 노트로 나눌 수 있다.
② 탑노트는 처음 느껴지는 향이다.
③ 미들노트의 지속력은 10분~3시간 정도이다.
④ 베이스 노트는 마지막에 은은히 남는 잔향이며 휘발성이 작다.
⑤ 베이스 노트에는 시트러스, 스파이시 등의 향이 어울린다.

→해설 베이스 노트에는 머스크, 우디, 파우더리 향이 적합함.

92. 다음 중 향수의 부향률이 큰 순서대로 바르게 나열한 것은?(　　)

| 퍼퓸, 샤워코롱, 오데코롱, 오데퍼퓸, 오데뚜왈렛 |

① 오데퍼퓸 - 퍼퓸 - 오데뚜왈렛 - 샤워코롱 - 오데코롱
② 오데퍼퓸 - 퍼퓸 - 오데뚜왈렛 - 오데코롱 - 샤워코롱
③ 퍼퓸 - 오데퍼퓸 - 오데뚜왈렛 - 오데코롱 - 샤워코롱
④ 퍼퓸 - 오데퍼퓸 - 오데뚜왈렛 - 샤워코롱 - 오데코롱
⑤ 오데뚜왈렛 - 퍼퓸 - 오데퍼퓸 - 오데코롱 - 샤워코롱

→해설 퍼퓸 -15~25%, 오데퍼퓸 - 10~15%, 오데뚜왈렛 -5~10%, 오데코롱 - 3~5%, 샤워코롱 - 1~3%

93. 다음 염모제에 대한 설명 중 옳지 않은 것은?(　　)

① 반영구 염모제의 염모효과는 6개월이다.
② 염모력의 지속력에 따라 일시, 반영구, 영구 염모제로 분류된다.
③ 반영구 염모제는 과산화수소가 포함되어 있지 않다.
④ 산화형 염모제는 1제 염모제와 2제 산화제로 구성된다.
⑤ 일시 염모제 같은 경우 모발의 가장 바깥 큐티클층에 안료성분이 일시적으로 부착되어 효과가 나타난다.

→해설 반영구 염모제는 큐티클층과 미피질 내 일부까지 염모성분이 침투하여 염색이 되며 염모효과는 약 2~4임.

94. 다음 향취 중 향수의 베이스노트에 적합한 향료는?(　　)

① 플로럴
② 푸르티

Answer   91. ⑤   92. ③   93. ①   94. ④

③ 후레쉬
④ 머스크
⑤ 스파이시

> 해설 향수의 베이스 노트는 은은한 잔향 느낌으로 3시간 이상 지속되며 휘발성이 작은 특징을 갖고 있으며 머스크, 우디, 파우더리 향료가 적합함.

95. 다음 금속 종류 중 크롬, 니켈의 합금인 것은?( )

① 스테인레스 스틸
② 놋쇠
③ 황동
④ 알루미늄
⑤ 주석

96. 맞춤형화장품의 표시사항에 해당하지 않는 것을 고르시오.

① 명칭
② 특징과 사용법
③ 식별번호
④ 가격
⑤ 책임판매업자 상호

> 해설 맞춤형 화장품의 특징과 사용법은 화장품 안전기준 등에 관한 규정에서 정한 안전기준에 해당하는 내용으로 소비자에게 설명하여야 함.

97. 다음 표시·광고 표현 중 필요한 실증자료가 인체 적용시험 자료 제출이 아닌 것은?( )

① 항균
② 피부노화 완화
③ 콜라겐 증가, 감소 또는 활성화
④ 일시적 셀룰라이트 감소
⑤ 피부 혈행 개선

> 해설 콜라겐 증가, 감소 또는 활성화를 표시·광고 표시하려면 기능성화장품에서 해당 기능을 실증한 자료를 제출해야 함.

Answer 95. ① 96. ② 97. ③

제4과목 맞춤형화장품의 이해

98. 화장품 제조에 사용된 성분을 기재하는 사항 중 옳지 않은 것은?( )

① 글자 크기는 5포인트 이상으로 한다.
② 제조에 사용된 함량이 많은 것부터 기재한다.
③ 1% 이하로 사용된 성분, 착향제, 착색제는 순서에 상관없이 기재 가능하다.
④ 착향제는 향료로 표시하지 않는다.
⑤ 혼합원료는 혼합된 개별 성분의 명칭을 기재·표시한다.

→해설 착향제는 "향료"로 표시할 수 있음. 다만, 착향제의 구성 성분 중 식품의약품안전처장이 정하여 고시한 알레르기 유발성분이 있는 경우에는 향료로 표시할 수 없고, 해당 성분의 명칭을 기재·표시해야 함.

99. 다음 중 중량이 10g 초과 50g 이하 화장품의 포장인 경우 기재·표시 생략 가능한 사항이 아닌 것은?( )

① 과일산
② 금박
③ 타르색소
④ 샴푸와 린스에 들어 있는 인산염의 종류
⑤ 사용기한

→해설 사용기한은 1차 포장 필수 기재항목에 해당함.

100. 피부상태 측정에 관한 다음 설명 중 옳지 않은 것은?( )

① 피부의 수분, 유분, 홍반량 등을 측정하여 피부 상태를 평가한다.
② 측정 시, 측정이 이루어지는 공간은 20~24℃, 상대습도40~60%가 적당하다.
③ 공기의 이동이 원호라하고 직사광선이 없는 곳이 좋다.
④ 멜라닌양, 홍반양 등은 세안을 통해 메이크업을 지운 후에 측정하여야 한다.
⑤ 수분, 유분, 수분증발량은 피부에 특별한 조치를 하지 않고 그대로 측정한다.

→해설 피부상태를 측정할 때는 동일한 조도로 공기의 이동이 없고 직사광선이 없는 곳이 좋음.

101. 다음 비듬에 관한 설명 중 옳지 않은 것은?( )

① 성별의 차이가 없다.
② 피지, 땀, 먼지 등이 붙어 있다.
③ 표피 세포의 각질화에 의해 떨어져 나온 조각이다.
④ 비듬이 심해지면 탈모의 원인이 된다.

Answer
98. ④ 99. ⑤ 100. ③ 101. ①

⑤ 매우 작아 대부분 눈에 띄지 않지만 비정상적으로 양이 많아지면 비듬증세가 있다고 본다.

→해설 비듬은 성별이나 계절, 연령 등에 차이를 보이며 성별로 볼 때 남성이 압도적으로 비듬의 양이 많아 여성의 3배 정도 됨.

102. 다음 모발성장주기에 관한 설명 중 옳지 않은 것은?(   )

① 성장기에는 모발을 구성하는 세포의 성장이 빠르게 이루어진다.
② 탈모환자는 성장기가 1-2개월로 감소하고 휴지기 또한 감소한다.
③ 퇴행기에는 모구 주위에 상피세포가 죽게 된다.
④ 휴지기에는 모낭이 위축되고 성장이 멈춘다.
⑤ 모발 성장주기는 초기성장기 - 성장기 - 퇴행기 - 휴지기로 구성된다.

→해설 탈모환자는 성장기가 3-4개월로 감소하고 휴지기가 증가되어 있어 전체 모발 중 휴지기에 있는 모발의 수가 많음.

103. 다음 중 피지성분이 아닌 것은?(   )

① 트리글리세라이드
② 지방산
③ 스쿠알렌
④ 케라틴
⑤ 콜레스테롤

→해설 케라틴은 모발의 구성성분임. 피지성분에는 이밖에도 왁스에스테르, 디글리세라이드, 콜레스테롤 에스테르가 있음.

104. 다음 중 진피 망상층에 대한 설명 중 옳지 않은 것은?(   )

① 피지선이 존재한다.
② 교원섬유와 탄력섬유가 존재한다.
③ 손·발바닥, 입술, 눈두덩이에는 피지선이 없다.
④ 혈관이 존재한다.
⑤ 하이알루로닉애씨드는 연령이 증가함에 따라 그 양도 증가한다.

→해설 갓 태어난 아기의 피부에 하이알루로닉애씨드가 많이 존재하며 연령이 증가함에 따라 그 양이 감소함.

Answer 102. ② 103. ④ 104. ⑤

105. 다음 중 유극층에 관한 내용 중 옳지 않은 것은?(　)

① 표피의 대부분을 차지한다.
② 수분을 많이 함유한다.
③ 표피에 영양을 공급한다.
④ 세포분열을 통하여 표피세포를 생성한다.
⑤ 항원전달세포인 랑거한스세포가 존재한다.

→해설 세포분열을 통한 표피세포 생성은 기저층에서 일어남.

106. 다음 맞춤형화장품판매업자의 준수사항 중 옳지 않은 것은?(　)

① 맞춤형화장품판매업소마다 맞춤형화장품조제관리사를 두어야 한다.
② 맞춤형 화장품 식별번호를 포함하는 맞춤형화장품 판매내열을 작성·보관하여야 한다.
③ 판매 시 맞춤형화장품의 혼합, 소분에 사용되는 내용물 및 원료, 사용 시의 주의사항에 대하여 자세히 적은 종이를 제공하여야 한다.
④ 둘 이상의 책임판매업자와 계약하는 경우 사전에 각각의 책임판매업자에게 고지한 후 계약 체결할 것
⑤ 맞춤형화장품의 내용물 및 원료의 입고 시 품질관리 여부를 확인하고 책임판매업자가 제공하는 품질성적서를 구비할 것

→해설 맞춤형화장품 판매 시 해당 맞춤형화장품의 혼합 또는 소분에 사용되는 내용물 및 원료, 사용 시의 주의사항에 대하여 소비자에게 설명할 것

107. 피하지방에 관한 설명 중 옳지 않은 것은?(　)

① 열격리, 충격흡수, 영양저장소 기능을 한다.
② 혈관이 존재한다.
③ 대한선이 존재한다.
④ 소한선이 존재한다.
⑤ 모낭, 모구, 신경이 존재한다.

→해설 혈관은 진피 망상층에 존재함.

108. 용기형태와 그 특징이 잘못 짝지어진 것은?

① 파우더 용기 – 기체 투과 및 내용물 누출에 주의
② 세구병 – 나사식 캡이 대부분이며 원터치식 캡도 사용

Answer
105. ④　106. ③　107. ②　108. ①

③ 광구병 - 나사식 캡
④ 스틱용기 - 직접 피부에 내용물을 도포 가능
⑤ 펜슬 용기 - 카트리지식으로 내용물을 갈아 끼우는 타입도 있다.

→해설 파우더 용기는 내용물 조정을 위한 망이 내장됨.

109. 다음 중 재고관리에 관한 설명 중 옳지 않은 것은?( )

① 재고 수량을 관리하는 것을 의미한다.
② 넓은 의미로는 생산, 판매 등을 원활히 하기 위한 활동이다.
③ 생산계획, 포장계획이 나오면 적절한 시기에 포장재가 제조되고 공급되어야 한다.
④ 주기적으로 내용물, 원료, 자재에 대한 재고를 조사하여 사용기한이 경과한 내용물과 원료, 자재가 없도록 관리하여야 한다.
⑤ 발주 시에 재고량을 반영하여 필요량보다 더 여유 있게 발주되도록 해야 한다.

→해설 주기적으로 내용물, 원료 자재에 대한 재고를 조사하여 사용기한이 경과한 내용물과 원료, 자재가 없도록 관리하고 발주 시에 재고량을 반영하여 필요량 이상이 발주되지 않도록 관리하여야 함.

110. 다음에 해당하는 피부의 기능을 쓰시오.

(A) - 28일을 주기로 각질이 떨어져 나간다.
(B) - 지속적인 박리를 통해 독소물질의 배출
(C) - 랑거한스세포는 바이러스, 박테리아 등을 포획하여 림프로 보내 외부로 배출한다.

111. 피부에 존재하는 보습성분으로 유리아미노산, 피롤리돈카복실릭에시드, 요소, 알칼리 금속, 젖산, 인산염, 염산염, 젖산염, 구연산, 당류, 기타 유기산이 있으며 각질층의 수분량이 일정하게 유지되도록 돕는 역할을 하는 것은?( )

① 콜라겐
② 유리지방산
③ 피브로넥틴
④ 피부탄력인자
⑤ 천연보습인자

Answer 109. ⑤ 110. (A) 각화기능, (B)해독기능, (C) 면역기능 111. ⑤

112. 미네랄 오일, 페트롤라튬, 라놀린, 올레익에시드, 라우릴알코올, 코코아 버터 등의 공통점은?(　　)

① 여드름 치료성분
② 피부연고성분
③ 여드름 유발 물질
④ 화장품 배합 금지 원료
⑤ 천연보습인자

113. 다음은 무엇에 대한 설명인가?(　　　　　)

> 비듬 원인균으로 두피에 상재하면서 모낭에서 분비되는 피지를 먹고 배설물을 분비하여 이 배설물 중의 지방산이 두피의 피부재생주기를 비정상적으로 촉진시킨다. 이에 피부 재생 주기가 7~21일로 단축되어 세포들이 미성숙된 상태로 표피 바깥에 도달하여 덩어리 형태로 두피에서 떨어져 나가게 된다.

114. 다음 (　　)안에 알맞은 말은?(　　　　　)

> 분산은 안료를 물이나 오일 등에 고르게 섞는 것으로 분산공정은 (가), (나), (다) 으로 이루어지며, 경시적으로 비중이 높은 안료는 침강하게 된다.

115. 다음은 무엇에 대한 설명인가?(　　　　　)

> 가용화는 물에 녹지 않는 물질을 계면활성제를 사용하여 미셀안에 녹이는 것으로 가용화에 사용되는 계면활성제를 가용화제라 하고 이때 생성되는 투명 혹은 반투명의 매우 작은 에멀젼

116. 다음은 무엇에 대한 설명인가?(　　　　　)

> AS 수지의 내충격성을 더욱 향상시킨 수지.
> 팩트 등의 내충격성이 필요한 제품에 이용되며 향료, 알코올에 약하다.
> 금속감을 주기 위한 도금 소재로도 이용한다.

117. 다음은 무엇에 대한 설명인가?(　　　　　)

> 통상 사용되는 투명 유리로 산화규소, 산화칼슘, 산화나트륨이 대부분이다.
> 소량의 마그네슘, 알루미늄 등의 산화물이 함유되어 있다.
> 화장수, 유액용 병에 많이 이용된다.

Answer
112. ③　113. 말라세시아　114. (가) 안료 젖음, (나) 기계적 처리, (다) 분산
115. 마이크로에멀젼　116. ABS 수지　117. 소다 석회 유리

118. 다음은 무엇에 대한 설명인가?(　　　　　　　)

> 정지 상태에 있는 액체나 기체 안에서 움직이는 미소 입자 또는 미소 물체의 빠르고 혼돈적인 운동으로 에멀전 입자도 이 운동을 한다.

119. 피부의 기능과 거리가 먼 것은?(　　)

① 보호기능
② 면역기능
③ 분비기능
④ 비타민 A합성
⑤ 감각전달기능

120. 다음 (　)안에 알맞은 말은?(　　)

> 피부 내의 (　　)세포들은 적응성 면역 체계의 일부이다.

① 랑거한스
② 머켈
③ 멜라노
④ 각질
⑤ 섬유아

121. 다음 중 피부의 분비/배설 기능에 대한 설명으로 옳은 것으로만 짝지어진 것은? (　　)

> Ⓐ기저층 각질세포에서 인터루킨과 인터페론을 분비한다
> Ⓑ땀을 분비해 체액 농도를 조절한다
> Ⓒ자외선 조사의 투과를 줄인다
> Ⓓ노폐물을 배설, 표피의 pH와 수분을 조절한다
> Ⓔ수분 증산과 외부물질 침입을 방지한다
> Ⓕ공기 중에서 산소를 얻고 탄산가스를 내보낸다

① A-B-C
② A-B-E-F
③ A-C-E
④ A-B-D-E
⑤ A-E-F

Answer
118. 브라운 운동(Brown's motion)   119. ④   120. ①   121. ④

122. 다음 중 NMF에 대한 설명으로 옳은 것으로만 짝지어진 것은?( )

Ⓐ 히알루론산, 세라마이드, 판테놀, 프로필렌글리콜, 글리세신 등이 있다.
Ⓑ 히알루론산은 각질층에 존재하며 무게에 비해 80배의 함수능을 보유한다.
Ⓒ 프로필렌글리콜은 탄력, 코팅, 침투성이 있으며 모발보호기능을 한다.
Ⓓ 세라마이드는 천연보호막을 형성하고 장기적 보습을 가능하게 한다.
Ⓔ 글리세린은 투명한 시럽으로 수분결합능력이 있고 크림과 로션의 퍼짐성을 좋게 한다.

① A-B-D
② A-C-D
③ B-C-E
④ A-D-E
⑤ A-B-C-D

123. 다음 중 피부표면에 수분 증발을 막는 보호막을 형성하는 성분은?( )

① 글리세린
② 세라마이드
③ 올리브유
④ 락틱산
⑤ 히알루론산

124. 다음 중 몸의 수분 함유량을 바르게 나타낸 것은?( )

① 50~60%
② 65~70%
③ 75~80%
④ 85~90%
⑤ 90-95%

125. 대사에너지가 열에너지로 체외에 발산되는 비중을 바르게 나타낸 것은?( )

① 호흡-40%, 피부-60%
② 호흡-50%, 피부-50%
③ 호흡-30%, 피부-70%
④ 호흡-70%, 피부-30%
⑤ 호흡-60%, 피부-40%

Answer 122. ④ 123. ③ 124. ② 125. ③

126. 다음 중 피부의 구조에 대한 설명으로 옳은 것으로만 짝지어진 것은?(   )

> Ⓐ 안쪽부터 바깥쪽으로 기저층, 과립층, 유극층, 투명층, 각질층으로 이루어진다
> Ⓑ 각질층은 케라틴 50%, 지방 20%, 수용약 23%, 수분 7%로 구성된다
> Ⓒ 멜라닌세포와 랑게르한스세포는 진피에 있다
> Ⓓ 각질형성세포와 색소생성세포는 표피의 기저층에 있다
> Ⓔ 표피의 심층은 산성이고 표층은 알칼리성이다
> Ⓕ 유극층에는 많은 돌기로 세포끼리 결합되어 가장 두텁다

① A-B-C-D-E
② A-C-E-F
③ B-C-E
④ B-D-F
⑤ A-B-E

127. 표피의 박리현상이 나타나는 주기를 바르게 나타낸 것은?(   )

① 14일
② 21일
③ 28일
④ 35일
⑤ 48일

128. 손바닥과 발바닥에 있는 반유동적 단백질로 수분침투를 방지하고 피부를 윤기 있게 해주는 물질은?(   )

① 엘라스틴
② 엘라이딘
③ 레인
④ 케라토히알린
⑤ 알부민

129. 다음 사항은 무엇에 대한 설명인가?(   )

> 영양분과 산소 공급, 쿠션 역할로 오장육부를 보호, 진피와 근육 뼈 사이에 위치, 조직액이 있고 식작용을 가진 세포 및 미분화된 결합조직 세포도 볼 수 있음

① 망상층

Answer   126. ④   127. ③   128. ②   129. ③

② 유두층
③ 피하지방
④ 림프순환계
⑤ 혈관

130. 다음 중 피부의 진피층에 존재하지 않는 것은?(   )

① 인터페론
② 콜라겐
③ 엘라스틴
④ 히아루론산
⑤ 피지선

131. 다음 중 촉각과 통각이 위치하며 표피의 건강상태가 달려 있는 층은?(   )

① 기저층
② 유두층
③ 각질층
④ 망상층
⑤ 과립층

132. 다음 (   )안에 알맞은 말은?(   )

> 털은 피부 부속기관의 하나로 (   )(으)로부터 자라나오며 (   )은(는) 표피가 진피층까지 뻗쳐 변형된 것이다.

① 모포
② 모공
③ 모구
④ 모낭
⑤ 모선

133. 다음 중 피지선에 대한 설명으로 옳은 것으로만 짝지어진 것은?(   )

> Ⓐ 진피에 있는 기름샘으로 모낭 옆에 있다
> Ⓑ 지방을 분비하며 표피와 모발에 광택과 유연성 및 탄력성을 준다
> Ⓒ 기온이 높으면 피지분비가 감소된다

Answer 130. ① 131. ② 132. ④ 133. ②

Ⓓ 피부마사지는 피지선 기능을 향상시켜 준다
　　Ⓔ 피지는 여드름 유발, 장벽기능, 자유지방산의 항균작용 등이 있다
　　Ⓕ 피지의 조성 성분 중 불포화지방산 함량이 가장 많다

① A-B-C-D-E
② A-B-D-E
③ B-C-E-F
④ B-D-F
⑤ B-C-E

134. 다음 중 진피에 존재하는 세포가 아닌 것은?( )

① 머켈세포
② 대식세포
③ 비만세포
④ 섬유모세포
⑤ 랑거한스세포

135. 다음 중 진피가 제공하는 피부의 특성과 거리가 먼 것은?( )

① 유연성
② 항원전달
③ 탄력성
④ 장력
⑤ 영양공급

> 해설 진피에는 유두층에 모세혈관이 분포하여 표피에 영양을 공급하고 망상층에 교원세포와 탄력 섬유가 존재하여 유연성, 탄력성, 장력 등을 가짐.

136. 다음 중 피부 호르몬에 대한 설명으로 옳은 것으로만 짝지어진 것은?( )

　　Ⓐ 비타민D는 진피의 전구물질이 자외선에 의해 활성화 되어 생성된다.
　　Ⓑ 멜라닌세포자극호르몬은 세포증식에 영향을 미친다.
　　Ⓒ 표피성장인자는 백혈구에 대한 항염작용이 있다.
　　Ⓓ 안드로겐은 털집과 피지샘 수용체 모발의 성장을 자극한다.
　　Ⓔ 부신겉질 자극호르몬 에스트로겐은 멜라닌 합성을 자극한다.
　　Ⓕ 겉질스테로이드는 칼슘대사에 변화를 가져온다.

Answer 134. ① 135. ⑤ 136. A-B-C

① A-B-D-F
② A-B-C-E
③ B-E-F
④ A-D-E
⑤ A-B-C

137. 다음 (　)안에 알맞은 말은?(　)

> 멜라닌은 (　)으로부터 합성되는 복잡한 폴리머로 보통멜라닌과 적색멜라닌이 있다.

① 에오신
② 에라스틴
③ 프로린
④ 티로신
⑤ 시스틴

138. 다음 (　)안에 알맞은 말은?(　)

> 신체 부위에 따른 피부투과성의 차이는 각질층의 두께나 세포의 수보다는 (　)의 양적인 차이에 의하여 더 많은 영향을 받는다.

① 칼슘
② 니켈
③ 지질
④ 단백질
⑤ 수분

139. 다음은 표피의 각 층에서 일어나는 작용에 대한 설명이다. 바르게 짝 지어진 것은?(　)

① 가시층- 각질세포막 형성
② 과립층- 단백기질 형성
③ 기저층- 분화세포 존재
④ 각질층- 당김미세섬유 형성
⑤ 투명층 - 세포분열을 통해 표피세포 형성

Answer
137. ④　138. ③　139. ②

140. 다음 중 털의 성장에 대한 설명으로 옳은 것으로만 짝지어진 것은?( )

> Ⓐ두피 털은 자외선에 의한 발암에 취약하고 1일 0.2mm 성장한다.
> Ⓑ털은 생장기-휴지기-퇴행기 순으로 단계별로 생장한다.
> Ⓒ두피 모발의 80-90%는 생장기에 해당한다.
> Ⓓ퇴행기에는 털 단백의 합성이 중지되고 털집이 표피 표면 쪽으로 물러난다.
> Ⓔ휴지기는 털의 생장활동이 중지하는 시기이다.
> Ⓕ휴지기에는 털뿌리가 짧은 곤봉모양을 이룬다.

① B-D-F
② C-D-F
③ B-E-F
④ A-D-E
⑤ A-B-C-D

141. 다음 ( )안에 알맞은 말은?( )

> 모발의 강도는 절단 시 무게를 모발의 (A)(으)로 나눈 단위면적당 무게를 뜻하며 단위는 (B)로 나타낸다.

① A: 길이, B: kg/cm
② A: 단면적, B: kg/mm
③ A: 직경, B: g/mm
④ A: 면적, B: g/cm
⑤ A: 두께, B: kg/cm

142. 다음 중 각질층의 보습기구를 잘못 설명한 것은?( )

① 수분교환이 되는 최표면 각질층 바로 밑 14-15층의 각질세포층은 보습력이 강하다.
② 각질층 자체가 세포간지질이 부착제 역할을 해 수분을 강하게 흡착한다.
③ 경피수분손실량(TEWL)의 양을 측정해 각질층의 베리어 기능을 평가한다.
④ 나이가 많을수록 TEWL이 높으며 베리어기능이 불완전하다.
⑤ 나이가 젊을수록 TEWL이 높으며 베리어기능이 완전하다.

→해설 나이가 많을수록 TEWL이 낮으며 베리어기능이 불완전함.

143. 다음 ( )안에 알맞은 말을 바르게 짝 지은 것은?( )

> 세포간 지질은 (A) 바로 밑의 (B)에서 분비되어 (C), 콜레스테롤, 지방산을 다량 함유한다.

① A: 각질층, B: 각질세포, C: 히아루론산
② A: 망상층, B: 진피세포, C: 히아루론산
③ A: 각질층, B: 표피세포, C: 세라마이드
④ A: 기저층, B: 기저막 C: 세라마이드
⑤ A: 각질층, B: 기저층, C: 히아루론산

144. 다음 중 모발의 물리적 성질에 대한 설명으로 옳은 것으로만 짝지어진 것은? ( )

> Ⓐ 모발이 흡수에 의해서 늘어나는 것은 케라틴 분자구조가 알파형에서 베타형으로 변했기 때문이다.
> Ⓑ 모표피는 친수성으로 물을 흡수하며 모피질은 친유성으로 물을 튕겨낸다.
> Ⓒ pH 10이상의 알칼리에서 모발은 연화되어 급하게 팽윤되고 용해된다.
> Ⓓ 모발은 전체의 80~90%가 단백질로 구성되어 필요 이상의 열을 가하면 단백질이 응고돼 원래의 모발로 돌아가지 못한다.
> Ⓔ 브러스의 경우 플러스 전기를, 모발은 마이너스의 전기를 발생해 물질간에 대전열이 발생한다
> Ⓕ 적당한 적외선은 두피의 혈행을 촉진시켜 탈모방지에 효과가 있다.

① A-B-D
② A-B-E
③ B-E-F
④ A-C-D-F
⑤ A-B-D-E-F

145. 다음 중 모발의 등전점에 해당하는 수소이온농도는?( )

① 3.0~4.0
② 4.5~5.5
③ 5.5~6.0
④ 6.5~7.0
⑤ 7.5~8.5

Answer
143. ③ 144. ④ 145. ②

146. 다음 ( )안에 알맞은 말은?( )

> 모발이 파장이 짧은 자외선을 강하게 받으면 ( )변성을 일으킨다.

① 케라틴
② 멜라닌
③ 콜라겐
④ 엘라스틴
⑤ 지방산

147. 다음 중 건열의 모발에 대한 영향을 바르게 짝지은 것은?( )

① 120도 전후- 변색, 130도-150도: 팽화, 190도 이상: 탄화
② 120도 전후- 팽화, 130도-150도: 변색, 190도 이상: 탄화
③ 100도 전후- 변색, 120도-140도: 팽화, 180도 이상: 탄화
④ 100도 전후- 팽화, 120도-140도: 탄화, 180도 이상: 팽화
⑤ 100도 전후- 팽화, 120도-140도: 변색, 180도 이상: 탄화

148. 다음 중 콜라겐에 대한 설명 중 옳지 않은 것은?( )

① 진피의 주성분으로 피부 건조 중량의 70-80%를 차지한다.
② 섬유모세포의 3개의 프로알파 폴리펩티드사슬이 전구 아교질분자를 형성한다.
③ 아교질분자는 길이 300nm, 폭 1.5nm이다.
④ 아교질분자는 1,000개의 아미노산으로 구성된다.
⑤ 사람의 피부 콜라겐은 I형(15%-유두진피)과 III형(80%-그물진피)이다.

149. 다음 중 탄력섬유에 대한 설명 중 옳지 않은 것은?( )

① 진피 건조 중량의 25%를 차지하며 피부에 장력을 제공한다.
② 엘라스틴(탄력소)이 탄력섬유의 90%를 이룬다.
③ 성숙한 탄력섬유의 미세섬유 단백질로 fibrillin이 가장 잘 알려져 있다.
④ 탄력섬유 중 가장 굵은 것은 진피 가장 위쪽에 있는 oxytalan이다.
⑤ 엘라스틴은 난용성 단백질이다.

150. 다음 ( )안에 알맞은 말은?(3)

> 조갑판은 ( )가 촘촘하고 단단하게 결합된 ( )로 구성되며 ( )의 수분을 함유한다.

Answer 146. ① 147. ② 148. ⑤ 149. ① 150. ③

① A: 엘라스틴 섬유, B: 상피세포, C: 7-10%
② A: 케라틴 섬유, B: 표피세포, C: 15-20%
③ A: 케라틴 섬유, B: 상피세포, C: 7-10%
④ A: 엘라우닌 섬유, B: 표피세포, C: 15-20%
⑤ A: 엘라스틴 섬유, B: 표피세포, C: 15-20%

151. 다음은 무엇에 대한 설명인가?(　　)

모발의 85-90%, 피질세포로 차지함. 세포와 세포사이는 섬유상 간충물질(matrix)로 연결되어 있음. 멜라닌 색소를 함유, 펌이나 컬러와 유관함.

① 엑소큐티클
② 엔도큐티클
③ 에피큐티클
④ 콜텍스
⑤ 메듈라

152. 다음은 무엇에 대한 설명인가?(　　　　)

- 얼굴에 많이 분포한다.
- 진피 깊은 곳에 땀샘주머니가 있다.
- 체온 조절의 필요에 따라 땀을 고르게 분비한다.
- 분비선은 고리모양이며 단층세포로 구성되어 있다.

153. 다음은 무엇에 대한 설명인가?(　　　　)

- 직경이 가는 아교질 섬유와 oxatalan 탄력섬유가 존재한다.
- 표피와 수많은 사이토카인 성장 인자를 교환한다.
- 진피의 기질 성분이 세포막을 투과하는 수용체를 통해 표피의 세포골격과 연결되어 있다

154. 다음 중 거대분자이며 글리코사미노글리칸과 결합해 고분자 복합체를 형성해 소량으로 존재하나 수분을 1,000배 함유하는 물질은?(　　　　)

Answer
151. ④　152. 에크린선　153. 유두진피　154. 프로테오글리칸(proteoglycan)

155. 다음 중 각질층의 지질 구성요소 및 구성비율을 바르게 나타낸 것은?( )

① 세라마이드 40%, 콜레스테롤 25%, 유리지방산 25%, 콜레스테롤 설페이트 10%
② 세라마이드 30%, 콜레스테롤 25%, 유리지방산 35%, 콜레스테롤 설페이트 10%
③ 세라마이드 20%, 콜레스테롤 25%, 유리지방산 35%, 콜레스테롤 설페이트 20%
④ 세라마이드 10%, 콜레스테롤 30%, 유리지방산 30%, 콜레스테롤 설페이트 30%
⑤ 세라마이드 10%, 콜레스테롤 25%, 유리지방산 25%, 콜레스테롤 설페이트 40%

156. 다음 중 모발의 손상을 최소화하기 위한 4가지 결합 중 시스틴결합과 거리가 먼 것은?( )

① 산소와 수소간의 인장력에 의한 결합으로서 모발자체의 힘에 기여한다.
② 두 개의 황 원자 사이에서 형성되는 디설파이드 (-CH$_2$S-SCH$_2$-) 결합이다.
③ 측쇄결합 중 가장 강한 결합으로 화학약품으로 처리해야만 끊어진다.
④ 모발케라틴의 특징을 나타내며 모발의 안정성을 유지하게 해준다.
⑤ 모발의 손상을 최소화하는 데 도움을 준다.

157. 다음은 무엇에 대한 설명인가?( )

> 곁 사슬에 아미노기의 +와 카르복실기의 -가 이온적으로 결합한 것으로서 모발의 등전점일 때 결합력은 최대가 되고 케라틴은 가장 안정된 상태가 된다.

① 수소결합
② 시스틴결합
③ 염결합
④ 펩티드결합
⑤ 에스테르결합

158. 다음 중 입, 눈 주위에 잔주름이 생기기 쉬운 피부는?( )

① 지성피부
② 중성피부
③ 복합성 피부
④ 건성피부
⑤ 민감성피부

Answer   155. ①   156. ①   157. ③   158. ④

159. 다음 ( )안에 알맞은 말이 바르게 짝지은 것은?( )

> 피부수분측정기는 피부의 (A) 성질을 측정하는 장비로서 피부를 기본적으로 (B)로 보고 수분이 많이 함유될수록 이 성질을 응용한 장비임.

① A: 화학적, B: 생물체
② A: 물리적, B: 절연체
③ A: 전기적, B: 부도체
④ A: 생물적, B: 전도체
⑤ A: 전기적, B: 생물체

160. 다음 중 비타민 D3의 합성에 관여하는 것은?( )

① 자외선A
② 자외선B
③ 자외선C
④ 적외선
⑤ 자외선과 적외선 모두

161. 다음 중 여드름 발생에 영향을 주는 인자와 거리가 먼 것은?( )

① 히스타민의 분비
② 과다한 피지 분비
③ 털집 과각화증 발생
④ *Propionibacterium acne*의 증식
⑤ 위장 장해

162. 다음 중 진피를 구성하는 결합조직의 변화에 의해 탄력성과 유연성이 상실되어 형성되는 것을 의미하는 것은?( )

① 주름살
② 기미
③ 주근깨
④ 사마귀
⑤ 여드름

Answer
159. ③ 160. ② 161. ① 162. ⑤

163. 다음 사항은 무엇에 대한 설명인가?(　)

> 꽃잎의 향기 성분이 포화된 유지로서 18세기에는 가죽제품, 특히 가죽지갑에 발라 생가죽 냄새를 마스킹 하는데 사용했는데 그리스에서 시작되었음.

① 수지
② 코코아버터
③ 하이드로졸
④ 포마드
⑤ 폴리올

164. 다음 중 허브향이 포함된 증류수를 가리키는 것은?(　)

① 플로라졸
② 하이드로졸
③ 모이스틴
④ 폴리올
⑤ 에센셜워터

165. 다음 중 리피듀어에 대한 설명 중 옳지 않은 것은?(　)

① 사람의 세포막을 만드는 천연단백질이다.
② 고도의 생체친화성이 있으며 안정성이 높다.
③ 피부자극을 완화하고 보습성을 유지한다.
④ 피부표면을 코팅하여 거칠어짐을 방지한다.
⑤ 피부에 윤택을 준다.

166. 다음은 무엇에 대한 설명인가?(　4　)

> – 식물추출 천연성분의 셀룰로오즈를 정제해 만든 분말 형태의 유기점증제이다.
> – 스킨, 세럼 제조 시 많이 활용한다.
> – 친수성이므로 수상 층에 첨가해 사용한다.

① 벤토나이트
② 알긴산
③ 콘스타치
④ 하이셀
⑤ 리포좀

Answer 163. ④ 164. ② 165. ① 166. ④

167. 다음 중 자외선에 대한 산란작용을 갖는 자외선차단제는?( )

① 벤조페논
② 이산화티탄
③ 신나민산
④ PABA
⑤ 토코페릴아세테이트

168. 다음 중 색조화장품에 요구되는 성질과 상세 내용이 바르게 짝지어진 것은? ( )

① 색조 – 도포된 색상과 실제 색상 동일
② 화장효과 – 클렌징이 좋은 것
③ 사용감 – 피부에 대한 부착성이 좋은 것
④ 안전성 – 변색, 변취가 없는 것
⑤ 안정성 – 알레르기, 독성이 없는 것

169. 다음 중 수분공급, 모공수축, 피부 진정에 더하여 피지분비억제 기능과 산뜻한 사용감 및 화장의 지워짐 방지기능을 갖는 화장수는?( )

① 세정화장수
② 유연화장수
③ 수렴화장수
④ 다층식화장수
⑤ 유화화장수

170. 다음 중 유액 제품과 주요 기능을 잘못 연결한 것은?( )

① 에몰리언트로션 – 세정
② 마사지 로션 – 유연
③ 클렌징 로션 – 화장제거
④ 선프로텍트 – 자외선 방어
⑤ 클렌징 오일 – 포인트메이크업의 제거

171. 다음 중 '콜드크림' 제조 시 적당한 유상량은?( )

① 10~30%
② 20~25%

Answer 167. ② 168. ① 169. ③ 170. ① 171. ⑤

③ 30~50%
④ 40~65%
⑤ 50~85%

172. 다음 중 진함, 촉촉함, 산뜻함, 피부에 잘 맞음 등과 같은 사용감이 요구될 때 적당한 에센스는?(   )

① 스킨타입
② 젤 타입
③ 크림타입
④ 로션타입
⑤ 폼타입

173. 다음 중 유화가 O/W형인가, W/O형인가를 판정하는 방법과 거리가 먼 것은? (   )

① 전기전도도법
② 색소첨가법
③ 광산란법
④ 감촉
⑤ HLB값

174. 다음 중 화장품의 유화정도에 영향을 미치는 인자와 거리가 먼 것은?(4)

① 분산상의 점도
② 분산매의 점도
③ 분산상과 분산매의 비
④ 입자 크기
⑤ 브라운 운동

175. 다음은 합일(coalescence)에 대한 설명이다. 옳지 않은 것은?(   )

① 합일은 유화파괴의 전 단계이다.
② 합일에 의해 분리가 일어난 경우 재유화해도 처음의 유화상태로 돌아가지 못한다.
③ 고온-냉온 사이클로 유화파괴를 촉진시켜 단시간 내 유화안정도를 예측할 수 있다.
④ 단위 부피당 입자개수를 측정하거나 입자 크기 변화로 합일을 측정할 수 있다.
⑤ 에멀젼 입자는 브라운 운동을 하면서 서로 충돌에 의해 응집, 크리밍, 혹은 오스발트 라이프닝 되어 합일의 과정을 거친다.

Answer 172. ② 173. ③ 174. ④ 175. ②

176. 다음은 분산공정에 대한 설명이다. 옳지 않은 것은?( )

① 분산상을 분산매에 넣고 교반기를 회전해 혼합·용해시킨다.
② 응집법 또는 분산법으로 분산계를 제조한다.
③ 고체분산상과 고체분산매의 분산계를 고체에어로졸이라고 한다.
④ 액체분산상과 고체분산매의 분산계를 고체콜로이드라고 한다.
⑤ 분산매를 분산상에 넣고 교반기를 회전해 혼합·용해시킨다.

177. 다음 중 발향단계에 따른 향의 분류를 잘못 설명한 것은?( )

① 상향 - 맨 처음 맡을 수 있는 향으로 3시간 이내에 증발하며 배합향의 성격을 결정짓는다.
② 중향- 4~8시간 발향이 지속되며 배합에 있어서 50-80%를 차지한다.
③ 하향 - 가장 기본이 되는 향으로 전체적인 배합을 안정되고 깊게 해주어 피부에 진하게 배어든다.
④ 하향은 전체의 5-19%, 상향은 전체의 5% 이내로 배합하는 것이 적당하다.
⑤ 중향 - 상향과 중향의 균형을 도모한다.

178. 다음 중 헤어케어 제품과 기능을 바르게 연결한 것은?( )

① 샴푸 - 정전기 방지
② 육모양모제 - 모발보호
③ 스타일링제 - 광택부여
④ 린스 - 보습
⑤ 퍼머넌트 웨이브 - 글루밍

179. 다음 중 남성형 탈모예방을 위한 과정과 거리가 먼 것은?( )

① 5-α reductase에 의한 테스토스테론으로부터 디하이드로 테스토스테론으로의 변환 저해
② 디하이드로테스트스테론과 리셉터와의 결합 저해
③ 남성호르몬제를 병용한 육모양모제 사용
④ 5-α reductase 저해제와 리셉터저해제와의 혼합 사용
⑤ 미녹시딜로 두피 말초혈관 확장, 모발 성장에 필요한 영양분 공급

Answer 176. ① 177. ④ 178. ③ 179. ③

180. 다음 중 여드름의 외적 요인과 거리가 먼 것은?( )

① 손에 의한 자극
② 스트레스
③ 전자파 환경
④ 화학물질
⑤ 화장품

181. 다음 중 세포의 대사를 조절하며 섬유아세포의 증식을 유도하여 주름을 완화하는 작용을 하는 것은?( )

① 아미노산
② 폴리에틸렌 글리콜
③ 팔미트산
④ 아데노신
⑤ 아세틸시스테인

182. 화장수에 향료를 가용화 하는 경우 향료(피가용화물질)와 가용화제의 비로 적당한 것은(보통 수준의 경우)?( )

① 1:1~1:2
② 1:2~1:3
③ 1:3~1:5
④ 1:5~1:6
⑤ 1:0~2.0

183. 다음 중 농도가 낮은 수용액에서 자유롭게 존재하던 계면활성제 분자들이 농도가 높아짐에 따라 서로 모여 자발적으로 형성된 회합체를 가리키는 말은?( )

① 미셀
② 콜로이드
③ 에멀전
④ 서스펜션
⑤ 크리밍

Answer 180. ② 181. ④ 182. ② 183. ①

제4과목 맞춤형화장품의 이해

184. 다음 중 크림 제조 과정에서 향료 주입 단계를 바르게 나타낸 것은? (   )

① 유화 → 향료 → 탈기 → 여과 → 냉각 → 저장 → 충진
② 유화 → 탈기 → 여과 → 냉각 → 향료 → 저장 → 충진
③ 유화 → 탈기 → 여과 → 향료 → 냉각 → 저장 → 충진
④ 유화 → 탈기 → 향료 → 여과 → 냉각 → 저장 → 충진
⑤ 유화 → 여과 → 향료 → 냉각 → 탈기 → 저장 → 충진

185. 다음은 색조화장품의 안전성에 대한 설명이다. (   )안에 알맞은 말은?
(   )

| 안전성이 높은 것 – (   )을 주지 않는 것, 유해물질을 함유하지 않은 것, 미생물에 오염되지 않은 것 |

186. 다음은 유화원리에 대한 설명이다. (   )안에 알맞은 말은? (   )

유화는 서로 섞이지 않는 두 액체 중 한 액체가 다른 액체 속에 미세한 입자로 분산된 것이다. 이 때 두 액체간의 (   )은 항상 0보다 크기 때문에 두 액체 간의 계면적의 엄청난 증가는 결국 계면자유에너지의 큰 증가를 가져오게 된다. 따라서 유화가 이루어지기 위해서는 두 액체간의 (   )을 낮추어 주어야 하며 이러한 역할을 하는 제2의 물질을 유화제(계면활성제)라고 한다. 즉, 유화제는 두 액체의 계면에 흡착되어 (   )을 낮추어줌으로써 계면이 증가하는 데 따른 자유에너지의 증가를 낮추어 주며 또 계면에 흡착되어 유화의 입자-입자 사이에 정전기적 또는 물리적 보호막 역할을 하여 입자가 서로 합쳐지는 것(합일)을 방지해 유화가 안정한 상태로 존재하게 한다.

187. 유화제의 HLB(친수성친유성균형)를 구하는 공식에서 (   )안에 알맞은 말은?
(   )

HLB = 20 × [1 – 에스터화 값/(   )]

188. 다음 (   )안에 알맞은 말은? (   )

*Pityrosporum ovale*은 두피에서 피지(불포화지방산)을 자원화해 증식하고 이때 리파아제의 작용으로 피지가 분해되면서 자극성이 높은 저급지방산이 생긴다. 그러므로 두피의 건조와 과잉 피지와 더불어 (   ), 비듬, 가려움 발생 등 두피 건강에 문제가 발생한다.

Answer
184. ②   185. 피부, 점막에 자극   186. 계면장력   187. 지방산의 중화값   188. 두피염증

189. 다음은 무엇에 대한 설명인가? (   )

화장품으로서 피부에 멜라닌색소가 침착하는 것을 방지하여 기미, 주근깨 등의 생성을 억제함으로써 피부의 미백에 도움을 주는 기능을 가진 화장품, 피부에 탄력을 주어 피부의 주름을 완화 또는 개선하는 기능을 가진 화장품, 강한 햇볕을 방지하여 피부를 곱게 태워주는 기능(일소)을 가진 화장품 및 자외선을 차단 또는 산란시켜 자외선으로부터 피부를 보호하는 기능(일소방지)을 가진 화장품.

190. 다음 (   )안에 알맞은 말은? (   )

Benzoyl peroxide은 모든 형태의 여드름에 사용하며 (   )의 효능이 있다. 일시적으로 모공을 확장해 피지 배출을 용이하게 한다. Benzoyl peroxide 에 알레르기가 있는 경우 각질 박리 기능이 있는 sulfa로 대체할 수 있다.

191. 다음은 무엇에 대한 설명인가? (   )

물리적인 자외선 차단제이며 염증 완화에도 도움을 줘 바디 로션이나 목욕 용품에도 쓰일 정도로 피부에 트러블이나 부작용을 야기하는 일은 드물다. 하지만 많이 바르면 얼굴이 허옇게 뜨는 백탁 현상이 일어난다는 게 단점이다. 그리고 펴발림성이 뻑뻑한 편이다.

192. 다음은 가용화 모델의 4가지 형태를 설명한 것이다. (   )안에 알맞은 말은?

① 미셀의 내부에 용해
② (   )
③ 미셀의 친수성 사슬에 흡착(비이온성 계면활성제의 경우)
④ 미셀의 외부표면에 흡착

193. 다음 중 피부에 대한 설명으로 옳은 것으로만 짝지어진 것은?(   )

Ⓐ 몸의 항상성을 유지하는 장기이다
Ⓑ 세포 중에 멜라닌 단백질이 많아 탄력성이 크다
Ⓒ 알맞은 수분으로 유연성을 가져 외부 충격에 완충역할을 한다
Ⓓ 피부의 두께는 2.5mm이다
Ⓔ 어른의 피부 넓이는 3.0m^{2}이다
Ⓕ 성인 남자의 피부는 5-9kg이다

Answer
189. 기능성화장품 190. 각질 박리 191. 산화아연(징크옥사이드) 192. 미셀의 탄화수소 사슬사이에 극성기를 외측으로 향하게 배열 193. ②

① A-C-E
② A-C-F
③ B-D-E-F
④ A-B-D-E
⑤ A-B-C-D-E

194. 괴양감은 어떤 감각의 변형인가?(   )

① 촉각
② 통각
③ 압각
④ 냉온각
⑤ 마찰각

195. 다음은 주름살의 발현 원인과 순서에 대한 설명이다. (   )안에 알맞은 말은?

> 표피의 건조 → 진피 세포간 기질 감소·조성 변화 → 교원섬유 탄력섬유 감소, 변성 → (   ) → 교원섬유 탄력섬유의 상호 침착 → 피하지방 위축 → 안면 표정 근육의 수축, 이완

196. 자외선이 피부의 각화세포나 섬유모세포에 닿으면 섬유모세포에서 'MMPs'라는 효소가 많이 만들어진다. 그러면 MMPs가 콜라겐이나 탄성 섬유를 절단해 주름이 형성된다. 여기에서 'MMPs'란 무엇인가? (   )

197. 다음 중 혼합·소분 시 오염방지를 위해 준수해야 할 안전관리 기준 가운 데 빠진 것은?(   )

> 혼합·소분 전 손 소독 또는 세척, 일회용 장갑 착용, 장비 또는 기기 등의 사용 전 세척, 혼합·소분된 제품을 담을 용기의 오염여부 사전 확인

198. 다음 중 맞춤형화품판매업자의 변경신고 사항이 아닌 것은?(   )

① 법인 대표자(법인의 경우)
② 건물내역
③ 소재지
④ 조제관리사
⑤ 사용 계약한 책임판매업자

Answer
194. ② 195. 탄력섬유의 변형 및 배열 교란 196. Matrix metaloproteinase (기질금속단백효소) 197. 장비 또는 기기 등의 사용 후 세척 198. ②

199. 다음 중 맞춤형화장품판매장에서 제조 또는 수입된 화장품의 내용물을 혼합·소분할 수 있는 사람은?(　　)

① 맞춤형화장품판매업 법인 대표
② 원료를 생산·공급하는 소재개발업자
③ 맞춤형화장품조제관리사
④ 사용 계약을 체결한 책임판매업자
⑤ 등록된 화장품제조업자

→해설　맞춤형화장품은 고객 개인별 피부특성 및 취향에 따라 맞춤형화장품판매장에서 맞춤형화장품조제관리사가 제조 또는 수입된 화장품의 내용물에 다른 화장품의 내용물이나 식품의약품안전처장이 정하는 원료를 추가하여 혼합하거나 소분한 화장품으로 정의됨.

200. 회수대상 맞춤형화장품을 구입한 소비자에게 회수조치를 취할 때 신속히 책임판매업자에게 보고해야 할 정보의 내용은?(　　)

① 안전성
② 안정성
③ 사용성
④ 유효성
⑤ 경제성

201. 다음 중 피부의 수소이온농도(pH)에 대한 설명으로 옳지 않은 것은?(　　)

① pH 4~6의 약산성이다.
② 약산성의 원인으로는 젖산, 피롤리돈산, 요산 등으로 추정된다.
③ 약산성 피부는 미생물로부터 피부를 보호하는 보호막 역할을 한다.
④ 피부 속으로 들어갈수록 pH는 2까지 감소하여 극산성을 띤다.
⑤ 30분 정도 목욕 후에는 pH 6.6~7.0까지 증가한다.

→해설　피부 속으로 들어갈수록 pH는 7까지 증가함.

202. 다음 중 각질이 떨어져 나가는 스킨 턴오버(skin turnover)의 주기는?(　　)

① 7일
② 10일
③ 14일
④ 21일
⑤ 28일

Answer　199. ③　200. ①　201. ④　202. ⑤

203. 다음 중 피부를 구성하는 성분 중 단백질의 함량은?( )

① 5~10%
② 10~15%
③ 20~24%
④ 25~27%
⑤ 28~30%

204. 다음 중 표피와 진피의 두께를 바르게 나타낸 것은?( )

① 표피 : 50~1,000㎛, 진피 : 100~2,000㎛
② 표피 : 70~1,400㎛, 진피 : 600~3,000㎛
③ 표피 : 150~1,400㎛, 진피 : 500~3,000㎛
④ 표피 : 300~2,800㎛, 진피 : 200~2,000㎛
⑤ 표피 : 600~3,000㎛, 진피 : 70~1,400㎛

205. 다음 중 표피, 진피, 피하지방의 평균 두께를 바르게 나타낸 것은?( )

① 표피 : 50㎛, 진피 : 100㎛,   피하지방 : 1,000㎛
② 표피 : 50㎛, 진피 : 1,000㎛, 피하지방 : 10,000㎛
③ 표피 : 100㎛, 진피 : 1,500㎛, 피하지방 : 10,000㎛
④ 표피 : 100㎛, 진피 : 1,800㎛, 피하지방 : 15,000㎛
⑤ 표피 : 150㎛, 진피 : 2,000㎛, 피하지방 : 18,000㎛

206. 다음 중 피부의 기능에 대한 설명으로 옳지 않은 것은?( )

① 수분손실 방지
② 노폐물 배출
③ 독소물질 배출
④ 체온조절
⑤ 비타민 E합성

207. 다음 붕 피부의 투명층에서 투명도와 관련된 물질은?( )

① 콜라겐
② 엘라이딘
③ 엘라스틴
④ 케라틴
⑤ 멜라닌

Answer 203. ④ 204. ② 205. ④ 206. ⑤ 207. ②

→해설 표피 내 투명층은 손바닥, 발바닥과 같은 특정부위에만 존재하며 수분을 흡수하고 엘라이딘 성분에 의해 투명하게 보임.

208. 다음 중 유극층에 대한 설명으로 옳지 않은 것은?( )

① 표피의 대부분을 차지한다.
② 멜라닌 형성세포가 존재한다.
③ 수분을 많이 함유하고 표피에 영양을 공급한다.
④ 랑거한스세포가 존재한다.
⑤ 두께가 20~60㎛이다.

209. 다음 중 세포분열을 통해 표피세포를 생성하는 부위는?( )

① 각질층
② 투명층
③ 과립층
④ 유극층
⑤ 기저층

210. 다음 중 피하지방의 기능이 아닌 것은?( )

① 피지분비
② 열 격리
③ 충격흡수
④ 영양저장소
⑤ 땀샘이 있어 체온조절

→해설 피지가 분비하는 피지선은 피하지방이 아닌 진피 망상층에 존재함.

211. 다음 중 천연보습인자의 구성성분이 아닌 것은?( )

① 유리아미노산
② 피롤리돈카르복실산
③ 철(Fe)
④ 젖산염
⑤ 포름산

→해설 철은 천연보습인자의 구성성분이 아니고 그 밖의 구성성분은 당류, 유기산, 요소, 산염, 나트륨(Na), 칼륨(K), 칼슘(Ca), 마그네슘(Mg), 요산, 클루코사민, 암모니아, 인산염, 구연산 등임.

Answer 208. ② 209. ⑤ 210. ① 211. ③

212. 천연보습인자에 의해 유지되는 각질층의 수분함량은?( )

① 5~10%
② 10~15%
③ 15~20%
④ 20~25%
⑤ 25~30%

213. 다음 중 땀의 구성성분이 아닌 것은?( )

① 소금
② 요소
③ 암모니아
④ 크레아틴
⑤ 인산염

214. 다음 피지 성분 중에서 가장 많은 양을 차지하는 것은?( )

① 왁스에스테르
② 트리글리세라이드
③ 지방산
④ 스쿠알렌
⑤ 콜레스테롤

해설 피지성분은 트리글리세라이드-41%, 왁스에스테르 25%, 지방산 16%, 스쿠알렌 12%, 디글리세라이드 2.2%, 콜레스테롤 에스테르 2.1%, 콜레스테롤 1.4% 등임.

215. 다음 중 분비되는 양에 따른 피지막의 두께를 바르게 나타낸 것은?( )

① 적은 곳 : 0.01㎛이하, 많은 곳 : 2.0㎛이상
② 적은 곳 : 0.02㎛이하, 많은 곳 : 4.0㎛이상
③ 적은 곳 : 0.04㎛이하, 많은 곳 : 5.0㎛이상
④ 적은 곳 : 0.05㎛이하, 많은 곳 : 4.0㎛이상
⑤ 적은 곳 : 0.06㎛이하, 많은 곳 : 3.0㎛이상

216. 다음 중 피지분비량이 가장 많은 신체 부위는?( )

① 가슴
② 배

Answer 212. ③ 213. ⑤ 214. ② 215. ④ 216. ④

③ 등
④ 이마
⑤ 겨드랑이

→해설 신체부위별 피지분비량은 이마 206μg/cm², 등, 121μg/cm², 가슴 101μg/cm², 겨드랑이 100 μg/cm², 배 64μg/cm² 순으로 높음.

217. 다음 중 염증성 여드름의 특징이 아닌 것은?(   )

① 뾰루지
② 결절
③ 면포
④ 구진
⑤ 농포

→해설 면포는 비염증성 여드름에 해당함.

218. 다음 (   )안에 알맞은 말은?(   )

> 피지의 지방산은 (A)가 가수분해 되어 생성된 것으로 C14, C16, C18 지방산이 약 (B)%를 차지한다.

→해설 (A) - 트리글리세라이드, (B) - 95

219. 다음 중 혈류 속에 들어가 피부모낭의 피지선을 자극해 과다한 피지를 분비함으로써 여드름 발생의 유전적 요인이 되는 호르몬은?(   )

220. 다음 중 모낭에 상주하며 피부생재균의 90%를 차지하는 여드름균을 가리키는 것은?(   )

① Propionibacterium acnes
② Escherichia coli
③ Malassezia globosa
④ Candida albicans
⑤ Staphyloccus aures

→해설 Escherichia coli - 대장균, Malassezia globosa - 비듬균, Candida albicans - 칸디다균, Staphyloccus aures - 황색포도상구균

Answer 217. ③ 218. (A) 트리글리세라이드, (B) 95 219. 테스토스테론 220. ①

221. 다음 중 여드름 환자의 모낭의 특징으로 옳지 않은 것은?( )

① 이상 각화로 모낭구가 막혀 피지 배출이 정체된다.
② 모낭에 번식한 여드름균이 분비하는 효소가 피지를 분해해 유리지방산이 형성된다.
③ 유리지방산에 의해 모낭벽이 자극을 받는다.
④ 테스토스테론을 디하이드로테스토스테론으로 전환하는 5-리덕타제 활성도가 낮다.
⑤ 정상인에 비해 여드름균의 균주수가 많다.

→해설 테스토스테론을 디하이드로테스토스테론으로 전환하는 5-리덕타제(reductase) 활성도가 높음.

222. 다음 중 여드름 유발과 관련은 있으나 폐쇄막을 형성해 호흡과 분비기능을 방해하는 것과는 관련이 없는 물질은?( )

① 미네랄 오일
② 할로겐화합물
③ 라놀린
④ 올레인산
⑤ 코코아버터

→해설 할로겐화합물은 휘발성 액체이므로 폐쇄막 형성과는 관련이 없음.

223. 다음 ( )안에 알맞은 말은?( )

> 케라틴을 구성하는 아미노산인 시스틴에 있는 ( )결합에 의해 모발형태와 웨이브가 결정된다. 환원제를 사용해 결합을 절단한 후 산화제를 이용해 ( )을 재구성해 모발의 모양이나 웨이브 정도를 결정하게 된다.

① 염
② 디설파이드
③ 수소
④ 이온
⑤ 펩티드

224. 다음 중 모소피(큐티클)의 주성분은 무엇인가?( )

① 멜라닌
② 콜라겐
③ 케라틴

Answer 221. ④ 222. ② 223. ② 224. ③

④ 지방산
⑤ 아미노산

225. 다음 중 모발의 형태에 해당하는 것은?(   )

① 원통형
② 원주형
③ 구형
④ 막대형
⑤ 판상형

226. 다음 중 탈모환자의 경우 모발의 성장주기에서 전체 모발 중 휴지기에 모발의 수가 많은 이유는?(   )

227. 모발의 성장주기에서 성장기에 전체 모발 중 차지하는 모발의 양은?(   )

① 10% 이하
② 20~40%
③ 45~65%
④ 86~88%
⑤ 90% 이상

228. 다음 중 모발의 성장속도를 바르게 나타낸 것은?(   )

① 0.20~0.35mm/day
② 0.25~0.45mm/day
③ 0.30~0.40mm/day
④ 0.35~0.50mm/day
⑤ 0.60~0.70mm/day

229. 다음 중 모발의 두께와 밀도를 바르게 나타낸 것은?(   )

① 두께 : 20~100μm, 밀도 : 100~200cm²
② 두께 : 30~120μm, 밀도 : 150~300cm²
③ 두께 : 40~120μm, 밀도 : 170~500cm²
④ 두께 : 40~150μm, 밀도 : 180~600cm²
⑤ 두께 : 50~200μm, 밀도 : 200~800cm²

Answer
225. ⑤   226. 탈모환자는 성장기가 3~4개월 감소하고 휴지기가 증가되므로   227. ④
228. ④   229. ③

230. 다음 모발에 대한 설명으로 옳지 않은 것은?( )

① 모낭은 15~20회 모발을 생산한 후 사멸된다.
② 모발의 등전점은 pH3.5~5.0이다.
③ 검정색/갈색모발에서 모낭의 수는 90,000개로 금발보다 많다.
④ 큐티클의 두께는 0.5~1.0μm으로 6~7겹이다.
⑤ 모발의 멜라닌 함량은 3%이다.

해설 검정색/갈색모발에서 모낭의 수는 100,000개, 금발은 110,000개, 빨간색 모발은 90,000개임.

231. 모발과 탈모에 대한 설명으로 옳지 않은 것은?( )

① 성인의 탈모 양은 약 40~70개/일, 병적 탈모는 120개이상/일 이다.
② 모발에 존재하는 결합은 염결합, 시스틴결합, 수소결합, 펩티드결합 등이 있다.
③ 미녹시딜은 두피의 말초혈관을 확장시켜 모발에 영양 공급을 돕는 탈모치료제이다.
④ 디하이드로테스토스테론(DHT)이 모낭을 위축시켜 모발을 가늘게 하고 성장기간을 단축시킨다.
⑤ 모발의 성장주기에서 퇴행기는 2~3주이며 이때 모낭이 위축되고 성장이 멈춘다.

해설 모낭이 위축되고 성장이 멈추는 시기는 휴지기임(2~3개월).

232. 다음 중 탈모방지용 화장품 원료가 아닌 것은?( )

① 피나스테이드
② 데스판테놀
③ 비오틴
④ 엘-멘털
⑤ 징크피리치온

해설 피나스테이드(경구용 제제), 미녹시딜(외용제), 두나스테리드(경구용 제제) 등은 탈모치료제임.

233. 다음 중 비듬에 대한 설명으로 옳지 않은 것은?( )

① 비듬의 양은 여성이 압도적으로 많아 남성의 3배가 된다.
② 원인균인 말라세시아 배설물 중 지방산이 두피의 피부재생주기를 촉진시킨다.
③ 피부재생주기를 7~21로 단축시켜 미성숙 세포가 표피바깥에 도달한다.
④ 미성숙 세포가 덩어리 형태로 두피에서로 떨어져 나간 것이 비듬이다.

Answer 230. ③ 231. ⑤ 232. ① 233. ①

⑤ 징크피리치온, 피록톤올아민, 살리실릭애시드 등은 비듬치료에 도움이 된다.

→해설 비듬의 양은 남성이 압도적으로 많아 여성의 3배가 됨.

234. 다음 중 피부타입에 대한 설명으로 옳지 않은 것은?( )

① 수분이 부족하고 잔주름이 생기기 쉬운 피부는 건성피부이다.
② 피지분비량이 많은 T존은 지성피부와 피지분비량이 적은 건성의 U존이 으로 함께 존재하는 것은 복합성 피부이다.
③ 일반적으로 천연피지막이 잘 형성되어 피부가 촉촉한 것은 중성피부이다.
④ 피지의 분비량이 많아 모공이 넓고 T존에 검은 여드름이 생기는 것은 지성피부이다.
⑤ 피부에 탄력이 있어 혈색이 있고 모공도 눈에 띠지 않는 것은 중성피부이다.

→해설 일반적으로 천연피지막이 잘 형성되어 피부가 촉촉한 것은 지성피부임.

235. 다음 중 피부측정을 위한 공간으로 부적합 것은?( )

① 온도가 일정한 곳(항온)
② 습도가 일정한 곳(항습)
③ 동일한 조도
④ 공기의 이동
⑤ 직사광선이 없는 곳

→해설 공기의 이동이 좋은 곳이 좋음.

236. 피부측정에 대한 설명으로 옳지 않은 것은?( )

① 측정 전에 피부 안정 시간을 가진다.
② 멜라닌량, 홍반량, 피부색상 등은 세안하여 메이컵을 지운 후 측정한다
③ 얼굴은 T존과 U존을 제외하고 측정하며 손등, 두피 등 필요한 피부부위를 측정한다.
④ 측정은 3회 이상하여 그평균값을 사용한다.
⑤ 측정 후 프로브(probe)는 소독제로 소독하여 보관한다.

→해설 얼굴은 주로 T존과 U존을 측정함.

237. 다음 중 피부측정 항목과 방법을 바르게 연결한 것을 모두 고른 것은?( )

ㄱ. 피부수분 – 전기전도도로 수분함량 측정, ㄴ. 피부탄력도- 피부 음압 가한 후 회복정도로 측정, ㄷ. 피부유분 – 경피수분손실량 측정, ㄹ. 피부표면 – 주름, 거칠기, 각질 등 현미경으로 관찰, ㅁ. 홍반 – 피부의 멜라닌량 측정, ㅂ. 두피상태 – 비듬, 피지를

Answer 234. ② 235. ④ 236. ③ 237. ①

현미경으로 확인, ㅅ. 피부건조 – 전기전도도로 수분함량 측정, ㅇ. 피부색 – 피부 색상 측정, L(밝기), a(빨강-녹색), b(노랑- 청색)로 나타냄.

① ㄱ, ㄴ, ㄹ, ㅂ, ㅇ
② ㄱ, ㄴ, ㄷ, ㄹ, ㅁ, ㅇ
③ ㄴ, ㄷ, ㄹ, ㅁ, ㅇ
④ ㄱ, ㄴ, ㄷ, ㅁ, ㅂ, ㅅ
⑤ ㄷ, ㄹ, ㅁ, ㅂ, ㅇ

해설 피부유분은 카트리지 필름을 피부에 일정시간 밀착시킨 후 카트리지 필름이 투명도를 통해 측정하며 홍반은 피부의 붉은 기(헤모글로빈)를 측정하여 수치로 나타냄.

238. 다음 중 피부유분을 측정하는 측정기기는?( )

① coroneometer
② sebumeter
③ cutometer
④ chromameter
⑤ pH meter

239. 다음 중 모발상태 측정 시 포함되지 않는 것은?( )

① 강도
② 굵기
③ 탄력도
④ 산성도
⑤ 손상정도

240. 다음 중 피부건조를 측정하며 피부장벽기능을 평가하는 수치로도 이용할 수 있는 것은?( )

① 수분함량
② 경피수분손실량(TEWL)
③ 피부유분량
④ 피지량
⑤ 멜라닌량

Answer 238. ② 239. ④ 240. ②

241. 다음은 무엇을 측정하기 위한 것인가?( )

> 카트리지 필름을 피부에 일정시간 밀착시킨 후 카트리지 필름의 투명도를 통해 측정한다.

242. 다음 중 품질관리를 위한 관능평가에 해당하지 않는 것은?( )

① 패널 또는 전문가의 감각을 통해 제품 성능을 평가한다.
② 유화제품을 표준견본과 대조하여 내용물의 흐름성을 육안으로 확인한다.
③ 표준견본과 내용물 각각을 슬라이드글라스에 소량씩 묻혀 슬라이드글라스로 눌러서 대조되는 색상을 육안으로 확인한다.
④ 내용물을 손등에 문질러서 사용감을 촉각을 통해 확인한다.
⑤ 기호형과 분석형 두 가지 관능평가가 있다.

→해설 패널 또는 전문가의 감각을 통한 제품 성능 평가는 제품평가 측면의 관능평가로서 관능시험 이라고 함.

243. 다음은 무엇에 대한 설명인가?( )

> 소비자의 판단에 영향을 미칠 수 있고 제품의 효능에 대한 인식을 바꿀 수 있는 상품명, 디자인, 표시사항 등의 정보를 제공하지 않는 제품 사용시험

244. 다음 중 맞춤형화장품의 효과가 아닌 것은?( )

① 전문가의 조언을 통한 자신의 피부에 맞는 화장품의 선택
② 고객에게 맞는 화장품 사용에서부터 오는 심리적 만족
③ 정확한 피부상태 진단을 통해 자신의 피부에 적합한 조제된 화장품
④ 자신의 피부에 맞는 원료의 선택 가능
⑤ 수입화장품의 시장 다변화 및 안정화

245. 다음 중 부작용의 종류와 현상이 잘못 연결된 것은?( )

① 홍반 – 붉은 반점
② 가려움 – 소양감
③ 부종 – 피부표면에 각질 발생
④ 자통 – 찌르는 듯한 느낌
⑤ 작열감 – 화끈거림

→해설 부종은 부어오르는 현상임.

Answer 241. 피부유분량 242. ① 243. 맹검 사용시험(blind use test) 244. ⑤ 245. ③

246. 다음 중 맞춤형화장품 조제관리사가 소분·혼합전에 확인해야 하는 사항에 해당하지 않는 것은?( )

① 배합하기로 한 화장품 원료가 유통화장품 안전관리에 관한 규정에서 사용 불가한 원료인가를 확인한다.
② 유통화장품 안전관리에 관한 기준에서 규정한 사용한도 원료가 내용물(완제품, 벌크제품, 반제품)에서 사용한도 이상 배합되어 있는지를 확인한다.
③ 배합하기로 한 화장품 원료가 유통화장품 안전관리에 관한 규정에서 사용 한도 원료인가를 확인한다.
④ 화장품의 1차 포장 또는 2차 포장에 기재·표시되어야 하는 사항을 확인한다.
⑤ 배합하기로 한 화장품 원료가 기능성화장품의 효능·효과를 나타내는 원료인가를 확인한다.

→해설 4번은 화장품제조업자가 해야 하는 사항임.

247. 다음 중 화장품의 1차 포장 또는 2차 포장에 기재·표시되어야 하는 사항이 아닌 것은?( )

① 해당 화장품 제조에 사용된 모든 성분
② 내용물의 용량 또는 중량
③ 제조담당자의 실명
④ 사용기한 또는 개봉 후 사용기간
⑤ 사용 시 주의사항

→해설 그 밖의 기재·표시 되어야 하는 사항으로는 화장품의 명칭, 영업자의 상호 및 주소, 제조번호, 가격, 기능성화장품의 경우 "기능성화장품"이라는 글자 또는 도안으로서 식품의약품안전처장이 정하는 도안, 그 밖에 총리령으로 정하는 사항 등이 있으며 제조담당자의 실명은 기재·표시하지 않음.

248. 내용량 10ml 초과, 50ml 이하(또는 중량 10g 초과, 50g 이하)이하 화장품의 포장에 생략할 수 없는 기재·표시 사항이 아닌 것은?( )

① 기능성화장품의 경우 그 효능·효과가 나타나게 하는 원료
② 식품의약안전처장이 배합 한도를 고시한 화장품의 원료
③ 삼푸에 들어있는 에센셜오일
④ 과일산
⑤ 금박

→해설 그 밖의 생략할 수 없는 기재·표시 사항은 타르색소, 삼푸와 린스에 들어있는 인산염 등이 있음.

Answer 246. ④ 247. ③ 248. ③

249. 다음 중 가격 표시의무자를 잘못 설명한 것은?( )

① 일반소비자를 고객으로 하는 소매점포 – 소매업자
② 법률에서 규정한 통신판매업 – 그 판매업자
③ 법률에서 규정한 다단계판매업 – 그 판매자
④ 해당 품목을 제조한 제조업자
⑤ 법률에서 규정한 방문판매업·후원방문판매업 – 그 판매업자

→해설 표시의무자 이외의 제조판매업자 및 제조업자는 그 판매가격을 표시해서는 안됨.

250. 다음 중 화장품 가격 표시방법에 대한 설명으로 옳지 않은 것은?( )

① 유통단계에서 쉽게 훼손 또는 삭제, 분리되지 않도록 스티커 또는 꼬리표를 표시한다.
② 가격 변경 시 기존 가격표시가 보이지 않게 변경, 표시하여야 한다.
③ 가격 표시는 소비자가 알아보기 쉽도록 선명하게 표시하여야 한다.
④ 개별 제품에 가격을 표시하는 것이 곤란할 경우에는 제품명, 가격 등을 별도로 표시할 수 있다.
⑤ 개별제품으로 구성된 종합제품으로서 분리하여 판매하지 않는 경우에도 개별제품에 판매가격을 표시하여야 한다.

→해설 개별제품으로 구성된 종합제품으로서 분리하여 판매하지 않는 경우에는 그 종합제품에 일괄하여 표시할 수 있음.

251. 화장품 포장의 표시기준 및 표시방법 중 화장품 제조에 사용된 성분의 표시기준 및 방법으로 옳지 않은 것은?( )

① 글자의 크기는 5포인트 이상으로 한다.
② 착향제의 구성성분 중 식품의약품안전처장이 정하여 고시한 알레르기 유발성분은 향료 및 해당성분의 명칭을 기재·표시한다.
③ 화장품 제조에 사용된 함량이 많은 것부터 기재·표시한다.
④ 혼합원료는 혼합된 개별성분의 명칭을 기재·표시한다.
⑤ 비누화반응을 거치는 성분은 성분 표시 대신 비누화반응에 따른 생성물로 기재·표시할 수 있다.

→해설 향제의 구성성분 중 식품의약품안전처장이 정하여 고시한 알레르기 유발성분은 향료로 표시할 수 없고 해당성분의 명칭을 기재·표시함.

Answer 249. ④ 250. ⑤ 251. ②

252. 다음 ( )안에 알맞은 말은?( )

화장품 포장의 표시기준 및 방법 중 화장비누의 내용물의 중량은 ( )을(를) 포함한 중량과 건조중량을 기재·표시하여야 한다.

① 수분
② 유분
③ 용기
④ 1차 포장무게
⑤ 2차 포장무게

253. 다음 중 영업자 또는 판매자가 표시 또는 광고를 해서는 안 되는 경우에 해당되지 않는 것은?( )

① 의약품으로 잘못 인식할 우려가 있는 표시 또는 광고
② 기능성화장품이 아닌 화장품을 기능성화장품으로 잘못 인식할 우려가 있는 경우
③ 기능성화장품의 안전성 유효성에 관한 심사결과와 같은 애용의 표시 또는 광고
④ 소비자를 속이거나 잘못 인식하도록 할 우려가 있는 표시 또는 광고
⑤ 천연화장품(또는 유기농화장품)이 아닌 화장품을 천연화장품(또는 유기농화장품)으로 잘못 인식할 우려가 있는 경우

254. 다음 중 기능성 화장품에서 해당 기능을 실증한 자료가 제출되었을 때 가능한 표시. 광고는 ? ( )

① 일시적 셀룰라이트 감소
② 피부노화 완화
③ 피부혈행 개선
④ 콜로겐 증가, 감소 또는 활성화
⑤ 여드름성 피부에 사용 적합

255. 다음 중 표시광고의 범위에 해당하지 않은 것은?( )

① 자기 상품 외의 다른 상품의 포장
② 길거리 확성기 방송
③ 방문광고에 의한 광고
④ 포스터·간판·네온사인·애드벌룬 또는 전광판
⑤ 비디오물·음반·서적·간행물·영화 또는 연극

Answer 252. ① 253. ③ 254. ④ 255. ②

256. 화장품 표시·광고 준수사항으로 옳지 않은 것은?( )

① 경쟁상품과 비교하는 표시·광고에 "최고" 또는 "최상" 등의 절대적 표시·광고를 할 수 있다.
② 인체적용시험결과가 포함된 공인된 관련 문헌을 인용할 때 연구자 성명, 문헌명, 발표 연월일을 분명히 밝혀야 한다.
③ 부분적으로 사실이라고 하더라도 전체적으로 보아 소비자가 잘못 인식할 우려가 있는 표시·광고는 하지 말 것
④ 저속하거나 혐오감을 주는 표현·도안·사진 등을 이용하는 표시·광고를 하지 말 것
⑤ 국제적 멸종위기종의 가공품이 함유된 화장품임을 표현하거나 암시하는 표시·광고를 하지 말 것

→해설 경쟁상품과 비교하는 표시·광고에 배타성을 띤 "최고" 또는 "최상" 등의 절대적 표시·광고를 할 수 없음.

257. 다음 중 맞춤형화장품 표시사항에 해당하지 않는 것은?( )

① 명칭
② 가격
③ 식별번호
④ 책임판매업자 상호
⑤ 제조업자 상호

→해설 맞춤형화장품판매업자 상호는 표시사항이나 제조업자 상호는 표시사항이 아님.

258. 다음 중 맞춤형화장품 안전기준에 적합하도록 하고 소비자에게 설명해야 하는 사항이 아닌 것은?( )

① 혼합 또는 소분에 사용되는 내용물 및 원료
② 맞춤형화장품에 대한 사용 시 주의사항
③ 제조설비 목록 및 가공범위와 기준
④ 맞춤형화장품의 시용기한
⑤ 맞춤형화장품의 특징과 사용법

259. 다음 중 제형과 제품이 잘못 연결된 것은?( )

① 유화 제형 - 세럼
② 유화분산 제형 - 투웨이케익
③ 가용화 제형 - 미스트

Answer 256. ① 257. ⑤ 258. ③

④ 고형화 제형 – 컨실러
⑤ 파우더혼합 제형 – 팩트

→해설 유화분산 제형에 해당하는 제품에는 립크림, 파운데이션, 메이크업베이스, 마스카라, 아이라이너 등이 있으며 투웨이케익은 파우더혼합 제형의 제품임.

260. 다음 제형의 특징을 잘못 설명한 것은?( )

① 유화 제형 – 분산매가 유화된 분산질에 분산됨.
② 가용화 제형 – 물에 대한 용해도가 아주 작은 물질을 가용화제를 이용, 용해도 이상으로 녹게 함.
③ 고형화 제형 – 오일과 왁스에 안료를 분산시켜 고형화 시킴.
④ 파우더혼합 제형 – 안료, 펄, 바인더, 향을 혼합함.
⑤ 계면활성제혼합 제형 – 음이온, 양이온, 양쪽성, 비이온 계면활성제 등을 혼합하여 제조함.

→해설 유화 제형은 서로 섞이지 않는 두 액체 중에서 한 액체가 미세한 입자 형태로 유화제를 사용해 다른 액체에 분산됨. 분산매가 유화된 분산질에 분산되는 것은 유화분산 제형임.

261. 다음 중 O/W형의 유화형태에 대한 설명으로 옳지 않은 것은?( )

① 수상에 오일이 분산되어 있는 형태
② 외상이 수상으로 되어 있어 물에 쉽게 분산됨.
③ 가볍고 산뜻한 사용감
④ 유화 안정화가 비교적 어려움
⑤ 로션, 크림, 에센스에 적용

→해설 4번은 W/O형의 특징임. O/W형은 유화 안정화가 쉬움.

262. 다음은 무엇에 대한 설명인가?( )

- O/W형 유화물을 다시 오일에 유화시키거나 W/O형 유화물을 다시 수상에 유화시킨 형태
- 유화 안정화와 제조가 어려움
- 안전성이 좋지 않은 유효성분을 안전한 상태로 보존하는 데 적용
- 크림에 적용

Answer
259. ② 260. ① 261. ④ 262. O/W/O형 또는 W/O/W형 유화 형태

263. 유화형태 판별법에 대한 설명으로 옳지 않은 것은?( )

① 유화물의 외상과 동일한 액체를 가해 물에 섞이면 O/W형이다.
② 외상의 전기전도도가 수백 배 증가하면 W/O형이다.
③ 유화물 표면에 유용성 염료 황색 204호 분말을 가해 염료가 외상에 분산해 용해하면 W/O형이다.
④ 유화물 표면에 수용성 염료 적색 504호 분말을 가해 염료가 외상인 물에 분산해 용해하면 O/W형이다.
⑤ O/W형태의 유화물을 소량 물속에 떨어뜨려 물에 섞이지 않고 표면에 남아 있으면 W/O형태이다.

→해설 외상의 전기전도도(물과 오일의 전기저항 차)가 수백 배 증가하면 O/W형임.

264. 다음 중 마이크로에멀젼을 바르게 설명한 것은?( )

① 10㎛ 이상의 입자크기로 청백색이며 소량 오일을 함유한다.
② 0.1~1.0㎛의 입자크기로 투명하며 비평형계로 다량의 오일을 함유한다.
③ 100nm 이하의 입자크기로 투명하며 평형형계, 분산상 비율이 높다.
④ 0.1~1.0㎛의 입자크기로 청백색이며 다소 안정적이며 소량의 오일을 함유한다.
⑤ 1~10㎛의 입자크기로 백탁이며 비평형계로 다량의 오일을 함유한다.

→해설 4번은 미니(나노)에멀젼, 5번은 마크로에멀젼에 대한 설명임.

265. 다음 중 화장품용 유화입자의 크기로 적당한 것은?( )

① 0.1~1.0㎛
② 0.2~3.0㎛
③ 0.5~5.0㎛
④ 0.7~6.0㎛
⑤ 1.0~8.0㎛

266. 다음 중 유화 입자의 크기를 좌우하는 요인이 아닌 것은?( )

① 유화 형태
② 유화제의 종류와 양
③ 첨가방법
④ 유화 장치
⑤ 빛의 투과

Answer 263. ② 264. ③ 265. ③ 266. ⑤

→해설 유화입자의 크기에 따라 빛의 투과에 차이가 있으며 투명도가 달라짐. 빛의 투과 정도가 입자 크기를 좌우하는 것은 아님.

267. 다음 중 에멀젼 분리과정을 바르게 나타낸 것은?( )

① 안정한 에멀젼 – 응집 – 합일 – 크리밍 – 분리
② 안정한 에멀젼 – 크리밍 – 응집 – 합일 – 분리
③ 크리밍 – 안정한 에멀젼 – 응집 – 합일 – 분리
④ 합일 – 안정한 에멀젼 – 크리밍 – 응집 – 분리
⑤ 안정한 에멀젼 – 합일 – 크리밍 – 분리 – 응집

268. 다음 중 '작은 에멀젼 입자가 큰 입자에 합쳐지는 것'을 가리키는 것은?( )

① 오스트발트라이프닝(ostwald ripening)
② 크리밍(craming)
③ 응집(flocculation)
④ 합일(coalescene)
⑤ 회합(aggregation)

269. 크리밍(creaming)에 대한 설명으로 옳지 않은 것은?( )

① 유화 입자의 부상 혹은 침강이 일어나는 것
② 분산 입자의 크기를 크게 하면 크리밍 속도가 늦춰진다.
③ 크리밍는 비중차에 의한 분리이다.
④ 유화 입자가 가까워져서 뭉치는 현상이다.
⑤ 응집의 전단계로 시간이 지남에 따라 합일의 과정을 거쳐 상분리가 일어난다.

→해설 분산 입자의 크기를 작게 하면 크리밍 속도가 늦춰짐.

270. 다음은 무엇에 대한 설명인가?( )

- 레시틴이 천연의 극성 지질에 두 개의 탄화수소 사슬로 구성되어 이중층 구조인 베시클에 의해 만들어지는 제형이다.
- 크기가 20nm~5.0㎛이다.
- 수용성·지용성 비타민, 향, 약물, 백신 등 여러 가지 물질들이 봉입될 수 있다.
- 약물의 안정화, 용해도 증진, 피부 침투 효과 상승, 유효 성분 서서히 방출되는 영도 등의 목적으로 사용된다.

Answer
267. ② 268. ① 269. ② 270. 리포좀

271. 두 개의 탄화수소 사슬 중에서 한 개 사슬을 제거한 레시틴으로 주로 보조 유화제로 사용되는 것은?(   )

272. 유화 처방에 쓰이는 수용성 보존제가 아닌 것은?(   )

① 메틸파라벤
② 글리세린
③ 소듐벤조에이트
④ 이미다졸리디닐우레아
⑤ 디엠디엠히단토인

→해설 글리세린은 보습제임.

273. 다음 중 낮은 HLB의 친유성 유화제는?(   )

① 폴리소르베이트
② 소르비탄
③ 레시틴
④ 몬타노브
⑤ 올리벰

→해설 1, 2, 4, 5번은 친수성 유화제이며 HLB값이 높음.

274. 다음 중 가용화에 대한 설명으로 옳지 않은 것은?(   )

① 물에 녹지 않는 물질을 계면활성제를 사용해 미셀 안에 녹이는 것
② 가용화 과정에서 생성되는 투명 혹은 반투명의 매우 작은 에멀젼이 마이크로에멀젼이다.
③ 자발적인 반응으로 열역학적으로 안정하다.
④ 에멀젼의 크기가 가시광선 파장 크기의 1/4이하여서 투명하게 보인다.
⑤ 미셀 안에 유상이 증가해 에멀젼 입자가 커져도 투명하게 보인다.

→해설 미셀 안에 유상이 증가해 에멀젼 입자가 커져 불투명하게 보임.

275. 다음 중 가용화제로 쓰이는 화합물은?(   )

① 글리세린
② 소듐락테이트
③ 판테놀

Answer 271. 리솔레시틴(lysolecitin) 272. ② 273. ③ 274. ⑤ 275. ④

④ PEG-40 하이드로제네이티드 캐스터오일
⑤ 디소듐이디티에이

276. 다음 중 가용화 처방 시 pH변동을 억제하는 완충제로 사용되는 것은?(   )

① 프로필렌글라이콜
② 시트릭애씨드
③ 소듐락테이트
④ 포타슘소르베이트
⑤ 하이드록시에틸셀룰로오스

→해설 프로필렌글라이콜 – 보습제, 시트릭애씨드 – pH 조절제, 포타슘소르베이트 –보존제, 하이드록시에틸셀룰로오스 – 점증제

277. 다음 중 분산에 대한 설명으로 옳지 않은 것은?(   )

① 표면처리한 안료를 사용하면 화장의 불투명도가 높아진다.
② 안료를 물이나 오일 등에 고르게 섞는 것이다.
③ 분산공정에서 비중이 낮은 안료는 경시적으로 침강하게 된다.
④ 경시적인 침강을 막기 위해 외상(유상)의 점도를 높인다.
⑤ 안료입자가 유상에 잘 분산되도록 안료입자표면을 코팅한다.

→해설 표면처리한 안료를 사용하면 화장의 투명도를 높일 수 있음.

278. 파운데이션 처방에서 유지 원료가 갖는 기능이 아닌 것은?(   )

① 유연
② 안료
③ 습윤
④ 점증
⑤ 에몰리언트

279. 다음 중 비비크림 처방 시 유계점증제로 쓰이는 원료가 아닌 것은?(   )

① 벤토나이트
② 소듐클로라이드
③ 헥터라이트
④ 파라핀 왁스
⑤ 오조케라이트

Answer 276. ③ 277. ① 278. ④ 279. ②

→해설 소듐클로라이드는 염에 해당하는 점증제임.

280. 다음 중 고형화 제형의 구성성분이 아닌 것은?(   )

① 왁스
② 페이스(paste)상
③ 오일
④ 글리세린
⑤ 향

281. 다음은 무엇에 대한 설명인가?(   )

- 립스틱 표면으로 나온 액체상태 성분이 립스틱 안으로 들어가지 못하고 표면에서 결정화 되어 소금꽃처럼 생성된 것
- 지방 성분인 버터류가 처방에 사용될 경우에 주로 발생한다.

282. 다음 중 화장비누에 대한 설명으로 옳지 않은 것은?(   )

① 식물성 오일의 지방산과 가성소다 혹은 가성가리를 반응시켜 천연비누를 제조한다.
② 비누화 반응 반응물질로 보습제인 글리세린도 형성된다.
③ 비누베이스에 향, 색소, 첨가제를 넣고 녹여서 압출방식으로 MP(melt & pour)비누를 생산한다.
④ HP(hot process)비누가 단단하고 CP(cold process)비누는 HP비누보다 덜 단단하다.
⑤ MP비누에는 글리세린이 없어 단단하여 물러지지 않는다.

→해설 일반적으로 CP비누가 단단하고 HP비누는 CP비누보다 덜 단단하다.

283. 다음 (   )안에 알맞은 말은?(   )

비누화 반응에 사용되는 알칼리는 (A)와 (B)가 있으며 (A)로 만들어진 비누는 단단하고 (B)로 만들어진 비누는 (A)에 비해 덜 단단하다. 따라서, 폼클렌징(반고상)에는 (B)를 사용하고 천연비누(고상)에는 (A)를 사용하여 비누화 반을 한다.

284. 다음 중 분산과정을 바르게 나타낸 것은?(   )

① 습윤화 – 미립화 – 안정화
② 습윤화 – 미립화 – 안정화
③ 미립화 – 습윤화 – 안정화
④ 안정화 – 미립화 – 습윤화
⑤ 습윤화 – 안정화 – 미립화

Answer 280. ③ 281. 발분 282. ④ 283. (A) 가성소다(NaOH), (B) 가성가리(KOH) 284. ①

→해설 고체 입자를 용매 중에 적시는 습윤화 - 분산기에 의한 일차 입자로 미립화 - 분산제가 고체 입자의 계면에 흡착하여 전기적 반발력과 입체적 보호작용에 의해 미립화한 입자가 재응집하는 것을 방지하는 안정화 작용으로 이루어짐.

285. 다음 중 분산상태에 따라 영향을 받는 품질 항목이 아닌 것은?( )

① 점도
② 광택
③ 발색력
④ 자극성
⑤ 지속성

→해설 분산상태에 따라 점도, 광택, 은폐력, 색채(색조, 명도, 채도), 발색력, 화장지속성 등의 품질에 영향을 줌.

286. 다음 중 분산도 평가법에 대한 설명으로 옳지 않은 것은?( )

① 간접관찰법
② 현미경법
③ 침강용적 측정
④ 점도 측정에 의한 평가
⑤ 광투과법

→해설 눈금이 있는 시험관에 분산계를 넣고 온도조건에 따라 관찰하며 일정 시간 후계가 균일하게 유지되거나 경계면이 불명확하면 분산은 양호한 것임. 이것을 직접관찰법이라고 함.

287. 다음은 무엇에 대한 설명인가?( )

> 고체 입자의 침강에 의해 생기는 탁도의 변화에 광을 투사하여 고체 입자의 광 차단양으로부터 입자 농도를 산출해 안정성의 척도로 이용하는 분산도 평가방법이다.

288. 다음 중 수계분산계의 특징을 잘못 설명한 것은?( )

① 무기고체 입자의 경우 극성이 커서 물에 젖기 쉬우므로 가능한 한 극성이 큰 분선제가 적합하다
② 입자가 젖는 데 시간이 필요한 경우 계면활성을 갖는 분선제가 필요하다.
③ 이온성 분산제와 나프탈렌 술폰산나트륨-포르말린 축합물형 분산제를 병용하여 분산 효과를 높이는 것이 좋다.
④ 유기고체 입자의 경우 습윤성이 나쁘므로 계면활성이 큰 분산제를 이용할 필요가

Answer 285. ③ 286. ① 287. 광투과법 288. ③

있다.
⑤ 기포력이 적은 것이 바람직하며 비이온성 분산제 중에서 선택하는 것이 일반적이다.

→해설 비이온성 분산제와 나프탈렌 술폰산나트륨-포르말린 축합물형 분산제를 병용하여 분산효과를 높이는 것이 좋음.

289. 다음 펌제에 대한 설명으로 옳지 않은 것은?( )

① 환원제는 디설파이드 결합을 절단해 시스틴을 시스테인으로 환원시킨다.
② 디설파이드 결합이 절단된 모발은 원하는 형태로 웨이브를 만들 수 있다.
③ 원하는 모발을 만든 후 산화제를 사용해 시스테인을 시스틴으로 산화시켜 웨이브를 고정한다.
④ 환원제의 pH는 약 9~9.5이다.
⑤ 환원제인 1제에는 과산화수소, 브롬산나트륨, 과붕산나트륨 등이 사용된다.

→해설 과산화수소, 브롬산나트륨, 과붕산나트륨 등은 환원제가 아닌 산화제로 사용됨.

290. 다음 중 비모발을 팽윤시켜 큐티클층을 열어주는 알칼리제는?( )

① 모노에탄올아민
② 아세틸시스테인
③ 브롬산나트륨
④ 과붕산나트륨
⑤ 과산화수소

→해설 2번은 환원제, 3, 4, 5번은 산화제임. 암모니아수와 모노에탄올아민과 같은 알칼리제도 환원제로 사용됨.

291. 안료를 사용하여 모피질 내로 염모성분이 침투하지 못하고 모발의 가장 바깥 큐티클층에 안료성분이 일시적으로 부착되어 있어서 모발을 씻어낼 경우 염모효과가 사라지는 제품이 아닌 것은?( )

① 컬러스프레이
② 컬러무스
③ 헤어매니큐어
④ 컬러마스카라
⑤ 컬러젤

→해설 헤어매니큐어는 반영구염모제이며 1, 2, 4, 5번은 일시염모제임.

292. 다음 중 영구염모제의 분류에 해당도지 않는 것은?( )

① 식물성 염모제
② 불용성염모제
③ 금속성염모제
④ 산화형 염모제
⑤ 비산화형 염모제

293. 다음 중 염색효과가 우수하며 다양하고 밝은 색상 표현이 가능하여 주로 많이 사용되는 염모제는?( )

① 식물성 염모제
② 비산화형염모쩨
③ 금속성 염모제
④ 산화형 염모제
⑤ 반영구염모제

294. 다음 중 큐티클층이 닫혀서 염색효과가 유지되는 기작을 설명한 내용 중 옳지 않은 것은?( )

① 산화형 염모제 1제에 포함된 알칼리제에 의해 큐티클층이 팽윤되어 열린다.
② 모피질 내로 염료와 과산화수소가 침투한다.
③ 모피질 내의 멜라닌을 환원시켜 탈색시킨다.
④ 함께 침투한 염료를 과산화수소가 산화시킨다.
⑤ 큰 입자의 불용성 색소로 만들어 염색을 완료한다.

해설 모피질 내의 멜라닌을 산화시켜 탈색시킴.

295. 다음 ( )안에 알맞은 말은?( )

> 탈색제의 1제(알칼리제, 암모니아수)와 2제(산화제, 과산화수소)로 구성되어 있으며 모발 내의 멜라닌을 산화시켜 색이 없는 ( ) 으로 바꾸어 모발의 색을 탈색하게 된다.

296. 다음 중 향수의 구성성분이 아닌 것은?( )

① 유화제
② 향료
③ 에틸알코올

Answer
292. ② 293. ④ 294. ③ 295. 옥시멜라닌 296. ①

④ 산화방지제
⑤ 금속이온봉쇄제

297. 다음 중 풀이 이슬을 머금은 듯 싱싱한 향을 가리키는 것은?(   )

① 뮤게
② 그린
③ 플로랄
④ 푸제르
⑤ 워터리

298. 다음 중 부향율과 지속력(시간)을 잘못 짝지은 것은?(   )

	부향율(%)	지속력
① 퍼퓸 :	10~15	4~7
② 오데퍼퓸 :	15~25	5~6
③ 오데 뚜왈렛	5~10	1~2
④ 오데 코롱	3~5	2~3
⑤ 샤워 코롱	5~15	4~5

299. 다음은 (   )안에 알맞은 용어는?(   )

> 제품 포장 시 내용물과 직접 접촉하는 포장 – 1차 포장
> 1차 포장 용기를 보호하거나 제품의 가치를 향상시키기 위해 행하는 포장 – (   )

300. 다음은 어떤 고분자를 설명한 것인가?(   )

> – 반투명의 광택성
> – 내약품성 우수
> – 상온에서 내충격성
> – 반복되는 굽힘에 강함 : 굽혀지는 부위를 얇게 성형하여 일체 경첩으로서 원터치 캡에 이용
> – 크림류 광구병, 캡류에 이용

Answer   297. ⑤   298. ④   299. 2차 포장   300. 폴리프로필렌(PP, Polypropylene)

제4과목 맞춤형화장품의 이해

301. 고객의 개인별 피부 특성 및 취향에 따라 맞춤형화장품판매장에서 맞춤형화장품 조제관리사가 1) 제조 또는 수입된 화장품의 내용물(완제품,벌크제품,반제품)에 다른 화장품의 내용물이나 식품의약품안전처장이 정하는 원료를 추가하여 혼합한 화장품 2) 제조 또는 수입된 화장품의 내용물을 소분한 화장품을 뜻하는 단어는 무엇인가?(　　　　　　　)

302. 맞춤형 화장품의 변경신고 사항으로 옳지 않은 것은?(　　)

① 맞춤형화장품판매업소 소재지 변경
② 맞춤형화장품판매업자 변경
③ 맞춤형화장품판매 제품 변경
④ 맞춤형화장품조제관리사 변경
⑤ 맞춤형화장품 사용 계약을 체결한 책임판매업자 변경

→해설 판매하는 제품의 변경은 변경신고를 하지 않아도 됨.

303. 다음 중 피부에 대한 설명으로 옳은 것은?(　　)

① 신체 기관 중에서 두 번째로 큰 기관이다.
② 피부의 pH는 8~10이다
③ 피부는 표피, 진피,피하지방으로 구성되어 있다.
④ DEJ는 진피와 피하지방을 연결하는 역할을 한다.
⑤ 땀샘은 진피에 분포되어있다.

→해설 피부는 신체 기관 중에서 가장 큰 기관이며 pH는 4~6 약산성임. 약산성 피부는 미생물로부터 보호하는 보호막 역할을 하며 DEJ는 표피와 진피를 연결하여서 표피를 진피에 고정하는 역할을 함. 땀샘은 진피가 아닌 표피에 분포함.

304. 다음 중 피부의 기능으로 옳지 않은 것은?(　　)

① 보호기능
② 각화기능
③ 면역기능
④ 비타민 C합성
⑤ 해독기능

→해설 자외선을 통해 피지 성분인 스쿠알렌을 통해 비타민D가 합성됨.

Answer 301. 맞춤형 화장품 302. ③ 303. ③ 304. ④

305. 표피에서 각질층에 대한 설명으로 옳지 않은 것은?(   )

① 각질층은 표피의 피부 가장 밖에 있는 층이다.
② 죽은세포와 지질로 구성되어 있다.
③ NMF가 존재하지 않는다.
④ 각질층의 두께는 10~15 마이크로미터이다.
⑤ 각질층의 평균 수분량은 15~20%정도이다.

→해설 NMF는 천연보습인자로서 각질층에 존재하며 수분량이 10%이하가 되면 건조함과 가려움을 느낌.

306. 표피에 대한 설명으로 옳지 않은 것은?(   )

① 표피에는 각질층,투명층,과립층,유극층,기저층이 존재한다.
② 투명층은 엘라이딘 때문에 투명하게 보이는 살아있는 세포로 구성된 세포이다.
③ 과립층은 각화가 시작되는 층이다.
④ 유극층은 표피의 대부분을 차지하며 수분은 많이 함유한 층이다.
⑤ 기저층은 멜라닌 형성세포가 존재한다.

→해설 투명층은 엘라이딘 때문에 투명하게 보이는 층인데 살아있는 세포가 아니라 죽은 세포로 구성되어 있음.

307. 진피와 피하지방에 대한 설명으로 옳지 않은 것은?(   )

① 진피에는 진피유두층과 진피망상층이 있다.
② 진피유두층은 기저층의 세포분열을 돕는다.
③ 진피망상층에는 섬유아 세포가 존재한다.
④ 피하지방에는 모낭이 존재한다.
⑤ 피하지방에는 교원 섬유가 존재한다.

→해설 교원섬유는 진피 망상층에 존재하는 섬유임.

308. 피부의 각질층의 수분량을 일정 수준으로 유지하게 해주면 여기에 해당하는 것 중 가장 많은 비율을 차지하는 것은 유리아미노산이 약 40%을 차지하고 피롤리돈카복실릭애씨드와 젖산염이 각각 12%을 차지하며 그 외 여러 가지 성분들이 있다. 이것은 무엇인가?(   )

Answer   305. ③   306. ②   307. ⑤   308. NMF (천연보습인자)

309. 다음 중 땀에 대한 설명으로 옳지 않은 것은?( )

① 대한선과 소한선이 있다.
② 대한선은 에크린선이고 소한선은 아포크린선이다.
③ 땀냄새의 원인은 대한선이다
④ 소한선은 입술과 생식기를 제외한 몸 전체에 분포한다
⑤ 소한선은 직접 표피에 땀을 분비한다.

→해설 대한선은 아포크린선이고 지방물질을 포함하여 이 지방이 산화되면서 냄새가 나는 것이 우리가 아는 땀냄새이고 소한선은 에크린선으로 냄새가 거의 나지 않음.

310. 다음 중 피지에 대한 설명으로 옳지 않은 것은?( )

① 피지선을 통해서 분비 되는 피지의 비중은 0.91~0.93 이다.
② 피지를 많이 분포한 곳의 두께는 4마이크로미터 이상이다.
③ 지방산은 스쿠알렌의 가수분해를 통해서 얻어진다.
④ 이런 지방산은 그램 음성균에 대한 항균효과가 있다.
⑤ 피지 성분 중에서 가장 많은 비율을 차지하는 것은 트라이글리세라이드이다.

→해설 지방산은 트라이글리세라이드를 통해서 얻어지는 것이지 스쿠알렌이 아님. 이런 지방산은 그램 음성균에 항균효과가 있음.

311. 다음 중 여드름에 대한 설명으로 옳지 않은 것은?( )

① 사춘기 때 많이 발생한다.
② 비염증성 여드름에는 면포와 염증성 여드름에는 뾰루지, 구진, 농포, 결절이 있다.
③ 유전적 요인은 에스트로겐의 과다 혈류에 들어가면 발생한다.
④ 여드름균은 모낭에 살고 있는 혐기성 박테리아이다.
⑤ 치료성분은 벤조일포옥사이드나 살리실릭애씨드 등이 있다.

→해설 유전적 요인은 에스트로겐이 아니라 테스토스테론의 혈류 속에 들어가 피지 모낭 속으로 들어가 피지선을 자극하여 과도한 피지 분비로 발생함.

312. 다음 중 모발의 생리 구조로 옳지 않은 것은?( )

① 모발 안에는 모수질과 모피질이 존재한다.
② 머리색은 모수질에 존재하는 멜라닌이 머리색을 결정한다.
③ 모피질에 있는 케라틴은 시스테인을 함유하고 있다.
④ 염색의 원리는 등전점을 이용한다.
⑤ 모발에 가장 많은 성분은 케라틴이다.

Answer 309. ③ 310. ③ 311. ③ 312. ②

→해설 모피질에는 피질세포와 케라틴, 멜라닌이 존재하며 멜라닌은 검은색과 갈색을 나타내는 유멜라닌과 빨간색과 금색을 나타내는 페오멜라닌이 존재함. 이 두 종류의 멜라닌을 가지고 머리카락의 색을 나타냄.

313. 다음은 무엇에 대한 설명인가?( )

> 가장 흔한 형태로 테스토스테론이 5알파-환원효소에 의해서 디하이드로테스토스테론(DHT)으로 바뀌고 이 물질이 모낭을 자극하여 모발은 가늘고 자라는 시간을 단축한다. 치료제의 성분으로 미녹시돌이 있으며 화장품에는 덱스판테놀,비오틴 등이 있다.

314. 다음 중 비듬에 대한 설명으로 옳지 않은 것은?( )

① 비듬은 표피 세포의 각질화로 떨어져 나오는 조각이다.
② 남성이 여성보다 비듬의 양이 약 3배정도 많다.
③ 비듬은 탈모와 관계가 없다.
④ 비듬 원인균은 말레세시아이다.
⑤ 치료 성분으로는 살리실릭애씨드가 있다.

→해설 남성이 여성의 약 3배정도 비듬의 양이 많음.

315. 다음 설명에 해당하는 피부타입을 고르시오( )

> 피지 분비량이 많아 얼굴이 번들거리고 모공이 넓으며 T존에는 검은 여드름이 생긴다. NMF가 잘 형성되어 있어서 피부가 촉촉하다.

① 지성
② 복합성
③ 중성
④ 건성
⑤ 민감성

→해설 복합성은 지성과 건성을 합친 피부이다 피지가 많은 곳은 번들거리지만 U존과 같은 곳은 피지 분비량이 적어 상대적으로 건조함.

316. 피부상태를 측정하는 방법으로 옳지 않은 것은?( )

① 일반적으로 피부의 수분, 유분, 수분증발량, 멜라닌양, 홍반량, 색상, 민감도를 측정한다.
② 측정하는 공간은 항온항습을 유지되는 공간이 좋다.
③ 측정은 3회 이상하여서 평균값을 이용하다.

Answer 313. 탈모 314. ③ 315. ① 316. ④

④ 측정 후 프로브는 물 티슈로 닦으면 된다.
⑤ 메이크업을 지운 상태로 측정해야 정확한 결과를 얻을 수 있다.

→해설 측정한 프로브는 70%에탄올에 소독하고 보관을 해야 함.

317. 피부 측정항목과 측정방법에 대해서 바르게 연결된 것은?( )

① 피부수분- 피부에 음압을 가하여 원래 상태로 회복되는 정도
② 피부 탄력도-잔주름,굵은주름,거칠기,각질 등을 현미경이나 비젼프로그램을 통해 관찰
③ 피부색- 피부의 붉은기를 측정
④ 홍반-멜라닌량을 측정하여 수치로 나타냄
⑤ 피부pH-피부의 산성도를 측정

→해설 피부 수분은 전기전도도를 통해 피부 수분량을 측정하고 피부의 음압은 피부의 탄력도를 측정하는 것이며 잔주름이나 굵은 주름 등을 관찰하는 것은 피부 표면을 관찰하는 것임. 피부색은 밝기,빨강-녹색, 노랑-청색으로 나타내는 것이며 멜라닌은 멜라닌 양을 측정하여 수치로 나타내는 것이고 홍반은 피부의 붉은 기(헤모글로빈)를 측정하여서 수치로 나타내는 것임.

318. 화장품의 관능평가는 2가지가 있다. 그중에서 품질관리 측면의 관능평가에 대해서 옳은 것은?( )

① 관능평가는 인간의 오감을 이용한 평가 방법이다.
② 관능평가는 주관적인 판단인 기호형과 분석형 두 가지가 있다.
③ 사용감의 평가를 하기도 한다.
④ 관능평가의 절차는 성상 및 색상, 향취, 사용감을 평가한다
⑤ 육안으로 평가하는 것은 포함되지 않는다.

→해설 육안을 통해 관능평가를 하는 것은 제품이나 벌크제품의 표준견본, 라벨 위치 등의 관능평가를 함.

319. 제품평가 측면의 관능평가에서 의사의 감독 하에서 실시하는 것은 무엇인가? ( )

① 소비자에 의한 사용시험
② 맹검 사용시험
③ 비맹검 사용시험
④ 전문가 패널에 의한 평가
⑤ 전문가에 의한 평가

Answer 317. ⑤ 318. ⑤ 319. ⑤

→해설 의사나 그 외의 전문가(준의료진, 미용사, 직업적전문가)의 관리 하에서 실시하는 평가 방법임.

320. 맞춤형 화장품의 효과 및 부작용에 대한 설명으로 옳은 것을 모두 고르시오( ).

① 전문가의 도움이 아닌 자기가 원하는 화장품이나 원료를 선택한다.
② 자가진단을 이용해서 피부진단을 한다.
③ 부작용에 홍반이나 부종은 있을 수도 있으나 작열감이나 따끔거림은 제품의 특징일 수도 있다.
④ 인설생성은 건선과 같이 피부 건조에 의해서 발생을 한다.
⑤ 맞춤형 화장품은 고객의 피부에 맞는 것을 사용한다는 심리적인 만족에서 온다.

→해설 전문가와 상담과 피부 측정을 정확히 하여서 자신의 피부 상태를 알고 전문가의 조언에 따라 화장품이나 원료를 선택하는 등의 심리적 만족을 위한 화장품임. 부작용은 홍반이나 부종을 포함하여 따끔거림이나 작열감도 포함됨.

321. 다음 중 포장에 기재되지 않아도 되는 것은?( )

① 화장품의 명칭
② 내용물의 중량
③ 사용기한
④ 소량 함유 성분
⑤ 기능성화장품의 경우 "기능성화장품"이라고 표시

→해설 우리나라는 화장품의 전성분 표시제를 사용하고 있어서 전성분을 표시해야 함. 하지만 인체에 무해한 소량 함유 성분 등 총리령으로 정하는 성분은 제외해도 됨.

322. 1, 2차 포장에 기재·표시해야 하는 내용 중 총리령으로 정하는 사항에 해당하지 않는 것은?( )

① 식품의약품안전처장이 정하는 바코드
② 기능성화장품의 경우 심사받거나 보고한 효능·효과와 용법·용량
③ 방향용 제품에서 성분명을 제품 명칭의 일부로 사용한 경우 그 성분명과 함량
④ 인체 세포조직 배양액이 들어있는 경우 그 함량
⑤ 화장품에 천연 또는 유기농으로 표시·광고하려는 경우에는 원료의 함량

→해설 성분명을 제품 명칭의 일부로 사용한 경우 그 성분명과 함량이 총리령으로 정하는 사항이나 방향용 제품은 제외함.

Answer 320. ④,⑤ 321. ④ 322. ③

323. 1차 포장에 필수 기재 사항이 아닌 것은?( )

① 화장품 명칭
② 영업자 상호
③ 제조번호
④ 사용기한 및 개봉 후 사용기간
⑤ 일부 성분

324. 전성분 표시 할 때의 유의 사항이 아닌 것은?( )

① 제조과정에서 제거되어 최종 제품에는 남아 있지 않는 성분
② 보존제나 안정화제 같은 원료 자체에 들어있는 부수성분으로서 효과를 나타나게 하는 양보다 적은 양이 들어 있는 성분
③ AHA는 전성분 표기에 들어가야 한다.
④ 기능성화장품의 기능성을 나타내는 성분은 표시를 해야 한다.
⑤ 금박은 따로 표시하지 않아도 된다.

→해설 금박도 전성분에서 표시를 해야 하며 10㎖이상 50㎖미만이나 10㎖초과 50㎖ 이하의 화장품 제품에는 타르색소, 금박, 샴푸와 린스에 들어간 인산염이나 과 일산(AHA)이나 기능성 화장품의 기능과 효과를 나타내는 원료 식품의약품안전 처장이 배합한도를 정한 화장품원료는 꼭 표시를 해야 함.

325. 화장품 제조에 사용된 성분의 표시기준 및 방법에 대한 설명으로 옳지 않은 것은?( )

① 글자크기는 5포인트 이상으로 해야 한다.
② 착향제는 무조건 착향제로만 표시를 해야 한다.
③ 알레르기 유발 성분은 향료로 표시할 수 없다.
④ 함량이 많은 것부터 순서대로 적는다.
⑤ 1퍼센트 이하로 사용된 경우에는 성분, 착향제, 착색제 순서 상관없이 적을 수 있다.

→해설 착향제는 알레르기 유발 성분만 아니면 향료로 표시할 수 있음.

326. 맞춤형 화장품의 표시 사항으로 옳지 않은 것은?( )

① 명칭
② 가격
③ 식별번호
④ 물류업체상호

Answer
323. ⑤ 324. ⑤ 325. ② 326. ④

⑤ 맞춤형 판매업자 상호

→해설 물류업체의 상호는 적을 필요가 없음

327. 다음 중 맞춤형화장품 안전기준으로 옳지 않은 것은?( )

① 혼합 또는 소분에 사용되는 내용물 및 원료
② 맞춤형화장품 대한 사용 시 주의사항
③ 맞춤형화장품의 사용기한 혹은 개봉 후 사용기한
④ 맞춤형화장품의 특징과 사용법
⑤ 맞춤형화장품의 제조방법

→해설 맞춤형화장품의 제조 방법은 소비자에게 설명할 필요가 없음.

328. 제형의 물리적 특성에 대한 설명 중에서 서로 섞이지 않는 두 액체 중에서 한 액체가 미세한 입자 형태로 유화제를 사용하여 다른 액체에 분산되는 것을 이용한 제형으로서 주요제조설비로 호모믹서를 사용하는 제품은 아닌 것은?( )

① 크림
② 유액
③ 로션
④ 영양액
⑤ 화장수

→해설 화장수는 가용화 제형으로 액상제품에 사용됨.

329. 유상과 수성과 계면활성제를 열에너지와 기계적 에너지를 이용하여 균질하여 에멀젼을 만드는 것을 무엇이라고 하는가?( )

330. 다음 중 화장품용 활성성분으로 옳은 것은?( )

① 엘라스틴
② 글리세린
③ 메칠파라벤
④ 잔탄검
⑤ 알진

→해설 글리세린은 보습제, 메칠파라벤은 수용성 보존제이며 잔탄검과 알진은 점증제로 사용됨.

Answer 327. ⑤ 328. ⑤ 329. 유화 330. ①

제4과목 맞춤형화장품의 이해

331. 마이크로에멀젼에 대한 설명으로 옳지 않은 것은?(　)

① 계면활성제를 사용하여 미셀구조구조를 사용한다.
② 투명은 또는 반투명으로 매우 작은 입자를 가진 것을 마이크로에멀젼이라고 한다.
③ 가용화는 자발적인 반응으로 열역학적으로 안정된 것이다.
④ 에멀젼의 크기는 5~200나노미터이다.
⑤ 미셀구조의 유상이 증가하면 투명하게 보인다.

→해설　미셀구조의 유상이 증가하면 에멀젼 입자가 커져서 에멀젼은 육안에 불투명하게 보임.

332. 다음 중 점증제에 대한 성분으로 옳은 것은?(　)

① 잔탄검
② 소듐락테이트
③ 정제수
④ 프로필렌글라이콜
⑤ 에틸알코올

→해설　소듐락테이트는 보습제이고 정제수는 용매임. 프로필렌글라이콜은 보습제임. 에틸알코올 보조가용화제로 수렴이나 항균작용을 함.

333. 다음 중 화장비누에 대한 설명으로 옳지 않은 것은?(　)

① 식물성 오일의 지방산과 가성소다 혹은 가성사리를 반응시켜 천연 비누를 제조한다.
② MP비누는 글리세린을 사용하여 쉽게 물러진다.
③ 비누 공장에서는 비누화 반응을 사용하지 않는 방법을 주로 사용한다.
④ CP비누는 실온에서 비누화 반응을 거쳐 3~5일의 숙성기간을 거치는 CP비누가 있다.
⑤ 글리세린이나 알코올, 설탕 등을 첨가하여 고온에서 비누화 반응을 거쳐 1일 동안 숙성시키는 HP비누가 있다.

→해설　MP비누는 글리세린을 사용하지 않아서 단단하여 쉽게 물러지지 않음. 일반적으로 CP비누가 단단하고 HP비누는 글리세린으로 인하여 상대적으로 덜 단단함.

334. 펌제와 염모제에 대한 설명으로 옳지 않은 것은?(　)

① 펌제의 1제는 디설파이드결합을 절단하여 원하는 형태로 웨이브를 만들 수 있다.
② 펌제의 2제는 시스테인을 시스틴으로 환원시켜서 모발 웨이브를 고정한다.
③ 염모제는 지속력에 따라서 일시, 반영구, 영구 염모제로 나뉜다.
④ 반영구 염모제는 식물성, 금속성, 산화형, 비산화형 염모제로 나뉠 수 있다.

Answer　331. ⑤　332. ①　333. ②　334. ④

⑤ 반영구 염모제는 큐티클층과 모피질 내 일부까지 염모성분이 침투하여서 염색이 되는 것이다.

→해설 영구염모제는 식물성, 금속성, 산화형, 비산화형 염모제로 나눌 수 있음. 영구 염모제는 염색효과가 우수하며 밝은 색상 표현이 가능한 산화형 염모제가 주로 사용됨. 1제인 염모제와 2제인 산화제를 혼합하여 사용함.

335. 다음 중 향취의 특징에 대해서 바르게 연결된 것은?( )

① 워터리 – 막 베어낸 풀향기
② 그린 – 풀이 이슬을 머금은 듯 싱싱한 향
③ 푸제르 – 떡갈나무 향
④ 알데하이드 – 지방산 향, 자연에는 없는 향
⑤ 뮤게 – 장미, 쟈스민향이 기본 향이다

→해설 워터리는 풀이 이슬을 머금은 듯 싱싱한 향이고 그린은 막 베어낸 풀향기 푸제르는 라벤더향, 풀잎처럼 신선한 향기를 나타냄. 시프레가 떡갈나무 향임. 뮈게는 은방울 꽃, 청초한 꽃향이며 플로랄은 기본은 쟈스민향이며 장미향도 포함됨.

336. 다음 중 향수에 대한 설명으로 옳지 않은 것은?( )

① 향수의 시간에 따른 향을 구분 할 때는 탑노트, 미들노트, 베이스노트로 구분한다.
② 향수의 테마향은 미들 노트이다.
③ 퍼퓸이 지속력이 가장 길다.
④ 대부분의 향수는 오데뚜왈렛에 속한다.
⑤ 향수는 숙성기간 없이 사용이 가능하다.

→해설 향수를 만들며 기본적으로 숙성기간이 필요함. 퍼퓸이 숙성기간이 제일 길며 약 한달 간 숙성기간이 필요하며 샤워코롱의 경우 따로 숙성기간이 필요하지는 않음.

337. 충진 및 포장 방법에 대한 설명으로 옳지 않은 것은?( )

① 충진은 빈 공간을 채우거나 빈 곳에 직접 넣어서 채운다는 의미이다.
② 충전기 방식은 피스톤, 파우치, 파우더, 카톤, 액체, 튜브 방식이 있다.
③ 액체 충전기 방식이 샴푸나 린스와 같은 용량이 큰 액상타입에 주로 사용된다.
④ 선크림이나 폼클렌징 같은 경우 튜브 충전기 방식을 사용한다.
⑤ 2차 포장은 제품과 직접 접촉하는 1차 포장을 보호하는 용도이다.

→해설 샴푸나 린스와 같은 큰 액상타입 제품은 피스톤 방식으로 충진을 함.

Answer 335. ④ 336. ⑤ 337. ③

제4과목 맞춤형화장품의 이해

338. 용기 형태와 특성과 사용제품을 잘못 연결한 것은?( )

① 화장수나 유액 – 세구병
② 향료분 – 본체와 뚜껑이 경첩으로 연결된 용기 사용
③ 크림 – 외경이 커서 몸체 외경과 거의 비슷하며 나사식 캡을 사용한다
④ 스킨커버 – 팩트용기를 주로 사용한다.
⑤ 아이브러쉬 – 연필과 같이 주로 깎아서 사용하며 재질은 거의 나무를 사용한다.

→해설 향료분은 파우더 타입이라서 파우더 용기에 넣어서 사용함. 파우더 용기는 내용물 조정을 위한 망이 달려 있으며 캡에 달린 브러쉬나 팁이 달린 가늘고 긴 자루가 있음.

339. 다음은 어떤 고분자에 대한 설명인가?(   )

반투명의 광택성과 내약품성 우수하며 상온에서 내충격성이 있다. 반복되는 굽힘에 강하여 굽혀지는 부위를 얇게 성형하여 일체 경첩으로서 원터치 캡에 이용하며 크림류의 광구병이나 캡형에 이용한다.

340. 화장품 관련 고시 및 가이드라인에서 제조물 책임법에 대한 설명으로 옳지 않은 것을 고르시오.( )

① 제조물에 대한 손해 발생 시 제조업자가 손해배상을 해야 한다.
② 결함의 종류는 제조상, 설계상, 표시상 결함 3가지로 나눌 수 있다.
③ 제조상 결함이란 제조물이 원래 의도와는 다르게 제조·가공됨으로써 안전하지 못하게 된 경우를 말한다.
④ 제조업자가 제조물을 공급할 당시 기술로는 알 수 없지만 현재의 과학 기술로 결함을 알 수 있는 경우 제조업자는 손해배상을 해줘야 한다.
⑤ 손해배상 청구권은 피해자나 그 법정대리인이 결함을 알게 된 때부터 3년간 행사하지 않으면 시효의 완성으로 소멸된다.

→해설 그 당시 기술력으로 결함을 발견하지 못하고 시간이 지나 문제가 발생할 경우 손해배상을 해주지 않아도 되며 제품이 그 당시의 법령을 준수하였지만 나중에 결함으로 문제가 발생하여도 그 당시 법령을 준수하였기 때문에 손해배상을 해주지 않아도 됨.

341. 맞춤형화장품판매업자 준수사항으로 옳지 않은 것은?( )

① 맞춤형화장품판매업소마다 맞춤형화장품조제관리사를 두어야 할 것
② 식별번호, 판매일자·판매량, 사용기한 또는 개봉 후 사용기한을 포함하는 판매내역을 작성·보관할 것
③ 혼합·소분에 사용되는 장비 또는 기기 등은 적어도 한달에 한번 세척해야 할 것

Answer 338. ② 339. 폴리프로필렌(PP) 340. ④ 341. ③

④ 맞춤형화장품의 내용물 및 원료의 입고 시 품질관리 여부를 확인하고 책임판매업자가 제공하는 품질성적서를 구비할 것
⑤ 맞춤형 화장품 판매 시 혼합 또는 소분에 사용되는 내용물 및 원료, 사용 시 주의사항에 대하여 소비자에게 설명할 것

→해설 혼합·소분에 사용되는 장비 또는 기기 등은 사용 전·후에 세척을 해야 함.

342. 맞춤형화장품 판매내역을 작성·보관할 때 포함해야 하는 항목을 모두 고른 것은?

> ㄱ. 맞춤형화장품 식별번호
> ㄴ. 판매일자
> ㄷ. 판매량
> ㄹ. 사용기한 또는 개봉 후 사용기간
> ㅁ. 수령일자

① ㄱ, ㄴ, ㄹ
② ㄱ, ㄷ, ㄹ
③ ㄱ, ㄴ, ㄷ
④ ㄱ, ㄴ, ㄷ, ㄹ
⑤ ㄱ, ㄴ, ㄷ, ㅁ

→해설 수령일자는 맞춤형화장품 판매내역을 작성·보관할 때 포함해야 하는 항목이 아님.

343. 맞춤형화장품판매업자의 변경했을 경우 변경신고에 대한 설명으로 옳지 않은 것은?(   )

① 변경 사유가 발생한 날부터 90일 이내에 변경신고서를 지방식품의약품안전청장에게 제출한다
② 양도·양수의 경우 이를 증명하는 서류를 제출한다
③ 상속의 경우에는 가족관계증명서를 제출한다
④ 법인 대표자의 경우 법인 등기사항증명서를 제출하지 않는다.
⑤ 맞춤형화장품판매업 변경신고 처리기간은 10일이다.

→해설 변경 사유가 발생한 날부터 90일 이내에 변경신고서를 제출해야 하는 경우는 맞춤형화장품 판매업소의 소재지 변경일 경우에만 해당이 됨. 나머지 변경 사유는 발생한 날부터 30일 이내에 변경신고서를 지방식품의약품안전처장에 제출함.

Answer 342. ④ 343. ①

344. 다음 중 피부의 구성에 대한 설명으로 옳지 않은 것은?(   )

① 피부는 신체기관 중에서 가장 큰 기관으로 성인 기준 총면적이 1.5~2.0㎡이다
② 물이 70%, 단백질25~27%, 지질 2%, 탄수화물 1%, 소량의 비타민/효소/호르몬/미네랄로 구성되어 있다.
③ 피부의 pH는 7.0 이며 수용성 산인 젖산, 피롤리돈산이 원인으로 추측된다.
④ 피부 속으로 들어갈수록 pH가 증가하는 약산성 피부로 미생물로부터 보호하는 보호막 역할을 한다.
⑤ 피부의 재생주기는 20세 기준으로 28일이며, 나이가 들어감에 따·라 재생주기가 증가하여 평균 48일로 보고된다.

→해설 피부의 pH는 4~6이며 피부 속으로 들어갈수록 pH가 7.0까지 증가하는 약산성 피부임.

345. 다음 중 피부의 기능에 대한 설명으로 옳지 않은 것은?(   )

① 각화기능: 28일을 주기로 각질이 떨어져 나감
② 분비기능: 땀 분비를 통해 신체의 온도조절 및 노폐물을 배출
③ 보호기능 : 지속적인 박리를 통해 독소물질의 배출
④ 면역기능: 랑거한스세포는 바이러스, 박테리아 등을 포획하여 림프로 보내 외부로 배출
⑤ 비타민 D합성: 자외선을 통해 피지성분인 스쿠알렌을 통해 합성

→해설 지속적인 박리를 통해 독소물질의 배출을 하는 기능은 해독기능임. 보호기능은 물리적, 화학적 자극과 미생물과 자외선으로부터 신체기관을 보호하고 수분 손실을 방지함.

346. 다음 설명에 해당하는 표피의 구조는 무엇인가?(   )

> 진피의 유두층으로부터 영양을 공급받음.
> 멜라닌형성세포(멜라노사이트)가 존재함.
> 각질형성세포(케라티노사이트)가 존재함.
> 머켈세포인 촉각상피피세포가 존재하여 감각을 인지함.
> 세포분열을 통해 표피세포를 생성한다.

347. 다음 중 진피 망상층에 대한 설명으로 옳지 않은 것은?(   )

① 교원섬유 2%와 탄력섬유 70~80%가 존재한다.
② 피지선이 존재하나 손, 발바닥, 입술, 눈두덩이에는 피지선이 없다.
③ 자기 무게의 80~100배 정도의 수분을 끌어당기는 초질(하이알루로닉애씨드)가 존재한다.

Answer 342. ④ 343. ① 344. ③ 345. ③ 346. 기저층 347. ①

④ 갓 태어난 아기의 피부에는 하이알루로닉애씨드가 많이 존재하며, 연령이 증가함에 따라 그 양이 감소한다.
⑤ 교원섬유, 탄력섬유를 생산하는 섬유아세포가 존재한다.

→해설 교원섬유 70~80%와 탄력섬유 2%가 존재함.

348. 다음 (   )안에 들어갈 알맞은 용어를 적으시오.(   )

(   )은 피부에 존재하는 보습성분으로 유리아미노산, 피롤리돈카복실릭애씨드, 요소, 알칼리 금속, 젖산, 인산염, 염산염, 젖산염, 구연산, 당류, 기타 유기산이 있으며 각질층의 수분량이 일정하게 유지되도록 돕는 역할을 한다.

349. 피부의 땀과 피지에 대한 설명으로 옳지 않은 것은?(   )

① 피부는 땀(수상)과 피지(유상)가 섞여서 형성된 피지막에 의해 보호된다.
② 피부의 피지막이 세안에 의해 제거되었을 때 화장품(수상+유상)을 피부에 도포하여 인공피지막을 형성하고 피부를 보호한다.
③ 땀의 구성성분은 물, 소금, 요소, 암모니아, 아미노산, 단백질, 젖산, 크레아틴 등이다.
④ 피지선을 통해 분비되는 피지는 비중이 0.91~0.93으로 적게 분비되는 곳의 피지막의 두께는 0.05㎛ 이하이고, 많이 분비되는 곳의 피지막의 두께는 4㎛ 이상이다.
⑤ 피지분비량이 가장 많은 신체부위는 액부(겨드랑이)이다.

→해설 피지분비량이 많은 신체부위 순: 전액부(이마) > 흉부(가슴), 배부(등) > 액부(겨드랑이) > 복부(배)

350. 다음 (   )안에 들어갈 알맞은 용어를 적으시오.(   )

(   )은 모낭에 연결하여 분비되며 공포·고통과 같은 감정에 의해 분비된다.
(   )에서 분비되는 땀에는 지방물질이 포함되어 있어 이 지방물질이 세균에 의해 파괴되어 땀냄새가 나게 된다. 땀냄새를 일으키는 물질은 2-methylphenol, 4-methylphenol 등으로 알려져 있고 ㉠은 겨드랑이, 유두, 항문주위, 생식기부위, 배꼽 주위에 분포되어 있다.

351. 다음 (   )안에 들어갈 적합한 용어가 바르게 짝지어진 것은?(   )

피지막의 조성 성분 중 ㉠은 ㉡가 가수분해되어 생성된 것으로 C14, C16, C18 ㉠이 약 95%를 차지한다. 이 지방산들이 ㉢에 대한 항균효과를 가지는 것으로 알려져 있다.

Answer
348. 천연보습인자(Natural Moisturizing Factor, NMF)　349. ⑤
350. 대한선(아포크린선)　351. ③

① ㉠: 스쿠알렌   ㉡: 스쿠알란   ㉢: 그램음성균
② ㉠: 지방산   ㉡: 콜레스테롤   ㉢: 그램음성균
③ ㉠: 지방산   ㉡: 트리글리세라이드   ㉢: 그램음성균
④ ㉠: 지방산   ㉡: 트리글리세라이드   ㉢: 그램양성균
⑤ ㉠: 중성지방   ㉡: 콜레스테롤   ㉢: 그램양성균

352. 다음 중 염증성 여드름이 아닌 것은?( )

① 구진
② 뾰루지
③ 면포
④ 농포
⑤ 결절

→해설 면포는 비염증성 여드름임.

353. 다음 중 여드름에 대한 설명으로 옳지 않은 것은?( )

① 유전적 요인으로 남성호르몬인 테스토스테론이 혈류 속에 들어가 피부모낭의 피지선을 자극하여 과다한 피지가 분비되어 여드름이 발생한다.
② 안드로겐에 의해 피지선이 비대해지고 피지분비가 왕성해지며 피부에 이상각화가 일어나 모낭구가 막혀 피지가 배출되지 못하고 정체되고 여기에 *Propionibacterium. acnes*가 번식한다.
③ *P. acnes*가 번식하여 분비하는 효소가 피지를 생성하고 유리지방산을 제거하여 모낭벽을 직접 자극하고 진피내로도 들어가 염증을 일으킨다.
④ 여드름 환자의 모낭에는 정상인에 비하여 *P. acnes*의 균주수가 많고 테스토스테론을 보다 강력한 디하이드로테스토스테론으로 전환시키는 5-리덕타제의 활성도가 높다.
⑤ 정서적 요인도 안드로겐의 분비를 증가시켜 여드름을 악화시킨다.

→해설 *P. acnes*가 번식하여 분비하는 효소가 피지를 분해하고 유리지방산을 형성함. 유리지방산은 모낭벽을 직접 자극하고 진피 내로도 들어가 염증을 일으킴.

354. 다음 중 여드름 유발성 물질을 모두 고른 것은?( )

ㄱ. 미네랄 오일
ㄴ. 페트롤라툼
ㄷ. 벤조일퍼옥사이드
ㄹ. 올레익애씨드
ㅁ. 로즈마리 추출물

Answer 352. ③ 353. ③ 354. ②

① ㄱ, ㄴ, ㄷ
② ㄱ, ㄴ, ㄹ
③ ㄱ, ㄷ, ㅁ
④ ㄴ, ㄷ, ㄹ
⑤ ㄴ, ㄹ, ㅁ

→해설 여드름 유발성 물질에는 미네랄 오일, 페트롤라튬, 올레익애씨드, 라놀린, 라우릴알코올, 코코아버터 등이 있음. 벤조일퍼옥사이드와 피지억제작용 추출물인 로즈마리 추출물은 여드름 치료성분임.

355. 다음 ( )안애 들어갈 알맞은 용어를 적으시오.( )

> 모발의 ( )은 pH 3.0~5.0으로 pH가 ( )보다 낮으면 (+)전하를 띠고 높으면 (−)전하를 띠는데 약 pH 3인 반영구염모제는 이 ( )을 이용하여 산성염료를 전기적으로 모발에 부착시켜 염색을 시킨다.

356. 다음 중 모발의 구성 성분에 대한 설명으로 옳지 않은 것은?( )

① 모발의 안쪽에는 모발 무게에 85~90%를 차지하는 모피질과 모수질이 있다.
② 모피질에는 피질세포, 케라틴, 멜라닌이 존재한다.
③ 모발의 색은 검정과 갈색을 나타내는 유멜라닌, 빨간색과 금발을 나타내는 페오멜라닌의 구성비에 의해 결정된다.
④ 케라틴을 구성하는 시스틴에 있는 펩티드 결합에 의해 모발형태와 웨이브가 결정된다.
⑤ 모발의 바깥쪽은 모소피갸 5°경사로 모발의 뿌리까지 덮어서 모피질을 보호하며 케라틴이 주요성분이다.

→해설 케라틴을 구성하는 시스틴에 있는 디설파이드 결합에 의해 모발형태와 웨이브가 결정됨. 환원제를 사용하여 결합을 절단한 후에 산화제를 이용하여 디설파이드 결합을 재구성하여 모발을 모양이나 웨이브 정도를 결정하게 됨.

357. 다음 중 모발의 성장주기에 대한 설명으로 옳지 않은 것은?( )

① 모발성장주기는 초기성장기, 성장기, 퇴행기, 휴지기로 구성된다.
② 성장기는 모발을 구성하는 세포의 성장이 빠르게 이루어진다.
③ 퇴행기는 성장이 감소하고 모구 주위에 상피세포가 죽게 된다.
④ 휴지기에는 모낭이 위축되고 성장이 멈춘다.
⑤ 모발은 초기성장기를 거쳐 성장기 3~4개월, 퇴행기 2~3주, 휴지기 5~6년을 지나 빠지게 되며 전체 모발 중 휴지기에 있는 모발의 수가 가장 많다

Answer 355. 등전점 356. ④ 357. ⑤

→해설 모발은 초기성장기를 거쳐 성장기 3~4개월, 퇴행기 2~3주, 휴지기 2~3개월을 지나 빠지게 됨. 탈모 환자의 경우 성장기가 3~4개월로 감소하고 휴지기가 증가되어 있어 전체 모발 중 휴지기에 있는 모발의 수가 많음.

358. 다음 중 화장품에서 사용되는 탈모방지제 성분을 모두 고른 것은?( )

> ㄱ. 덱스판테놀
> ㄴ. 비오틴
> ㄷ. 레조르시놀
> ㄹ. 살리실릭애씨드
> ㅁ. 징크피리치온

① ㄱ, ㄴ, ㄷ
② ㄱ, ㄴ, ㅁ
③ ㄴ, ㄷ, ㅁ
④ ㄴ, ㄷ, ㄹ
⑤ ㄷ, ㄹ, ㅁ

→해설 레조르시놀과 살리실릭애씨드는 여드름 치료성분임. 탈모방지제 성분에는 덱스판테놀, 비오틴, 엘-멘톨, 징크피리치온이 사용됨.

359. 다음 중 탈모 치료제와 비듬치료제가 바르게 짝지어진 것은?( )

> ㄱ. 피나스테리드   ㄹ. 살리실릭애씨드
> ㄴ. 두타스테리드   ㅁ. 미녹시딜
> ㄷ. 징크피리치온   ㅅ. 피록톤올아민

    탈모치료제   비듬치료제
① ㄱ, ㄴ, ㄷ   ㄹ, ㅁ, ㅅ
② ㄱ, ㄴ, ㅁ   ㄷ, ㄹ, ㅅ
③ ㄴ, ㄷ, ㅁ   ㄱ, ㄹ, ㅅ
④ ㄴ, ㄷ, ㅅ   ㄱ, ㄹ, ㅁ
⑤ ㄷ, ㄹ, ㅅ   ㄱ, ㄴ, ㅁ

360. 다음 ( )안에 에 들어갈 적합한 용어를 적으시오.

> 비듬이 심해지면 탈모의 원인이 되며 비듬 원인균은 (㉠)이라는 진균이다. 이 진균들은 두피에 상재하면서 모낭에서 분비되는 피지를 먹고 배설물을 분비하는데 배설물 중의 (㉡)이 두피의 피부재생주기를 비정상적으로 촉진시킨다

Answer
358. ②   359. ②   360. (㉠)말라세시아, (㉡)지방산

361. 다음 중 피부상태 측정에 대한 설명으로 옳지 않은 것은? ( )

① 측정 시, 측정이 이루어지는 공간은 항온항습, 동일한 조도로 공기의 이동이 없고 직사광선이 없는 것이 좋다.
② 수분, 유분, 수분증발량은 피부에 메이크업을 지운 후에 측정해야 더 정확한 데이터를 얻을 수 있다.
③ 여러 번 측정 시, 측정값이 계속 바뀔 수 있어 정확한 데이터를 얻을 수 없기 때문에 되도록 적게 측정하고 첫 번째 측정값을 사용하는 것이 권장된다.
④ 피부탄력도는 피부에 음압을 가했다가 원래 상태로 회복되는 정도를 측정한다.
⑤ 피부수분은 전기전도도를 통해 피부의 수분량을 측정한다

→해설 측정은 3회 이상하여 그 평균값을 사용하는 것이 권장됨.

362. 다음 중 피부타입에 대한 설명이 옳지 않은 것은? ( )

① 건성: 피지와 땀의 분비가 적어서 피부표면이 건조하고 윤기가 없으며 피부 노화에 따라 피지와 땀의 분비량이 감소하여 더 건조해지는 피부이다.
② 지성: 피지의 분비량이 많아 얼굴이 번들거리고 모공이 넓으며 피지 분비량이 많은 T존에 검은 여드름이 생긴다.
③ 지성: 피지 분비량이 많아 겉으로 볼 땐 촉촉해보이나 건조하여 잔주름이 생기기 쉽고 수분량이 부족하다.
④ 복합성: 피지 분비량이 많은 T존과 피지 분비량이 적은 U존이 존재하여 T존은 번들거리고 여드름이 있으며 U존은 수분이 부족하여 건조하다.
⑤ 중성: 피지와 땀이 분비활동이 정상적인 피부로 피부생리기능이 정상적이며 피부가 깨끗하고 표면이 매끄럽다.

→해설 지성피부는 천연피지막이 잘 형성되어 피부가 촉촉함. 건조하여 잔주름이 생기기 쉽고 수분량이 부족한 피부타입은 건성에 속함.

363. 다음 중 품질관리 측면 관능평가 절차에 대한 설명으로 옳지 않은 것은? ( )

① 유화제품은 표준견본과 대조하여 내용물의 무거움, 가벼움, 촉촉함, 산뜻함을 손등에 발라서 확인한다.
② 색조제품은 표준견본과 내용물을 슬라이드 글라스에 각각 소량씩 묻힌 후 슬라이드 글라스로 눌러서 대조되는 색상을 육안으로 확인한다.
③ 색조제품은 속등 혹은 실제 사용부위에 발라서 색상을 확인할 수도 있다.
④ 향취는 비이커에 일정량의 내용물을 담고 코를 비이커에 가까이 대고 향취를 맡는다.
⑤ 사용감은 내용물을 손등에 문질러서 느껴지는 사용감을 촉각을 통해 확인한다.

Answer 361. ③ 362. ③ 363. ① 364. ③

→해설 유화제품은 표준견본과 대조하여 내용물 표면의 매끄러움과 내용물의 흐름성, 내용물의 색이 유백색인지를 육안으로 확인함. 무거움, 가벼움, 촉촉함, 산뜻함은 사용감에 해당함.

364. 다음 중 제품평가 측면의 관능평가에 대한 설명으로 옳지 않은 것은?(   )

① 관능시험: 패널 또는 전문가의 감각을 통한 제품성능에 대한 평가
② 소비자에 의한 사용시험: 소비자들이 관찰하거나 느낄 수 있는 변수들에 기초하여 소비자의 인식을 평가
③ 맹검 사용시험: 제품의 상품명, 표기사항 등을 알려줌 제품에 대한 인식 및 효능 등이 일치하는지를 조사하는 시험
④ 전문가 패널에 의한 평가: 정확한 관능기준을 가지고 교육을 받은 전문가 패널의 도움을 얻어 실시해야 한다.
⑤ 전문가에 의한 평가: 의사의 감독 하에서 실시하는 평가

→해설 3번은 비맹검 사용시험에 대한 설명임. 맹검 사용시험은 소비자의 판단에 영향을 미칠 수 있고 제품의 효능에 대한 인식을 바꿀 수 있는 상품명, 디자인, 표시사항 등의 정보를 제공하지 않는 제품 사용시험임.

365. 다음 중 1차 포장의 필수 기재항목이 아닌 것은?(   )

① 화장품의 명칭
② 영업자의 상호
③ 제조번호
④ 사용기한 또는 개봉 후 사용 기한
⑤ 내용물의 용량 또는 중량

→해설 내용물의 용량 또는 중량은 포장에 기재되는 표시사항은 맞지만 필수 기재항목은 아님.

366. 다음 중 전성분 표시할 때 생략가능한 성분이 아닌 것은?(   )

① 제조과정 중에 제거되어 최종 제품에는 남아 있지 않은 성분
② 안정화제, 보존제 등 원료 자체에 들어있는 부수 성분으로서 그 효과가 나타나게 하는 양보다 적은 양이 들어있는 성분
③ 내용량이 10ml 초과 50ml 이하인 화장품의 포장인 경우(몇 가지 경우는 제외)
④ 식품의약품안전처장이 배합 한도를 고시한 화장품의 원료

→해설 식품의약품안전처장이 배합한도를 고시한 화장품의 원료는 생략할 수 없음.

Answer   364. ③   365. ⑤   366. ④

367. 다음 중 제형에 따른 제품 분류가 옳지 않은 것은?( )

① 유화 제형 : 크림, 유액(로션), 영양액(에센스, 세럼)
② 가용화 제형 : 화장수, 미스트, 아스트린젠트, 향수
③ 유화분산 제형 : 립스틱, 립밤, 컨실러, 스킨커버
④ 파우더혼합제형 : 페이스파우더, 팩스, 투웨이케익, 치크브러쉬, 아이섀도우
⑤ 계면활성제혼합 제형 : 샴푸, 컨디셔너, 린스, 바디워시, 손세척제

→해설 유화분산 제형은 분산매가 유화된 분산질에 분산되는 것을 이용한 제형으로 크림상임. 유화분산의 제품에는 비비크림, 파운데이션, 메이크업베이스, 마스카라, 아이라이너가 있음. 립스틱, 립밤, 컨실러, 스킨커버는 고형화 제으로 분류됨.

368. 다음 ( )안에 들어갈 적합한 용어를 적으시오.

> 천연계면활성제인 레시틴은 천연의 극성 지질에 두 개의 탄화수소 사슬로 구성되어 있으므로 이들 소수부의 부피가 크기 때문에 단일사슬의 경우와 같이 미셀을 형성하는 것이 아니라 이중층 구조인 (㉠)을 형성한다. 이 (㉠)에 의해 만들어지는 제형이 (㉡)이다. (㉡)은 그 크기가 20nm~5㎛정도이며 수용성·지용성 비타민, 향, 약물, 백신 등 여러 가지 물질들이 (㉡)에 봉입될 수 있다.

369. 다음 중 에멀전에 대한 설명으로 옳지 않은 것은?( )

① 에멀전은 서로 섞이지 않는 두 액체 중에서 한 액체가 미세한 입자 형태로 다른 액체에 분산되어 있는 불균일계로 열역학적으로 불안정하다.
② 에멀전을 만드는 반응은 비자발적인 반응으로 열에너지와 기계적 에너지가 필요하고 섞이지 않은 두 액체를 섞기 위하여 계면활성제가 필요하다.
③ 수상, 유상과 계면활성제를 열에너지와 기계적 에너지를 이용하여 균질하여 에멀전을 만드는 것을 균질화라고 한다.
④ 에멀전 입자는 브라운 운동을 하면서 서로 충돌에 의해 응집 또는 크리밍 또는 오스트발트라이프닝되어 합일의 과정을 거쳐 상분리가 일어나게 된다.
⑤ 에멀전은 입자크기에 따라 매크로에멀전과 마이크로 에멀전으로 분류된다.

→해설 수상, 유상과 계면활성제를 열에너지와 기계적 에너지를 이용하여 균질하여 에멀전을 만드는 것은 유화라고 하고 유화공정에서 사용하는 계면활성제를 유화제라고 함.

370. O/W 에멀전 처방에 사용되는 다음 원료에 가장 적합한 기능을 고르시오.( )

> 잔탄검, 알진, 하이드록시에틸셀룰로오스, 카보머, 아크릴레이트/C10-30알킬아크릴레이트크로스폴리머

Answer
367. ③ 368. (ㄱ)베시클 (ㄴ)리포좀 369. ③ 370. ③

① 보습
② 보존능
③ 점도증가
④ 컨디셔닝
⑤ 에몰리언트

371. 다음 (   )안에 들어갈 적합한 용어를 적으시오. (   )

> 가용화는 물에 녹지 않는 물질을 계면활성제를 사용하여 미셀 안에 녹이는 것으로 가용화에 사용되는 계면활성제를 가용화제라 하고 이때 생성되는 투명 혹은 반투명의 매우 작은 에멀전을 (   )이라 한다.

372. 다음중 가용화의 처방이 옳지 않은 것은? (   )

① 수렴제 – 위치하젤추출물
② pH 조절제 – 시트릭애씨드, 락틱애씨드
③ 활성성분 – 식물추출물, 판테놀
④ 보조가용화제 – 프릴릴글리콜, 1,2-헥산다이올
⑤ 보습제 – 소듐락테이트, 소듐피씨에이, 소듐히아루로네이트

→해설 보조가용화제에는 에틸알코올이 처방됨. 프릴릴글리콜, 1,2-헥산다이올은 보습제(polyol, 다가알코올)에 처방되어 보습, 부동제, 보존능의 기능을 함.

373. 다음 (   )에 들어갈 적합한 용어를 적으시오. (   )

> (   )은 발수력이 있어 화장이 오래 지속되어 화장붕괴가 일어나지 않아 색조화장품에 많이 응용되는 제형이다. 특히 실리콘은 특유의 실키한 사용감으로 끈적이지 않고 휘발성 실리콘은 화장이 뭉치지 않아 대부분의 파운데이션, 쿠션, 비비크림, 선크림이 (   )에 안료를 분산시킨 유화분산제형이다.

374. 다음 (   )안에 들어갈 적합한 용어를 적으시오. (   )

> 대표적인 고형화 제형인 립스틱에서는 제형이 불안정하면 ㉠, ㉡이 발생될 수 있다. ㉠은 립스틱 표면 밑에 있는 오일이 립스틱 표면으로 이동하는 것으로 립스틱 표면에 오일이 땀방울처럼 맺히며 35~40°C에서 발생한다. ㉡은 립스틱표면으로 나온 액체상태 성분이 립스틱 안으로 들어가지 못하고 표면에서 결정화되어 소금꽃처럼 생성된 것으로 지방 성분인 버터류가 처방에 사용될 경우에 주로 발생하며 초코렛 표면의 흰가루도 동일한 ㉡현상이다.

Answer 371. 마이크로에멀전 372. ④ 373. W/Si에멀전 374. (ㄱ)발한, (ㄴ)발분

375. 다음 중 글리세린을 포함한 화장비누를 모두 고른 것은?( )

```
ㄱ. 천연비누
ㄴ. 비누화 반응을 통해 제조한 비누
ㄷ. MP비누
ㄹ. HP비누
ㅁ. CP비누
```

① ㄱ, ㄴ, ㄷ
② ㄱ, ㄹ, ㅁ
③ ㄴ, ㄷ, ㅁ
④ ㄴ, ㄷ, ㄹ
⑤ ㄷ, ㄹ, ㅁ

→해설 식물성 오일의 지방산과 가성소다 혹은 가성가리를 반응시켜 천연비누를 제조하며 반응물질로 보습제인 글리세린이 형성됨. 비누화반응을 통해 제조할 경우 글리세린을 별도로 추출하여 화장품 원료로 판매하기 때문에 시중에서 구매하는 화장비누에는 글리세린이 포함되어있지 않음.
비누공장에서는 비누화 반응을 통해 비누를 제조하지 않고 일반적으로 비누 베이스에 향, 색소, 첨가제를 넣고 녹여서 압출방식으로 제조하는 MP비누를 생성하며 글리세린이 없어 단단하고 물러지지 않음. MP비누 이외에 글리세린, 알코올, 설탕 등을 첨가하여 고온에서 비누화 반응을 시켜 성형틀에 굳혀서 짧은 숙성기간을 거쳐서 만드는HP비누가 있고 비누화 반응을 시켜 긴 숙성기간을 거쳐 만드는 CP비누가 있음.

376. 다음 중 염모제에 대한 설명으로 옳지 않은 것은?( )

① 염모제는 염모력의 지속에 따라 일시 염모제, 반영구 염모제, 영구 염모제로 분류되며 영구 염모제만이 기능성화장품으로 분류된다.
② 일시 염모제는 안료를 사용하여 모피질 내로 염모성분이 침투한다. 염모효과는 일시적어서 모발을 씻어낼 경우 사라진다.
③ 반영구 염모제는 큐티클층과 모피질 내 일부까지 염모성분이 침투하여 염색이 되며 염모효과는 약 2~4주로 과산화수소가 포함되어 있지 않다.
④ 영구염모제는 염색효과가 우수하며 다양하고 밝은 색상 표현이 가능한 산화형 염모제가 주로 사용된다.
⑤ 산화형 염모제의 1제는 알칼리제, 염료 중간체, 염료 수정체, 산화방지제 등이 포함된다.

→해설 일시 염모제는 안료를 사용하여 모피질 내로 염모성분이 침투하지 못하고 모발의 가장 바깥 큐티클층에 안료성분이 일시적으로 부착되어 있어서 모발을 씻어낼 경우 염모효과가 사라짐.

Answer 375. ② 376. ②

377. 다음 중 충진 방법에 대한 설명으로 옳지 않은 것은?( )

① 액체 충전기 - 용량이 큰 액상타입의 제품인 샴푸, 린스, 컨디셔너
② 파우치 충전기- 시공품, 견본품 등 1회용 파우치 포장 제품
③ 카톤 충전기 - 박스에 테이프를 붙이는 테이핑기
④ 파우더충전기 - 페이스파우더와 같은 파우더류
⑤ 튜브 충전기 - 선크림, 폼클렌징 등 튜브용기

해설 용량이 큰 액상타입의 제품인 샴푸, 린스, 컨디셔너 충진에는 피스톤방식 충전기가 사용됨. 액체 충전기는 스킨로션, 토너, 앰플 등 액상타입의 제품에 사용됨.

378. 다음에 설명하는 특징을 갖는 고분자의 종류를 적으시오.( )

> 딱딱하고 투명, 광택성
> 성형 가공성 매우 우수, 치수 안정성 우수
> 내약품성, 내충격성은 나쁨
> 팩트, 스틱 용기에 이용

379. 다음에 설명하는 특징을 갖는 유리의 종류를 적으시오.( )

> 통상 사용되는 투명 유리, 산화규소, 산화칼슘, 산화나트륨이 대부분이며 소량의 마그네슘, 알루미늄 등의 산화물 함유.
> 착생은 금속 콜로이드, 금속 산화물이 이용됨.
> 화장수, 유액용 병에 많이 이용됨.

380. 다음에 설명하는 특징을 갖는 금속의 종류를 적으시오.( )

> 가볍고 가공성이 좋아 에어로졸 관, 립스틱, 팩트, 마스카라, 펜슬용기 등에 널리 이용됨.
> 표면 장식이나 산화 방지를 목적으로 알루마이트를 넣거나 도장하여 사용함

Answer
377. ① 378. 폴리스티렌(PS, Polystyrene) 379. 소다 석회 유리 380. 알루미늄

저자 약력

임영석 교수
미국 펜실베니아주립대학교 Ph.D. (박사)
- 현 강원대학교 생명건강공학과 학과장
- 현 강원대학교 바이오제약공학과 주임교수
- 현 강원대학교 의생명과학대학 교수회장
- (사) 세계감자식량재단 설립자/이사장 역임
- 대통령표창/제14회 동곡상 (교육.학술) 수상

조동하 교수
일본 동경대 농생물학 박사
- 현 강원대학교 의생명과학대학 학장
- 현 강원대학교 생명건강공학과 교수
- 현 강원대학교 바이오제약공학과 교수
- (사)한국약용작물학회장 역임
- 강원의료융합인재양성센터 의료바이오부장 역임

박철호 교수
캐나다 앨버타 대학교 Ph.D. (박사)
- 현 강원대학교 생명건강공학과 교수
- 현 강원대학교 바이오제약공학과 교수
- 강원대학교 의생명과학대학 학장 역임
- (사) 세계메밀학회/세계기장학회 회장 역임
- (사) 한국자원식물학회장 역임

맞춤형화장품 조제관리사 한권으로 합격하기
(실전대비 예상문제 999)

발행일	2020년 2월 5일 초판 1쇄
저 자	임영석·조동하·박철호
발행인	조진성
발행처	도서출판 **진솔**
	서울시 중구 을지로 16길 5-17
	태광빌딩 205호
전 화	02) 2272-2065
F A X	02) 2267-3011
등 록	1996.2.28 제 2-2123호

인지생략

ISBN 979-11-89153-10-6 13590

가 격   20,000원

※ 파본은 바꾸어 드립니다.
※ 무단복제불허